[ビジュアル図解]

食品工場の点検と監査

最新版

河岸宏和

食品安全教育研究所 代表

同文舘出版

まえがき

生データの確認が必要

人間は常に誰かに見られていると、間違いを自ら起こさないものです。「おてんとうさまが見ているから」と口癖のように言う人は、鉄道向けの空調設備の出荷検査で、30年以上にわたって不正などの行為は行わないものです。

加工食品は消費期限、賞味期限まで日持ちする科学的根拠が必要です。特に生物的危害が起きないか、賞味期限前に製品が腐敗しないかなどのデータを発売前に確認することが必要です。しかし商品の納品先には、日持ちのデータを提出すれば形式的には書類が整い、問題なく発売できてしまいます。

２０１６年のゴールデンウイーク前に、軽自動車の燃費偽装問題が発覚しました。報道によると、このメーカーでは法律で定められた方法とは異なる方法で燃費を測定して、データ偽装を25年以上続けていたようです。現場を見ていない経営陣から与えられた技術的に無理な目標値をクリアするために、虚偽データを作成してしまった……。技術者の誇りがあれば、目標値に対して技術が不足していたら、謙虚な気持ちで報告を行わなければならなかったのに、見るべきお客様を忘れてしまい、安易に偽装データを作成する道に走ってしまった結果だと思います。

同じメーカーで、鉄道向けの空調設備の検査データが改ざんされていたと、２０２１年に報道されています。しかも30年以上続いていたというのですから、自動車の燃費偽装でも「どうせばれない」と思っていたのだと思います。

正常な組織であれば、担当者がデータを偽装したとしても、お客様の目にとまるパンフレットを作成するときに、記載した燃費データに間違いがないかどうか内部監査を行って確認し、間違いに気がつくはずです。パンフレットの作成者は、パンフレットの数値が原稿と食い違いがないかどうかだけの確認を行い、原稿の数値の正当性、数値の証拠などを確認することをしなかったのです。

燃費測定などの科学実験を行っているのであれば、実験計画と実験結果の数値が記載された「生データ」が本来、存在しているはずです。生データとパンフレット等の資料の数値を確認する部署、監査する部署があれば防げた偽装だと思います。

食品の賞味期限設定の細菌検査であっても、検査計画と、検査試料の作成記録、培養記録があるはずです。監査を行うときには、単純に検査結果だけの資料を確認するだけではなく、検体を作成した記録を含め「生データ」の確認が必要なのです。

私も仕入れ先の細菌検査を確認しているときに、「培養したシャーレをカウントした生データを確認させてください」と言ったところ、「他社のデータも記載されているので見せられません」と言われたのですが、「どうしても確認したいので、他社のデータは紙で隠してください」とお願いしました。

このような会話は、1社や2社ではなく、「生データ」の確認をお願いすると必ずと言っていいほど交わされます。「生データ」の提出を断った工場で、正しいデータが出てきたことはありません。

北海道の偽装挽肉の工場も、細菌検査を行っていないのに、細菌検査結果を納品先に提出していたと報道されていました。監査を行うときには書類の表面上の監査を行うのではなく、書類に記載されているデータの本質を確認することが大切なのです。

よい商品をつくるためには、よい原材料、よい従業員が必要です。悪い原材料からは決してよい商品を製造することはできません。よい原料があっても、作業者が充分な訓練、教育を受けていないとよい商品はできません。

組織の責任者が何を見ているか

「組織の倫理観は、その組織の責任者の倫理観を超えることはない」

これは私が、セミナーなどで必ずお話しすることです。組織の責任者の一番の仕事は、組織を30年後も存続させることです。組織が存続することで、従業員の雇用、地域の発展を担い、製品を待っているお客様を満足させることができるのです。

特に食品は、毎日食べ続けることで、健康を維持している人が必ずいるはずなのです。田舎に帰るときのお土産に、盆暮れの贈り物に、必ず贈りたいと思っている人がいるはずなのです。

組織の責任者が、お客様、製造現場に関心がなく、売上、利益にしか興味がない場合があります。特に、創業者ではなく、2代目、3代目、サラリーマン社長に多いのですが、現場を見ることはなく、売上、利益だけを見ているのです。

たまに現場を見ると、本来は製品規格から外れている不良品でも、「これはまだ使えるだろう」と、現場従業員に直接指示してしまうのです。現場管理レベルを上げるためには、製品規格から外れたものができないように工程改善を行うのが筋なのですが、不良品を良品に混ぜる指示をしてしまうのです。

工場監査を行うときには、必ず組織の責任者の同席が必要です。監査結果の報告のときだけ同席される責任者もいますが、監査を行っている過程で様々な問題点が浮かびあがるので、必ず同席するように依頼します。

責任者にクレーム等の改善について質問をすることで、組織内での情報の流れを確認することができます。

組織の責任者がお客様を見ているか、それとも利益だけを見ているのか、従業員は誇りを持って作業をしているかを見抜くのが本来の監査だと思っています。

２０２３年７月

食品安全教育研究所　代表　河岸宏和

最新版【ビジュアル図解】食品工場の点検と監査

もくじ

4章 工場全体の管理状況

5章 マニュアル・規定の整備状況

6章 品質管理の状況

7章 設備、作業者の状況

カバーデザイン＆本文DTP／春日井恵実

点検チェック表の作成と評価方法

●事前に点検チェック表を作成する

点検チェック表は、この本の１０１項目を羅列しただけでもできますが、できれば１０１項目を縦書きにして、横に作業場別に一覧した表を作成しておくと点検が容易になります。

チェック表にはコメントを書き込みやすいように、なるべく大きなスペースをとっておきます。また、チェック表は現場でつけるものですから、紙ベースで作成してください。

ノートパソコンや情報端末を現場に持ち込んで直接入力する方法もありますが、現場点検時には紙ベースに書き込んで、事務所などでパソコンに打ち込んだほうが効率的に点検ができると思います。

また、現場では問題点をデジタルカメラで写真に撮り、あとで問題点整理のときに内容の行き違いがないようにします。

チェック表はＡ４の大きさで作成し、バインダーにはさんで現場に持ち込みます。初回の点検時は時間がかかっても、すべての項目をすべての作業現場で点検します。２回目以降の点検時は前回の点検に使用したチェック表を持参し、前回指摘した事項が修正されているかの確認を行います。

●１５００点満点で評価を行う

この本では各項目３つのポイントを示して、すべて５段階の評価表を設けました。満点では１０１×３×５で１５１５点になりますので、１５１５点満点中何点という評価ができます。

点数だけでは評価がわかりにくいので、１２００点以上はＡ評価、９００点以上はＢ評価、６００点以上はＣ評価、３００点以上はＤ評価、３００点未満はＥ評価というようにクラス分けを行うと、よりいっそうわかりやすくなります。

また、満点を３０３０点とする、別の評価方法もあります。これは１項目ごとに減点を行うようにします。

減点する点数は１０１項目の中で重要な項目を選び出し、重要度別に分けて減点数を高く設定します。そして、重要な減点項目を事前に点検先に伝えることで、何を準備したらいいかが点検先に伝わります。

さらに、クラス分けした、ＡとＢを緑、Ｃを黄色、ＤとＥを赤などで色別に区分することで、評価に対してより理解が深まります。そして緑の点検先は２年に１回の監査、黄色の点検先は１年に１回の監査、赤の点検先は半年に１回の監査と、点検回数を変化させることで点検先への指導を強化することができます。

1章

仕入れの譲れないハードルの確認

事業継続(BCP；Business Continuity Plan)のために必要な事項

01

停電時の対応状況

◉譲れないハードルとは

馬術の障害飛越競技は、第一障害（ハードル）を飛越することができなければ、失格になってしまいます。第一障害の高さが低く幅が小さければ、どんな馬でも飛ぶことができますが、第二障害を飛べなければ、また失格になってしまいます。

図のようなコースであれば、第五障害まですべてクリアしなければ、ゴールすることはできません。「お宅に原料を納めるためのハードルが高くて困ってる」「あの工場の仕入れのハードルは低いよね」と、原料を納めるメーカーでは、納品の条件をハードルにたとえて話します。

あなたの工場に原料を納めるメーカーに対して、譲れないハードルを5個あげるとしたら、何をあげますか。

よい原料が入ってこなければ、よい製品を製造することはできません。あなたの工場の購買ハードルとして、譲ることのできないハードルを5個考えてみませんか。

◉停電時の対応で考えると

私は、譲れない第一ハードルとして、停電時の対応を考えます。北海道のブラックアウト、千葉の台風による停電と、日本でも、長期停電が発生するようになってきました。

理想的には、停電と同時に自家発電装置が稼働し、工場中の電気がまかなえ、燃料も常に7日分の在庫を持っていることです。しかし、このハードルは非常に高く、原料を納めてくれるところがなくなってしまうかもしれません。

このように、ハードルの高さ、幅を数値で考え、仕入れ先に提示することが大切です。第一ハードルを越えることができなければ、他の生産設備、レシピ等の提案がよくても、採用はできないのです。

「冷蔵庫は一週間以上持つこと」「通信手段が途切れないこと」「自家発電装置は一週間以上、燃料を備蓄できること」など、条件を事前に数値で示し、監査を行うことが大切です。

自家発電装置があるだけでなく、工場敷地内に自家発電用の燃料が何日分あるかの確認も必要です。

譲れないハードルは何か

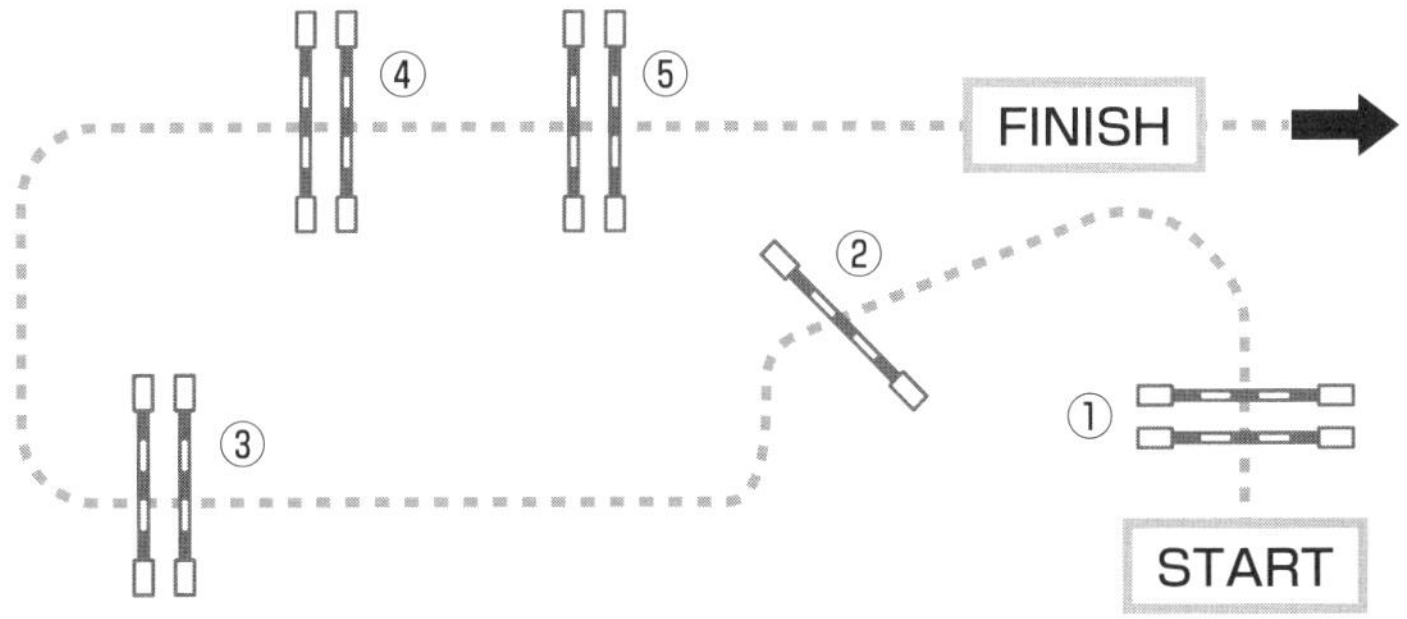

譲れない第一障害は何か

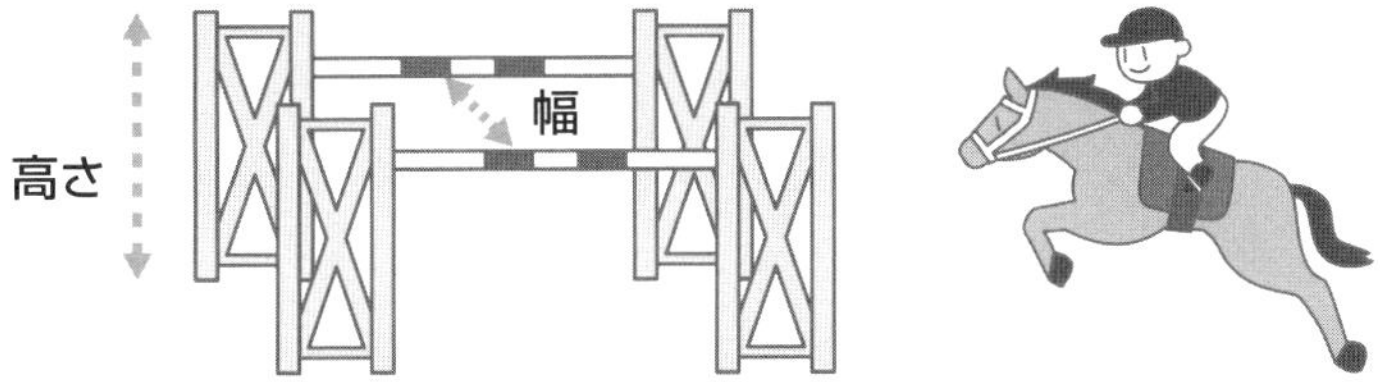

幅と高さを決める必要

点検のポイント

❶ 停電時の原料庫の対応が決まっている
❷ 停電時の連絡体制ができている
❸ 停電時に自家発電装置が稼働する

評価の内容	評価	点検のポイント		
		❶	❷	❸
まったく問題がない	5			
ほとんど問題がない	4			
まあまあできている	3			
ほとんどできていない	2			
まったくできていない	1			

合計 ＿＿＿ 点

02

通信手段の確認

◉第2ハードル

私が考える第二ハードルは、通信手段が途切れないことです。工場に被害がなくても、通信することができなければ、どう対応したらいいかわからなくなってしまいます。

大きな災害が起きて町中が停電しても、購買先と連絡がつくことが大切です。

一般的には有線回線の他に、携帯電話の回線があればいいのですが、携帯電話の中継局も停電が長期間になってしまうと、切れてしまいます。外資系のあるスーパーでは、各拠点に衛星電話を配置し、定期的に通信訓練を行っていました。

私が流通の責任者だったときには、業務用無線とアマチュア無線を通勤の車に積んでいました。

工場が稼働していない深夜、休日でも、災害発生時に状況を把握できる回線の確保が必要です。業務無線などの無線に頼る場合は、最低、一週間分の電源が確保できているかの確認も必要になります。

◉ネット回線がつながること

インターネット環境があれば、ネットの環境が生きていれば、音声通信よりも、メールなどのネット通信のほうが安定して連絡がつながります。

工場のネット回線は、一般的に光回線を使用しています。パソコンなどのインターネット回線は、大手3社の通信会社のモデムでいつでもつながるように準備しましょう。一ヶ月数千円の経費でモデムは準備できます。

私の経験でも、光回線がつながっている電柱が交通事故で倒れてしまい、1つの携帯電話会社のネットが一日以上つながらないことがありました。ネット環境がつながらなければ、従業員やお客様との連絡が途絶えてしまいます。最低でも、複数の携帯会社のモデムの準備をお勧めします。衛星回線がつながる衛星電話があります。

最近は、通信の容量も増えてきているので、理想的には、衛星回線の確保が必要です。この場合は、最低一週間分の電源の確保が必要です。

どんな災害が起きても連絡がつくか

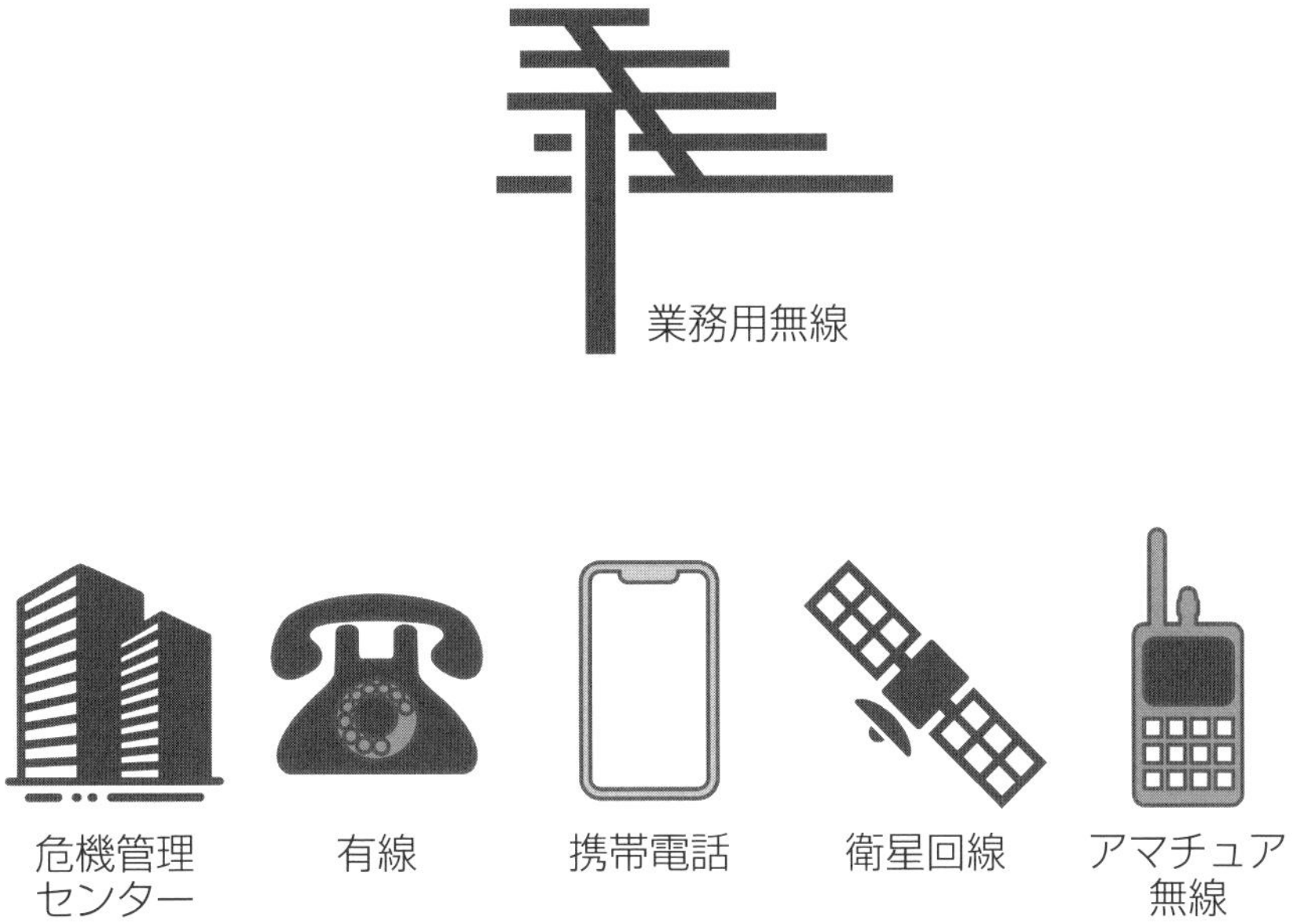

点検のポイント

❶ 災害発生時に音声回線がつながる
❷ 災害発生時にインターネット回線がつながる
❸ 定期的に通信手段の訓練を行っている

評価の内容	評価	点検のポイント		
		❶	❷	❸
まったく問題がない	5			
ほとんど問題がない	4			
まあまあできている	3			
ほとんどできていない	2			
まったくできていない	1			

合計　　　　点

03

仕入れ食材の在庫状況

◉看板方式になっていないか

私が考える第三ハードルです。

電気が確保され、通信手段が確保されても、購買品を製造するための原料がなければ、製造することはできません。２０１１年の東日本大震災発生後、まったく被害がなかった地域の工場でも、キャップが不足し、ペットボトル飲料が製造できなかった、使用するフィルムがなくなり、納豆が製造できなかった等、たった一つの部品が供給されなかったことで、製造ラインが止まったところがありました。

「必要な原料は、使用当日の決まった時間に入ればいい」という考え方があります。たしかに、通常時の工場運営で考えれば、資金繰り、在庫スペースから考えて正しい考え方です。

しかし、安定して購買品の供給を受けるためには、購買品を製造するために必要な材料・在庫は、供給先に最低一週間分は欲しいものです。

逆に自分の工場で、どの原材料も最低一週間分の在庫を持つことを考えてもいいかもしれません。

原材料には、フィルム、包装資材なども含まれます。

◉仕入れ先を複数確保しているか

２０２１年には、世界的にＩＣチップが不足し、自動車などの生産に影響が出ました。

ある一ヶ所の国、特定の地域から原材料の供給を受けていると、天災や政治問題などが発生したときに、購買品の供給が止まってしまう可能性があります。汎用品に限らず、専門的な原材料でも、地域を特定せずに仕入れているかの確認が必要です。

原料の仕入れ先は、特定のところに集中したほうが効率がよく、価格も安くなりますが、安定供給を受けるためには、仕入れ先が複数確保されていることが大切です。

また仕入れ先に、原材料がどのくらい在庫されているかを確認してください。

どこの地域、どこの国に天災などが発生したら、購買品が入荷しなくなるかの確認が常に必要です。

購買品は天災があっても供給できるか

購買品の供給先

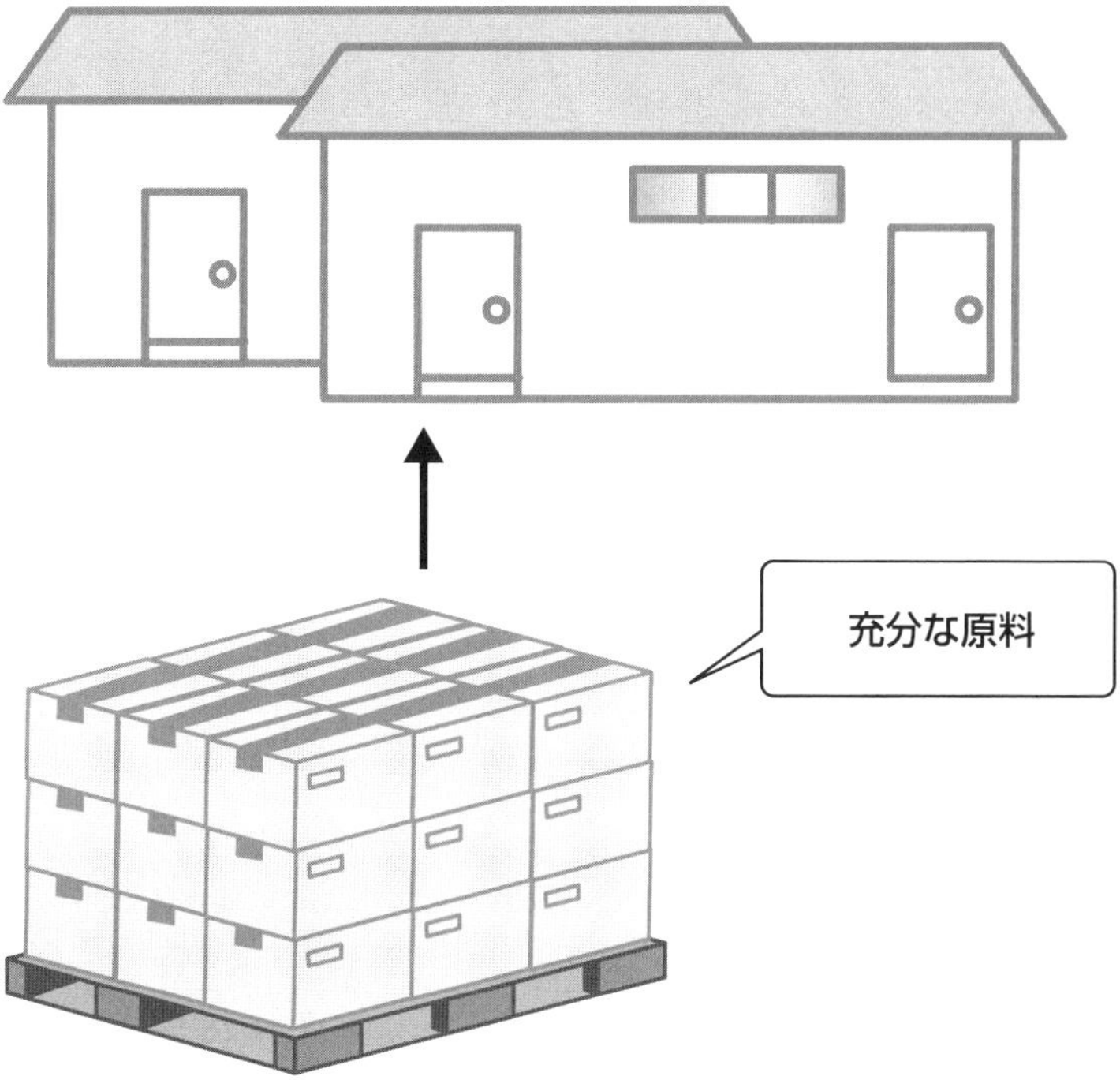

点検のポイント

❶ 供給先に購買品の材料の在庫日数が 7 日分以上あるか
❷ 購買品の仕入れ先を複数確保しているか
❸ 仕入れ先の在庫状況を常に確認しているか

評価の内容	評価	点検のポイント		
		❶	❷	❸
まったく問題がない	5			
ほとんど問題がない	4			
まあまあできている	3			
ほとんどできていない	2			
まったくできていない	1			

合計　　　点

04 出荷判定の状況

◉デュアルＸ線検査機

私が考える第四ハードルは異物混入対策です。

異物混入の中で、ガラス、石、骨、金属は、食べてしまうと、お客様に大きな危害を与えてしまう可能性があります。そこで左図のように、金属探知機を斜めに２台設置することで、金属の破片、錆び類などを必ず検出することができます。

石、骨、ガラスなどは通常のＸ線検査機ではなく、高エネルギーの透過画像と低エネルギーの透過画像を同時に得ることができる、デュアルエナジーセンサ搭載モデルであれば、かなりの確率で検出することができます。

しかし、こういった最新の危険異物の除去装置を備えている工場からしか購買品は購入しないといった、高いハードルを設置してしまうと、ほとんどの供給先はなくなってしまうかもしれません。

ですから、通常のＸ線検査機を最低条件にするか、金属探知機を最低条件にするか、目視の異物除去を最低条件にするかが、ハードルの考え方の基本になります。

◉購買品に使用している以外のアレルゲンはない

購買品に使用しているアレルゲン以外は、一切、購買品の供給工場にはないことが、第五番目のハードルになります。簡単に見えるこのハードルも、結構高いものです。特に「アレルゲンを使用していない」等と謳っている商品に使用する原料を仕入れている場合は注意が必要です。

購買先の倉庫から製造工程、配送車まで、使用しているアレルゲンに何があるかの確認が必要です。

小麦粉を仕入れている工場には、大豆、そば粉があってはならないのです。倉庫も配送車も同じです。

「洗えばいいだろう」と考えがちですが、配送車で考えれば、一般的に床面しか洗浄しません。そば粉の袋が配送車内で破損した場合、天井、壁に、そば粉がついた状態で小麦粉を運ぶことになります。

購買品を運ぶ配送車まで、購買品に使用している以外のアレルゲンがないこと、このハードルに耐えうる購買先になっているかの監査が必要です。

常に最新設備を導入しているか

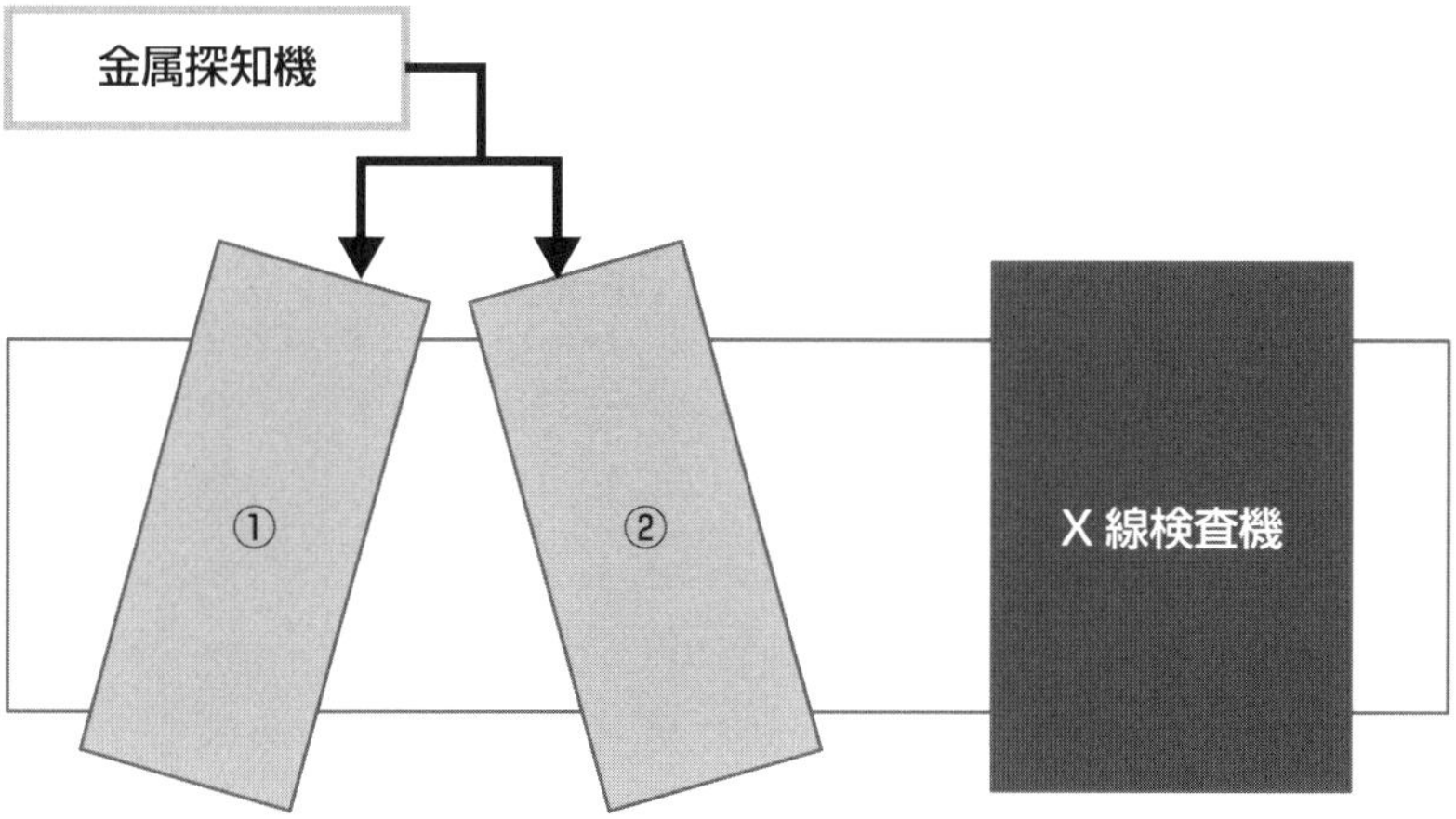

X線検査機はデュアルエナジーセンサタイプ

点検のポイント

❶ 物理的危害を検出する最新設備を設置しているか
❷ アレルゲンはコンタミ（混入）が発生しない環境になっているか
❸ 常に最新の検査設備の情報を確認しているか

評価の内容	評価	点検のポイント		
		❶	❷	❸
まったく問題がない	5			
ほとんど問題がない	4			
まあまあできている	3			
ほとんどできていない	2			
まったくできていない	1			

合計　　　　点

05 帳票の管理状況

◉30分以内に確認できること

監査当日には、購買品の、ある特定の日の帳票をすべて準備してもらってください。

監査日の朝に伝え、30分以内にそろえるように伝えます。帳票の範囲は、使用した原材料の確認ができるまでとします。作業者は、個人衛生管理の状況、誰がどの作業をしたかの状況がわかる帳票とします。

冷蔵庫などの温度は、「自動で記録され、当日、異常はありませんでした」という内容ではなく、「何度で保管されていたか」の実温度が確認できるものとします。

初めての監査では、必要な帳票名等がわからないかもしれません。そのときには帳票一覧表を提出してもらい、「この何番の帳票ありますか」と質問するようにします。

細菌検査、官能検査などの、出荷判定検査結果も確認が必要です。

検査当日に、一番古い帳票がいつのものかを確認します。最低でも購買品の賞味期限＋あなたの工場の賞味期限＋10日以上の保管が必要です。

◉市場回収の範囲が確認できる

最終商品に異常があったときに、市場回収の範囲が明確になるように帳票がつけられているか確認します。

たとえば、10kgの粉の商品を購買していたとします。粉を混ぜるロットとできた袋を数えて2kg余ったとします。そこで余ったものをどうしているかの確認が必要です。「廃棄しています」と言うのであれば廃棄記録、「翌日に回しています」であれば、当日製造品との区分をどのようにしているかの確認が必要です。

粉を混ぜる機械のパッキンが混入したとして、ロットの余り品である2kgが翌日の製品に「戻し品」「リワーク品」「再生」等と呼ばれて混ぜられていれば、市場に出ているすべての商品を回収する必要が出てきます。

「再生品」を使用している工場は、再生を使用していないロット、再生を切っているのは、どのタイミングかの確認が必要です。

異物混入が発生した場合のロット管理が明確になる帳票管理を行っているかの確認が必要です。

帳票は紐づけられて保管できているか

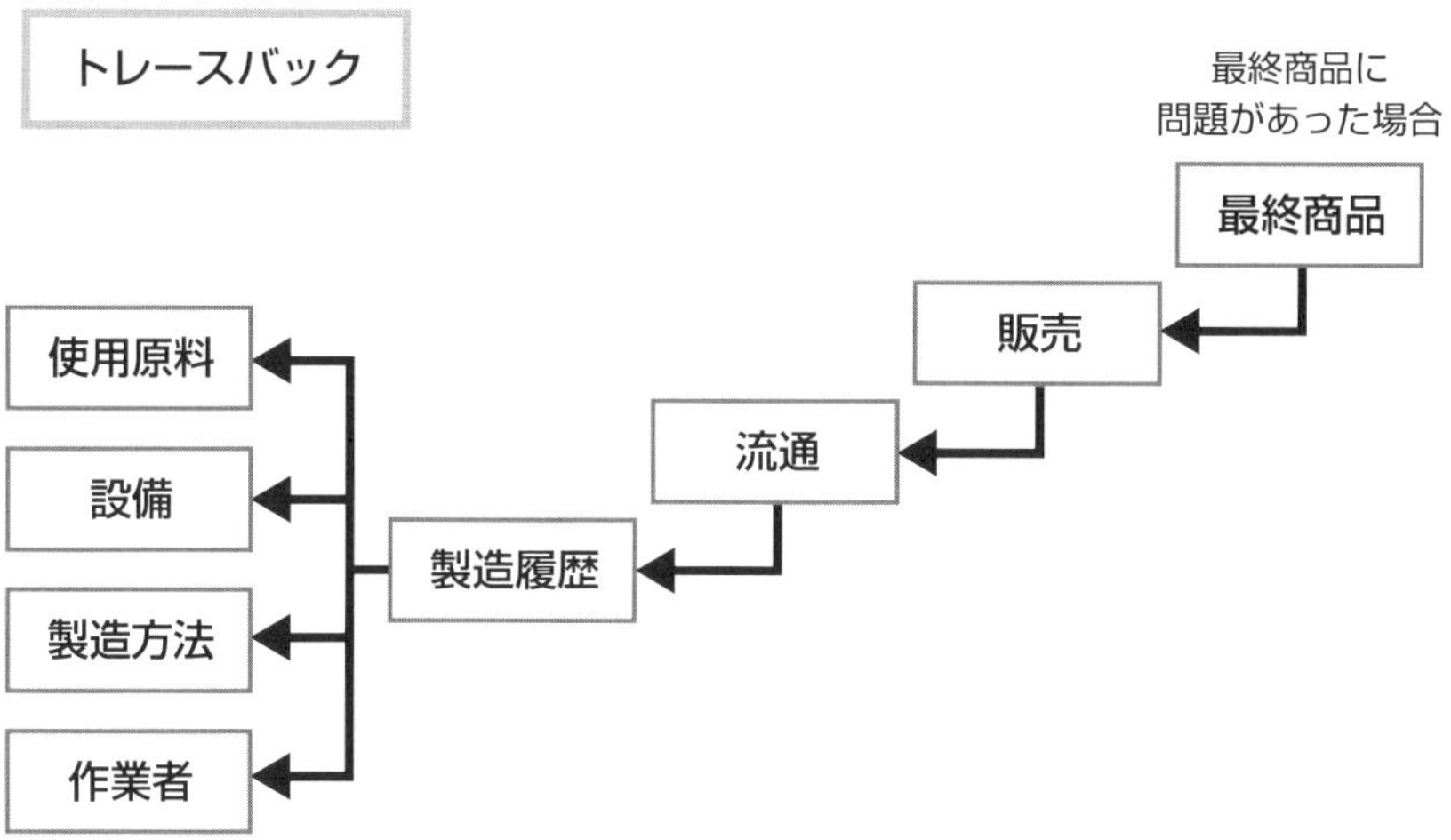

30分以内にすべての確認ができる

点検のポイント

❶ 30分以内にすべての帳票が確認できるか
❷ 保管期間が充分であるか
❸ 再生、戻し品の状況が確認できる

評価の内容	評価	点検のポイント		
		❶	❷	❸
まったく問題がない	5			
ほとんど問題がない	4			
まあまあできている	3			
ほとんどできていない	2			
まったくできていない	1			

合計　　　点

06

感染症の対策状況

◉作業着に着替える前の手洗い設備

２０２０年初めからCOVID-19が広まり、食品工場でも対策が求められました。幸い、食品を介してのCOVID-19の感染の可能性は少ないとされました。しかし、集団感染を起こした工場では、休業の必要性が発生してしまったのです。

COVID-19に限らず、新たな感染症、食中毒は、これからも出てくる可能性があります。従業員、関係者が入場ゲートから入場する前に手を洗い、健康状態を確認できる設備が必要です。健康状態の悪い人を、敷地内に入れないことが大切です。

出勤時には、最低限度の私物しか持参しないようにし、手を洗えるように、腕時計、ミサンガ、指輪等の装着は禁止します。作業現場の入場口ではなく、工場の敷地に入るときに手をきれいに洗えるようにすべきです。

靴を脱ぎ、私物ロッカーに私物、私服を入れ、ここで再度手を洗い、作業着に着替えます。この、作業着に着替える前に手を洗うことができるかどうかが、大切な点です。更衣室には、強制吸気、強制排気の換気装置が設置されている必要があります。

◉郵便、宅配便が管理されているか

アメリカのドラマを見ていると、郵便物などをX線検査機を通して、危険物、毒などが入っていないか確認をしているところが見られます。

食品工場でも郵便物、宅配便などは、入荷リストを作成し、表面を殺菌して内部の確認が必要です。

たとえば、宅配便で部品と称して、設備管理担当者宛に荷物が届けば、誰も中身を確認することなく、作業現場に宅配便を持ち込むことができます。農薬が冷凍食品に混入された事件のときに、一番簡単に農薬を持ち込む方法として、私は宅配便の方法を考えたものです。

郵便についても、「カミソリの刃が入っていた」等というトラブルがあるので、宛名の人に直接渡すのではなく、リスト化し、中身の確認を行う必要があります。

いつ封筒を介して広まる感染症、食中毒が出てくるかわかりません。想定できる対策は、準備が必要です。

作業着に触れる前に手洗い設備があるか

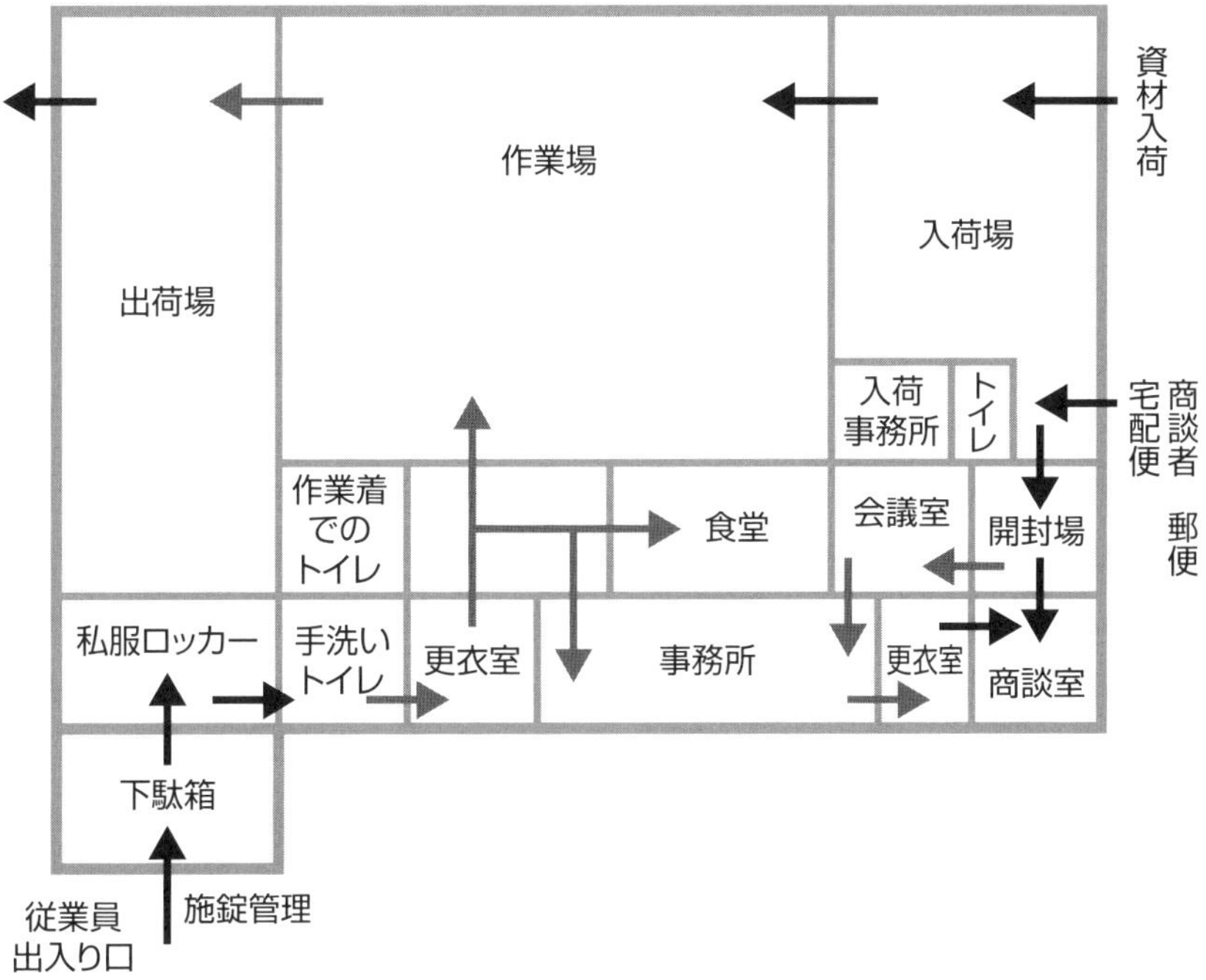

点検のポイント

❶ 敷地に入る前に手洗い設備があるか
❷ 敷地に入る前に体調確認を行っているか
❸ 郵便、宅配便が管理されているか

評価の内容	評価	点検のポイント		
		❶	❷	❸
まったく問題がない	5			
ほとんど問題がない	4			
まあまあできている	3			
ほとんどできていない	2			
まったくできていない	1			

合計 　　　　点

COLUMN 1

採卵農場の点検方法について

●サルモネラ中毒の対策が取られているか

日本で長年多く発生しているサルモネラ中毒は、ほとんどが生卵を原因としています。したがって、採卵農場を点検するときには、サルモネラ菌対策が取られているかどうかを集中的に点検する必要があります。

卵がサルモネラ菌に汚染される場合は、卵の表面にサルモネラ菌がつく場合と卵の黄身の部分にサルモネラ菌が入る場合が考えられます。

卵の表面にサルモネラ菌がつくのは、鶏舎の洗浄不足が原因として考えられます。点検を実施するときに鶏舎の洗浄方法を確認しましょう。どのような洗浄を、どのような洗剤を使用して行い、新しい鶏を鶏舎に入れる前にどのような検査を行っていて、検査結果がどうだったかを確認します。

卵の中にサルモネラ菌が入る原因は、親鶏と飼育環境の2つが考えられます。初めに卵を産む親鶏の確認をします。親鶏の管理はどのようになっているか、親鶏がサルモネラ菌を保菌していなかったという証明を確認します。そして、卵を産んでいる鶏の保菌検査はどうなっているか、その結果を含めて確認します。

次に、餌や水、ケージなどの環境検査を確認します。そして、餌の菌検査状況と結果はどうなっているかの確認をします。餌については、加熱することでサルモネラ菌は死滅するため、安全度を高めるためには加熱飼料を使用するように指導しましょう。

●卵の温度管理が行われているか

サルモネラ菌が卵の中にいたとしても、8℃以下で保管することで食中毒を起こすまでの菌数に増えることを防止できます。そこで、卵が産卵されてからの温度変化を確認します。その際、鶏が卵を産んでから何時間で温度管理された状態の冷蔵庫に移されているか確認が必要となります。

36℃の鶏舎にサルモネラ菌がいる卵を1日保管すると、食中毒を起こすまで菌数が増加するため、1日に何回、卵を集卵しているかを確認します。通常、鶏は1日1回、午前中に産卵しますが、日齢の若い鶏の中には、夕方に2個目の卵を産んだり、夜中に卵を産むものもいますから、1日に何回、産んだ卵を集めているかを確認することが重要になります。

2章

工場の方針・管理状況の確認

07 会社の方針の確認

◉玄関、駐車場がきれいでないと……

私が、講演などで必ず話す言葉があります。

「組織の倫理観は、その組織の責任者の倫理観を超えることはない」

「倫理観」を整理整頓と言葉を置き換えてみてください。工場の衛生管理の基本は整理整頓です。

あった場所にものを片づける、必要のないものは作業場に置かない。整理整頓ができていない工場は、衛生管理もまったくできていないと思って間違いないと思います。

工場の建物の責任者も必ず、工場の玄関を使うはずです。駐車場も使うはずです。もっとも、来客用、偉い人用の駐車場、玄関を設けている工場もあります。

責任者も必ず使用する駐車場、玄関が整理整頓されていない工場は、監査する価値がない工場として、すぐに引き返してもいいと思っています。

責任者が、駐車場が汚いこと、玄関が汚いことに対して注意もできず、問題を感じていないことを象徴しているからです。

◉責任者が何を見ているか

企業の運営を階段にたとえると、お客様のことを考えている階段を上っているか、利益だけを考えた階段を上るような責任者なのかで結果が大きく異なります。

責任者が自分の乗る車、自分の報酬を上げることだけを考えている工場を私は数多く見てきました。利益だけを見ている工場の共通点は、責任者の部屋と製造現場の5Sの状況に大きなギャップがありました。

トイレも責任者の使用するトイレと、従業員の使用するトイレが区別されているところもありました。

従業員の休憩室、会議室の掲示板には、歩留まり、コストに関する掲示が多く、本来使い捨てる手袋、マスクも再利用し、作業着の洗濯、管理も従業員任せになっていました。

その会社の方針は社是などの表面上の文書を見るのではなく、事務所、休憩室などの雰囲気をつかむことが大切です。

責任者はどの階段を上れと指示しているか

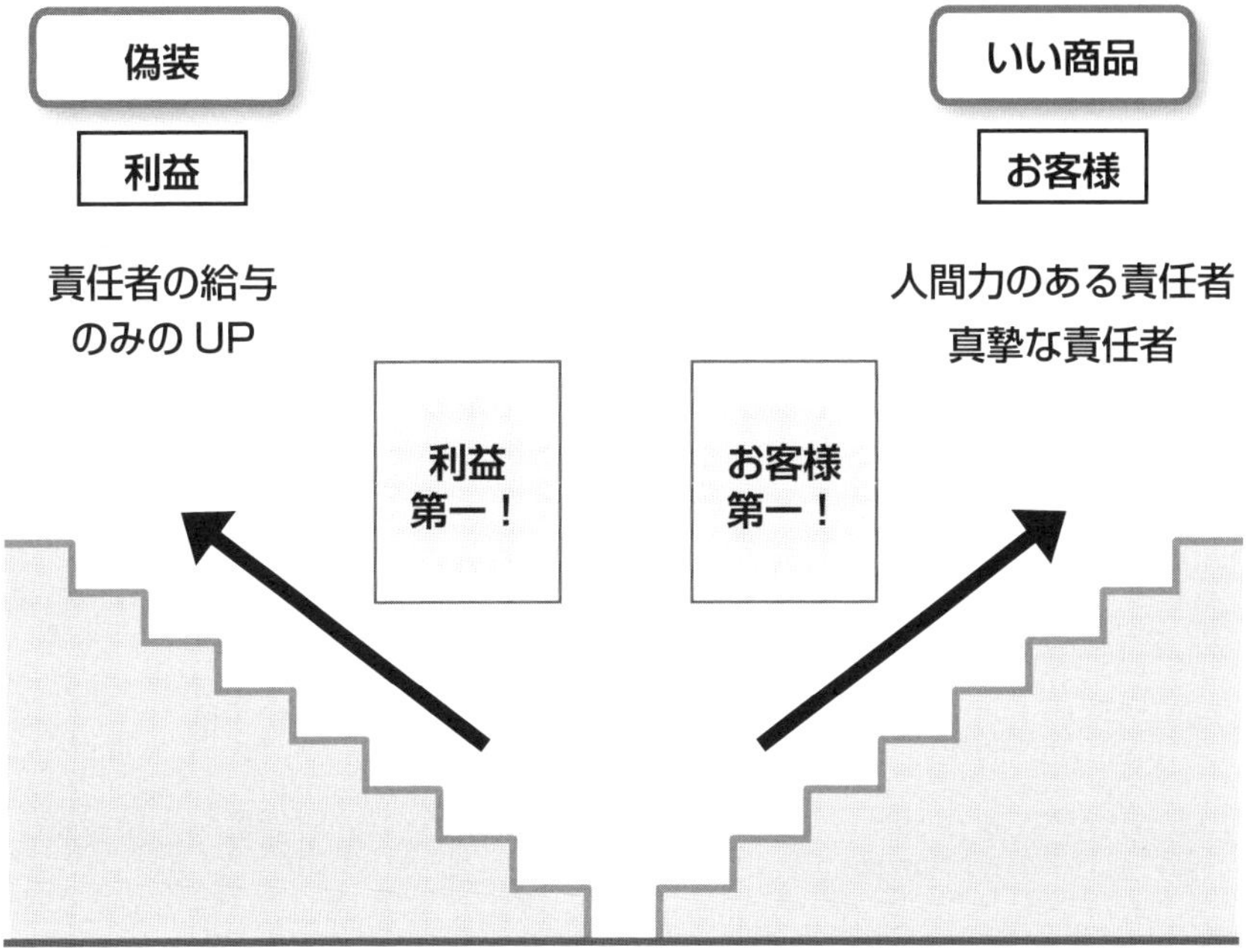

点検のポイント

❶ 工場の方針が文書で明確になっているか
❷ 工場の方針の具体的な数値化を行っているか
❸ 工場の方針でお客様に関することが具体的になっているか

評価の内容	評価	点検のポイント		
		❶	❷	❸
まったく問題がない	5			
ほとんど問題がない	4			
まあまあできている	3			
ほとんどできていない	2			
まったくできていない	1			

合計　　　　点

08 会社の品質管理に対する考え方

◉品質管理とは何か

工場監査に行くと、品質管理担当者のいない工場、製造責任者が品質管理を兼任している工場、細菌検査を担当している人が品質管理と思っている工場があります。品質管理は、工場監査の窓口の連絡先だけと考えているように思えてしまいます。

では、品質管理をどのように考えればいいかを階層別に考えてみます。

1は悪い体質、2は一般的によく見られる体質、3はよい体質になります。

●経営者

1. 品質管理の役割をまったく理解していない
2. 品質管理について頭では理解しているが実践がない
3. トップ層にミスター品質管理がいる

●管理者

1. 仕事は部下任せ、具体的な指示を出さず結果が悪ければ部下を叱る
2. 管理者の仕事は指示・命令を出すことだと思っている。結果に対する処置はするが、プロセスに対する解析が弱い
3. 人は自分で理解し、納得したときに本気で働くことを知っている。部下の教育訓練に時間を割き、仕事のプロセスに注意を払っている

●一般従業員

1. 自分本位で会社のことを考えない。いつ会社を辞めてもいいと思っている
2. 仕事がうまくいかないのは上司、他部門の責任だと思っている
3. 仕事に対する改善意欲が旺盛で、自分のところの製品が世界一だと思っている

●価値観

1. 生産第一主義、販売第一主義、不良品が出ても出荷してしまう。クレームが出れば運が悪かったと思う
2. 品質改善よりもコストダウンを優先する
3. 品質こそが会社を存続させるために一番大切なことだと理解している

品質管理部門は独立していること

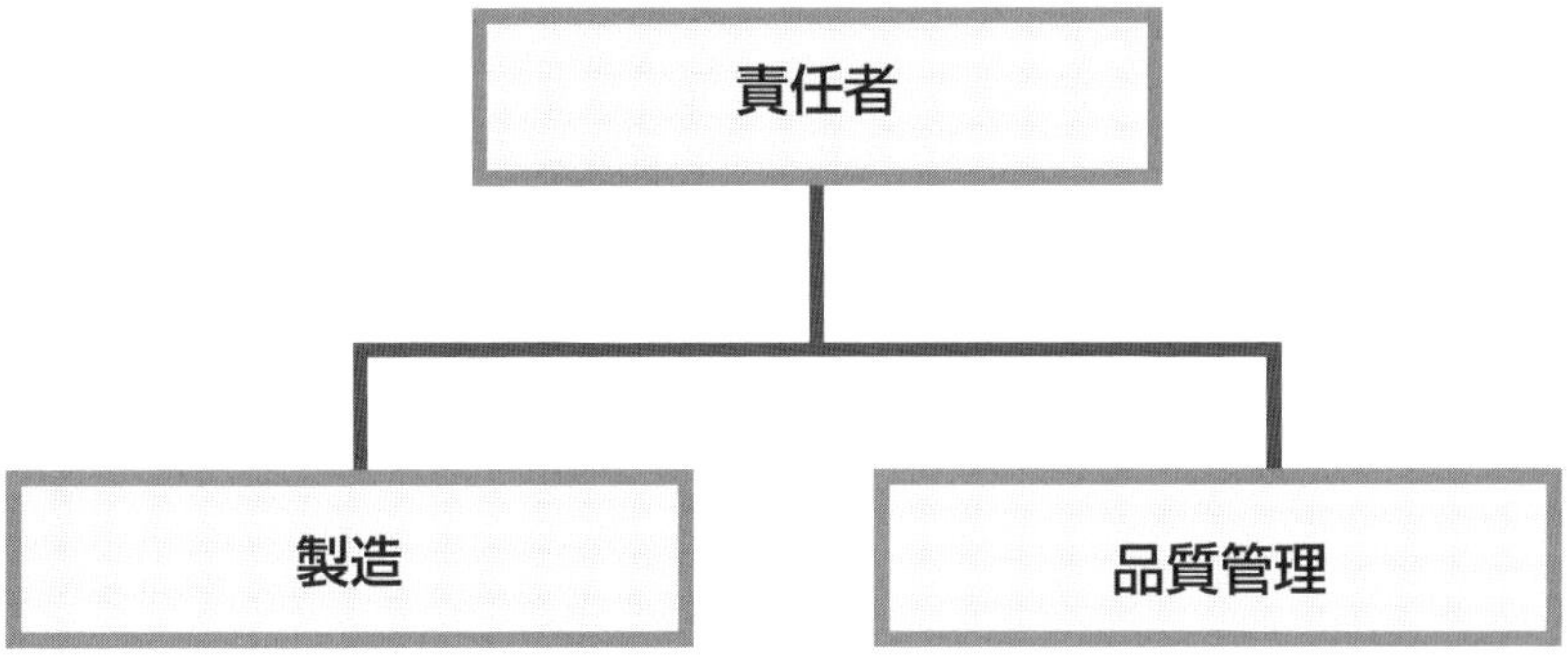

細菌検査は基準どおり行う

点検のポイント

❶ 工場の責任者が品質管理の役割について理解している
❷ 品質管理部門が製造部門から独立している
❸ 細菌検査の頻度は基準があり、基準どおりに行っている

評価の内容	評価	点検のポイント		
		❶	❷	❸
まったく問題がない	5			
ほとんど問題がない	4			
まあまあできている	3			
ほとんどできていない	2			
まったくできていない	1			

合計 　　　点

09 動物福祉の考え方

◉アニマルウエルフェアとは

アニマルウエルフェア（Animal Welfare）を直訳すると、動物の幸せ、幸福、福利、厚生などと訳すことができます（128ページ参照）。

日本では「動物福祉」と言われています。

原料として使用している鶏卵、肉を生み出してくれている動物たちの一生を幸せに、せめてストレスがなく過ごしてもらうためにどうしたらいいかを考えることが動物福祉になります。

たとえば卵を産む鶏であれば、卵を産む環境、そして卵を産み終わってから肉用に処理されるまでの環境に鑑み、鶏にとって幸せな一生を送っているかどうか、ということです。

採卵鶏は、通常ケージ（金網でできたとりかご）の中で飼育します。

その広さがどの程度あれば幸せな生活と言えるのでしょうか。ケージで飼うこと自体が、動物の幸せを考えたときに疑問に思います。

本来は、田舎の家のように囲いもない、広い庭で砂浴びをして自由に生活して卵を産んでいた鶏が、飼育の効率性からケージ飼いになり、広さも、経済効率だけを考えて決められています。

通常は60㎝×40㎝のケージに7羽程度飼育しています。この大きさが日本の標準的な大きさになります。EU（欧州連合）では、ケージで飼う鶏舎の新規建設は認められていないと聞いています。

◉意識があるままの最期

鶏の処理方法は、生きたまま意識のあるまま鶏の足をぶら下げ、そしてコンベアで回っているときに、首を切り、放血します。

この生きて意識のあるまま、コンベアに足をぶら下げられて、首を切られる行為が幸せかどうか、本来であれば電気ショックなどの麻酔で眠らせてから、コンベアにかける必要があるのではという意見があります。

私たちの食生活のために生きている動物たちの一生が幸せかどうかを、真剣に考えていく必要があります。

原料で使用している卵のことを理解しているか

日光の当たらない無窓鶏舎

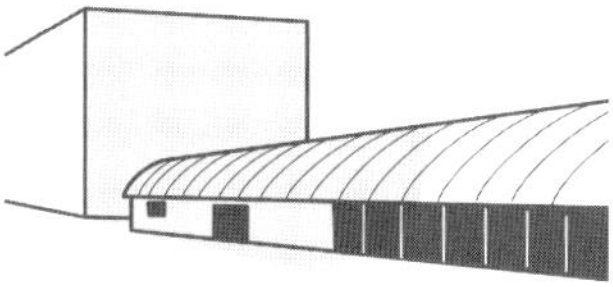

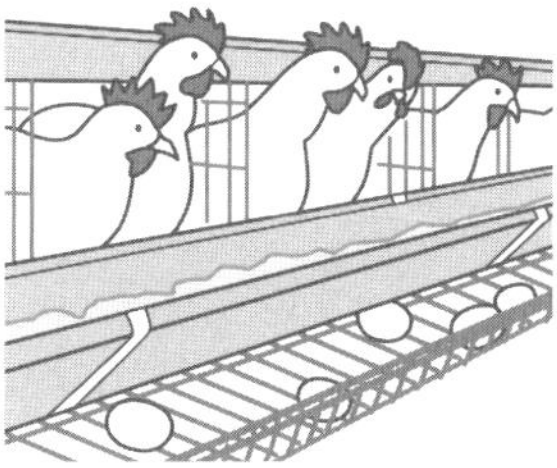

60cm×40cm／7羽
＝342㎠／羽

生産性のみを考えている

運動スペースの設置

砂浴び

止まり木

鶏のことを考えている

点検のポイント

❶ 責任者が動物福祉を理解しているか
❷ 畜産物の原料の素性を理解しているか
❸ 動物福祉を考えた原料を使用しているか

評価の内容	評価	点検のポイント		
		❶	❷	❸
まったく問題がない	5			
ほとんど問題がない	4			
まあまあできている	3			
ほとんどできていない	2			
まったくできていない	1			

合計　　　　点

10 環境対策の考え方

◉環境に対する負荷を考える

発電の自由化が始まり、電気も自家発電を含め選択の幅が広がりました。

電気を選ぶときに、単純に価格だけで選ぶのか、発電時の環境に対する負荷を検討して選ぶかで会社の考え方が明確になります。

包装に使用する包装資材についても、廃棄されるまでの工程を考え、商品を設計する時代に変化してきています。現在使用している包装形態が環境に優しくないという理由で、いつ使用禁止になるかもしれないということを考慮しておくべきです。

そのためには、常に現状よりも環境に優しい包材がないか検討を行うことが必要になります。

◉廃棄物をただ捨てていないか

廃棄すべきビーフカツを再利用している事件が２０１６年に起きてしまいました（１８６ページ参照）。食品残渣をただ廃棄するのではなく、肥料、飼料などに再利用する努力は常に行わなければなりません。

そこで廃棄物の処理が適切に行われているかの確認を定期的に行うことが大切です。

工場監査では、マニフェストの管理が左図のように適切に行われているかの確認が必要になります。

まず、A票が発行され、A票と回収してきた帳票が確実にファイルされているかの確認が必要になります。

工場全体から排出している廃棄物の量を確認し、毎年発生率が減っているかの確認を行います。再利用しているから発生量が増えてもいいという考え方ではなく、常に廃棄物の発生率を減らす努力が必要です。

排水処理場の排水の確認を毎日行っているか、確認します。排水の基準は地域によって異なるので注意が必要です。

排水処理施設、生産設備から発生する臭いが近隣に伝わっていないか定期的に確認することも必要です。

重油などのオイルフェンスが設置してある工場は、オイルフェンスの排水の施錠管理の状況を確認します。排水バルブを開けた記録、閉じた記録が必要です。

環境対策の方針、考え方があるか

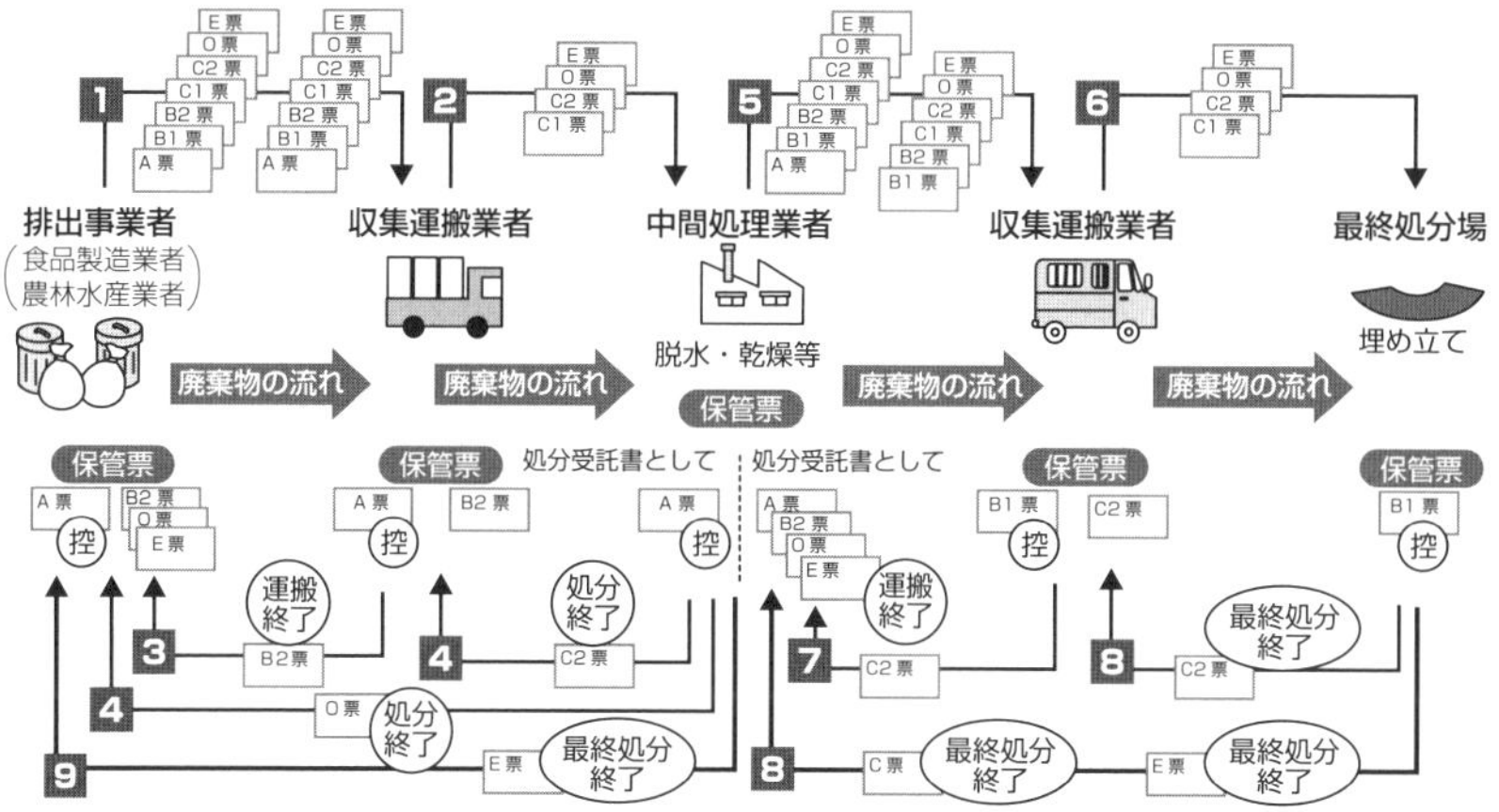

1 排出事業者がマニフェストに必要事項を記入します。産業廃棄物を収集運搬業者に引き渡すとき、A～E票も渡して記載事項をお互いに確認します。運搬担当者から署名、捺印をもらい、A票は控えとして保管します。

2 収集運搬業者は、産業廃棄物を中間処理業者に引き渡すとき、B1～E票も渡し、処理担当者から署名、捺印をもらいます。B1票とB2票を受け取り、B1票は控えとして保管します。

3 収集運搬業者は運搬終了後10日以内に署名、捺印されたB2票を排出事業者に返送しなければなりません。

4 中間処理業者は処理終了後 10日以内にD票を排出事業者に、C2票を収集運搬業者に返送しなければなりません。

5 ここからは中間処理業者が新たに排出事業者となってマニフェストを交付します。

6 収集運搬業者は、産業廃棄物を最終処分業者に引き渡すとき、B1～E票も渡し、処分担当者から署名、捺印をもらいます。B1票とB2票を受取り、B1票は控えとして保管します。

7 収集運搬業者は運搬終了後10日以内に署名、捺印されたB2票を排出事業者に返送しなければなりません。

8 最終処分業者は処分終了後10日以内に最終処分終了の記載（最終処分の場所の所在地および最終処分年月日を記載）したD票とE票を排出事業者に、C2票を収集運搬業者に返送しなければなりません。

9 中間処理業者は最終処分終了の記載されたE票を受取った場合、排出事業者が交付したE票に、最終処分終了の記載を転記して10日以内に排出事業者に返送しなければなりません。

マニフェストの保存義務

排出事業者はB2票、D票、E票を5年間保存する義務があります。収集運搬業者、処分業者も同様です。

マニフェストの確認義務

排出事業者は、委託業者からB2票、D票、E票が返送されてきたら、保管していたA票と照合し、委託契約書通り、処理が行われたか確認します。

▶

マニフェスト交付日から90日以内にB2票、D票が、180日以内にE票が返送されない場合は、委託した廃棄物の状況を把握し、適切な措置を講じ、都道府県知事等に報告する義務があります。

点検のポイント

❶ 廃棄物の発生量を把握し毎年減少しているか
❷ 排水の数値管理を行っているか
❸ オイルフェンスの施錠管理を記録しているか

評価の内容	評価	点検のポイント		
		❶	❷	❸
まったく問題がない	5			
ほとんど問題がない	4			
まあまあできている	3			
ほとんどできていない	2			
まったくできていない	1			

合計　　　　点

11 従業員の雇用に関する考え方

◉従業員の質が商品に現れる

工場監査では、一般的に工場の概要の説明を受けます。概要の中には、社員数、従業員数などが含まれています。

従業員は、正社員、時間雇用のパートタイマー、派遣社員、請負など、雇用形態を区分することができます。

若年労働者の管理状況、残業などが適切につけられているか、労災などの管理ができているかなどの監査も必要です。

ただし、従業員の監査だけで1日以上かかってしまうので、監査日程、時間の都合で、踏み込めないことが多いものです。

工場長、現場の責任者だけが工場の社員で、従業員のすべてが派遣会社で運営している工場もありました。

派遣の従業員は1日だけの人もいるので、技術が向上することは望めません。

商品を箱に詰める単純な作業でも、向上心を持って毎日作業している人と、時間をつぶせばいいと思って作業している人では、仕事の質が異なってきます。特に食品工場の機械化ができていない作業は、従業員の作業の質が商品に必ず現れてくると私は思っています。

いい工場には、学校の先輩・後輩、地域の友人・親戚などを推薦して仲間として働いています。

同じ職場に仲間がいれば、職場の中で農薬を製品に混入させるなどといった悪さはできないものです。

通勤時間をかけて遠くから通う従業員を採用するよりも、工場の近くの人で、60歳を過ぎても従業員が望めば働ける環境を整備することで、地域に愛される工場ができます。

◉衛生教育の担当が明確になっているか

派遣従業員の初出勤時などの衛生教育は、派遣会社で行うのか、工場側で行うかが明確になっているか、定期的な衛生教育、クレーム発生時の教育を行っているかどうかの確認が必要です。

よい商品は、よい従業員教育の結果だと私は信じています。

従業員採用の方針が明確になっているか

従業員採用の方針

	項目	点検
1	従業員による起こりうる危機を分析している	
2	従業員採用のマニュアルが整備されている	
3	従業員採用に関する責任者が明確である	

従業員採用に関する事項

	項目	点検
1	就業規則が整備され、公開されている	
2	36 協定が結ばれている	
3	賃金体系が整備され、公開されている	
4	従業員の離職率がまとめられている	
5	従業員の紹介の採用者数がまとめられている	
6	雇用契約書が整備されている	
7	雇用契約書の更新が行われている	
8	採用時の教育マニュアルが整備されている	
9	初出勤時の教育マニュアルが整備されている	
10	定期教育時のマニュアルが整備されてる	
11	健康診断が定期的に行われている	

派遣従業員の採用について

	項目	点検
1	派遣会社と契約書を交わしている	
2	従業員採用の条件を明確にしている	
3	派遣前の従業員教育の内容を明確にしている	
4	派遣後の従業員教育の内容を明確にしている	
5	業務中の禁止事項を明確に教育している	

近隣の評判

	項目	点検
1	タクシーでは「さん付け」で会社名が呼ばれている	
2	工場周辺の人の評判に問題がない	

点検のポイント

❶ 雇用契約書が整備されているか

❷ 派遣会社との契約書が整備されているか

❸ 請負契約書が整備されているか

評価の内容	評価	点検のポイント		
		❶	❷	❸
まったく問題がない	5			
ほとんど問題がない	4			
まあまあできている	3			
ほとんどできていない	2			
まったくできていない	1			

合計 ＿＿＿ 点

12 経理上の安定性の確認

◉必ず現地を見ることが重要

食品工場は問屋、スーパーなどに商品を販売します。また、原料として他の食品工場にも商品を出荷します。出荷先の信用調査も重要ですが、私の経験では、信用調査は、販売先よりも仕入れ先の確認が重要になります。

特に産地を謳った食材、特殊な食材を仕入れる場合、原料がなければ商品をつくること、お客様に納品することができなくなってしまいます。

経理上の確認は、一般的には調査会社の「ＡＢＣＤＥ判定」のＣ以上なら取引を行う、Ｄ・Ｅの場合は、仕入れの都度、稟議書が必要などと、内部規定を作成します。

調査会社の報告書は、1社だけに頼ることなく、複数社の確認を行い、不安の残るところは、決算申告書を3期分取り寄せて自社で確認する必要があります。

支払い条件が納品10日後、現金払いなどといった条件の仕入れ先は、資金繰りの状況の確認が必要です。

◉工場監査の結果で判断する

特に、オーナー企業の場合は、原材料の仕入れ、商品の販売会社を子会社化し、経理上利益が出ないようにしている場合があります。

調査会社の評点が悪くても、事実上は優良企業の場合があるので注意が必要です。

工場監査で確認する点は、オーナー一族に意見ができる「番頭」の存在があるかどうかです。

組織上も含めて事務所の机の配置、言葉遣いなどで、誰が番頭としての役割を担っているかが、判断できると思います。

オーナー一族以外はすべて入社2、3年目の若い人ばかりで中堅の社員がいない工場は、注意が必要な場合が多いものです。

新卒の新入社員を多数採用し、「使い捨て」のように退社していく工場は、外からは見えない問題を抱えていると思ってください。

オーナー社長より年長の経験豊かな人が番頭を務めている工場からは、安心して原料を購入することができるものです。

取引する条件を明確にしておく

【企業概要】評価欄

信用要素別評価			
業歴（1～5）	2	企業活力（4～19）	13
資本構成（0～12）	4	加点（＋1～＋5）	−
規模（2～19）	5	減点（−1～−10）	−
損益（1～10）	7	合計（100）	
資金現況（0～20）	11		
経営者（1～15）	8		50

信用程度
A（86～100）
B（66～85）
C（51～65）
D（36～50）
E（35以下）

どのランクなら取引を行うかを明確にする

信用要素別評価			
業歴（1～5）	2	企業活力（4～19）	13
資本構成（0～12）	4	加点（＋1～＋5）	−
規模（2～19）	5	減点（−1～−10）	−
損益（1～10）	7	合計（100）	
資金現況（0～20）	11		
経営者（1～15）	8		50

それぞれの項目の条件を明確にする

帝国データバンクHP
より引用

点検のポイント

❶ 調査会社の評点が基準以上か
❷ 過去３年間の決算申告書に問題はないか
❸ 経営幹部社員の退職はないか

評価の内容	評価	点検のポイント		
		❶	❷	❸
まったく問題がない	5			
ほとんど問題がない	4			
まあまあできている	3			
ほとんどできていない	2			
まったくできていない	1			

合計 ＿＿ 点

13 HP、パンフレットなどの管理状況

●企業ホームページを確認する

原材料、製品を仕入れようと考えている工場のホームページ（ＨＰ）を確認します。インターネット上には、企業自身で作成した以外の、企業の評判などをまとめたＨＰも存在しますが、今回は企業自身が作成しているＨＰを確認します。

特に、製品の説明における特色、製品の優位さを表す表現に科学的根拠があるかどうかの確認が必要となります。

「特殊な殺菌方法で食中毒の心配はありません」などとＨＰ上に謳っている場合は、殺菌方法と検査結果を求めて確認することが必要です。

ＨＰの確認は、仕入れる予定の原材料、工場だけでなく、企業全体の確認が必要です。

すべてを確認することで、原材料の仕入れ先名が報道されるリスクは防げます。

●すべての販促資料を入手する

仕入れ予定の企業の販促資料を入手します。一般的には、企業案内、商品のパンフレットになりますが、スーパー、通信販売に使用している販促ツールをすべて確認する必要があります。

入手が困難な場合もありますが、直営の販売拠点、通信販売などの窓口にお客として問い合わせを行えば、簡単に入手することができます。

健康関連の商品の場合は、パンフレットに健康に関する効能を謳っていなくても、書籍として、使用した人の体験談を載せている場合があります。

関連本も入手し、表現などに問題がないかの確認が必要です。

私の経験でも、パンフレットなどにある産地を謳ったうなぎを仕入れる場合に、パンフレットには土地を謳った表現を行っていたのに、仕入れ先はうなぎを出荷している漁業組合の名前を出していました。

出荷している生産者の池の住所を一つひとつ確認していくと、土地名が異なり、実際に出荷している産地名は異なっているケースがありました。

企業全体の確認が必要

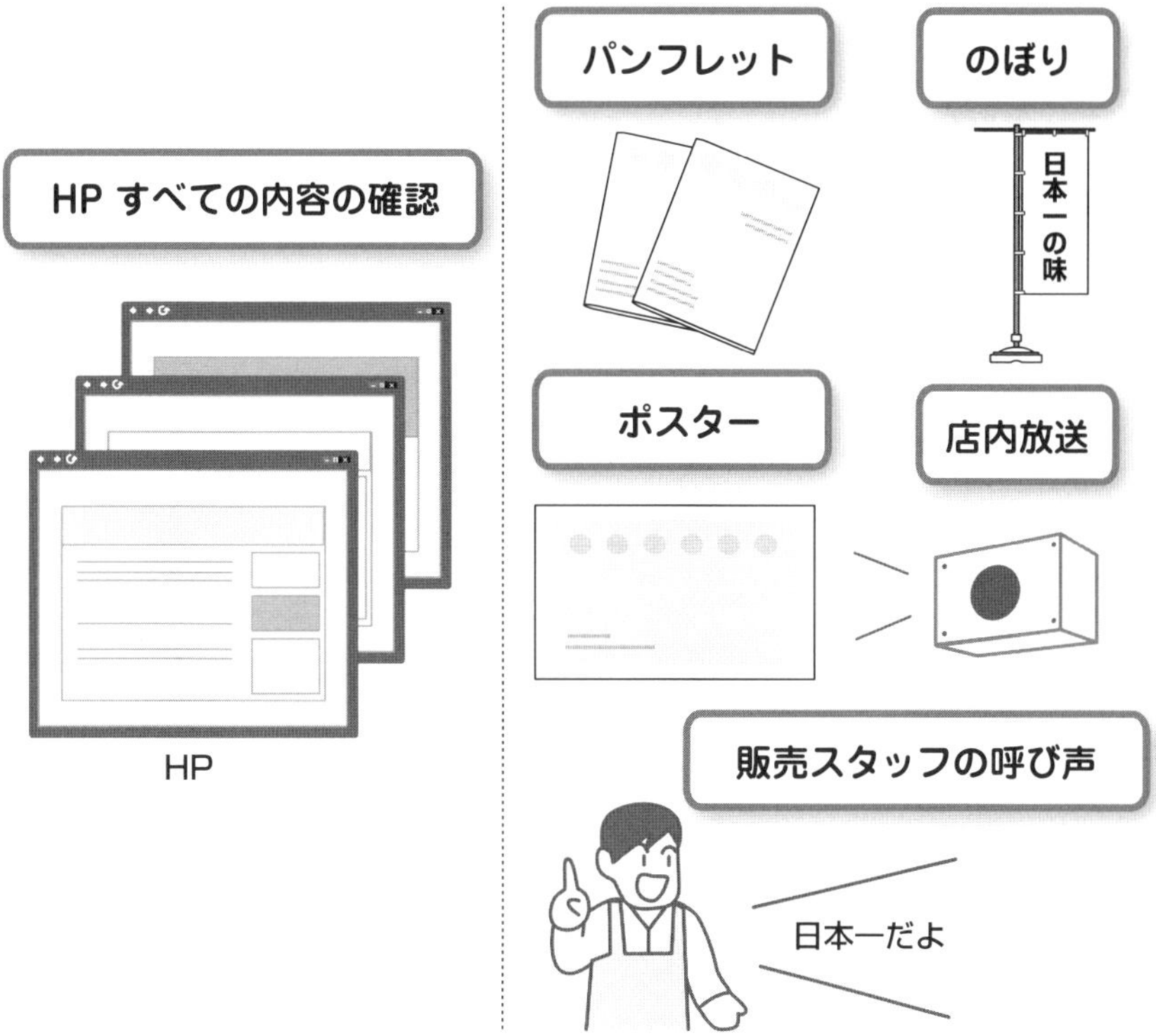

点検のポイント

❶ 企業 HP はすべて確認したか
❷ 企業パンフレットなどの販促ツールは確認したか
❸ 直営店、販売時点での販促方法を確認したか

評価の内容	評価	点検のポイント		
		❶	❷	❸
まったく問題がない	5			
ほとんど問題がない	4			
まあまあできている	3			
ほとんどできていない	2			
まったくできていない	1			

合計 ＿＿＿ 点

14 インターネット上の情報管理

◉ＳＮＳ上の評判を確認する

ネット上には個人が情報発信した内容が数多く存在しています。

一昔前には考えられませんでしたが、たった1人の人がツイッター（ＴＷ）で、カップ焼きそばにゴキブリが入っていた写真をアップすると、製造していた工場が半年間操業を停止してしまった事例がありました。

おせち料理がパンフレットと大きく内容が異なっていたとネット上に書き込まれ、大きな問題になった事例もあります。個人がブログに「保育園落ちた」と書いたことで、待機児童問題が大きな注目を集めることになった例もあります。

ですから、仕入れを行おうとする企業が、ネット社会でどんな評判なのかを確認するのです。また、仕入れを行おうとしている企業自身がネット上の確認をどのようにしているかを確認してみてもいいと思います。

ネット検索で企業名を入れて検索するだけでもかなり情報は得られますが、フェイスブック（ＦＢ）、ＴＷなどから直接検索したほうが、得られる情報は多くなります。

◉ブラック企業と言われていないか

企業の情報は、製品に関することだけでなく、従業員の労務管理、オーナーなどの評判に関しても確認が必要です。残業などがつけられていない、パワハラ、セクハラがあるなどとネット上で評判になっている企業もあります。

匿名投稿サイトでの評判は、真実でない場合も多いのですが、「火のないところに煙は立たない」と言われるように、ネット上で問題の投稿などが確認できれば、現地監査のときに事実かどうか確認することができます。

監査は仕入れ先企業を疑うため、取引を行わないために実施するのではなく、仕入れ先企業を「信じるため」に行うと、私は信じています。

ネット情報を信じて監査を行うのではなく、ネット情報を否定するために監査を行うことも必要なのだと思ってください。

ネット情報をすべて確認しているか

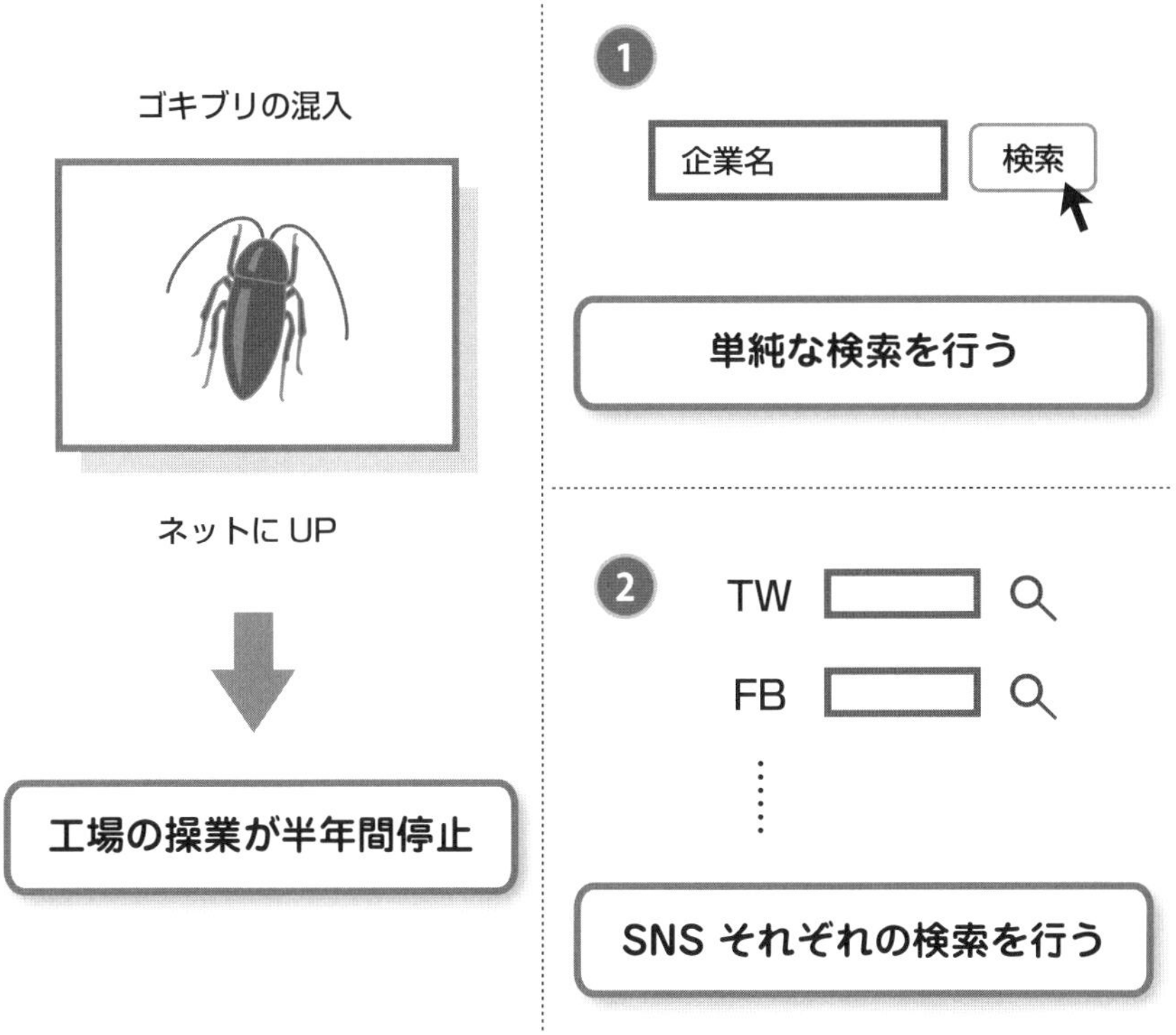

点検のポイント

❶ ネット上の検索で調査したか
❷ FB、TW などの SNS で確認したか
❸ クレーム、労働安全などに関して調査したか

評価の内容	評価	点検のポイント		
		❶	❷	❸
まったく問題がない	5			
ほとんど問題がない	4			
まあまあできている	3			
ほとんどできていない	2			
まったくできていない	1			

合計 　　　　点

15 従業員のＳＮＳ対策

◉携帯電話の持ち込みを禁止しても……

大手ハンバーガーチェーンで使用している中国工場の不衛生な作業の映像がネットに流出して、大きな問題になりました。多くの大手企業では内部統制と言って、従業員が会社内部のことをＳＮＳなどに書き込むことを禁止しています。

しかしそれでは、「私の工場はこんなによい原料でよい商品を製造している」などといった情報も書き込むことができなくなってしまいます。現場で働いている従業員の「生の声」をお客様に届けることができれば、効果的な宣伝になるはずです。

「携帯電話の持ち込みを禁止しているから、私の工場は問題ない」と言っている工場もありますが、写真がなくても、文章だけでも内部の状況をネットで伝えることはできるのです。

◉ルールが明確になっているか

ＳＮＳなどのネット利用に関するルールが明確になっているかどうかを確認します。口頭ではなく、ルールブックとして存在し、何が禁止され、何が認められているのかを確認します。

ネット利用のルールを従業員に教育する場合には、「○○は禁止」というように、禁止、禁止の教育をするのではなく、工場はあなたのもので自分の工場と思って行動することが大切である、といった内容を盛り込むことが必要です。

◉いつネットに情報が漏れてもいいような工場

昔から「人の口に戸は立てられぬ」と言われています。大きな事故があると、元従業員という人の言葉がテレビから聞こえてきます。

写真や映像はなくても、昔から問題があった工場というのは、働いている従業員が一番知っているはずです。

いつ工場の外周や作業場の中をテレビカメラが映してもいいように、また従業員にインタビューしてもいいように、日常的に第三者の目で作業、設備を確認し、問題点を把握して、改善することが一番のＳＮＳ対策になるのです。

人の口に戸は立てられぬ

たった1枚の写真で大問題に

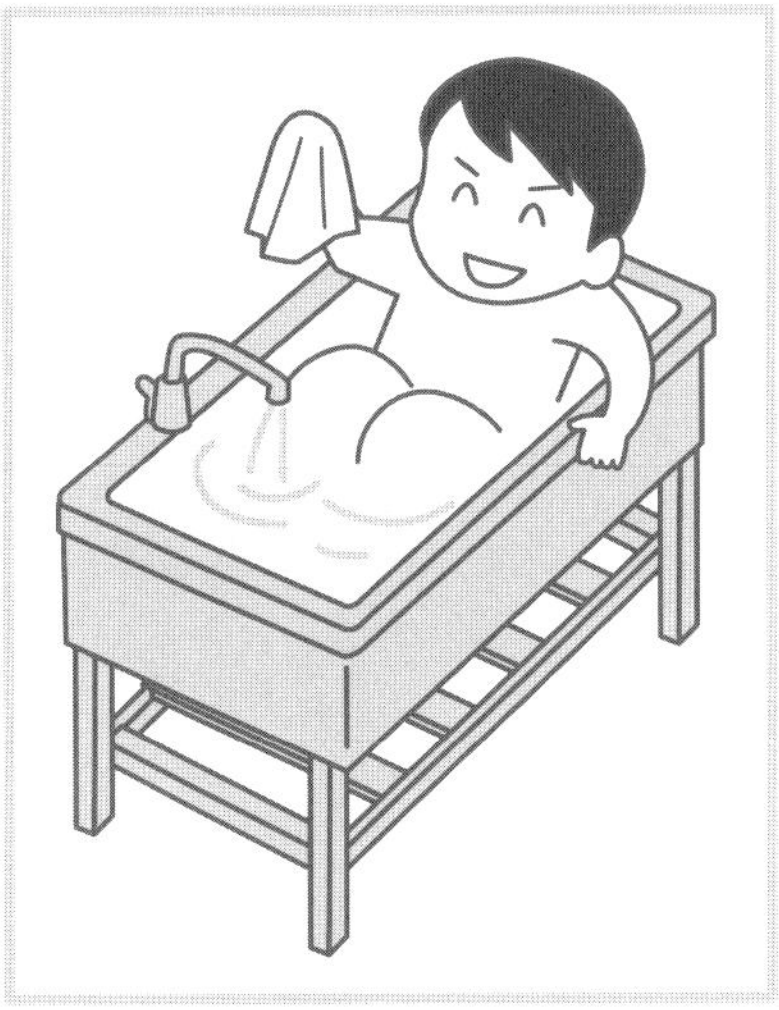

SNS のルールブック

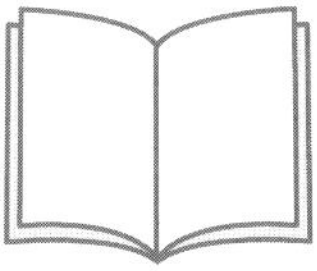

→ 教育

教育を行っているか

工場内外の点検

↓

問題点のリストアップ

対策を行っているか

点検のポイント

❶ 従業員の SNS 利用のルールがあるか
❷ 従業員に対して SNS 利用の教育を行っているか
❸ 工場内外の問題点がないかの点検を行っているか

評価の内容	評価	点検のポイント		
		❶	❷	❸
まったく問題がない	5			
ほとんど問題がない	4			
まあまあできている	3			
ほとんどできていない	2			
まったくできていない	1			

合計　　　点

16 従業員のコンプライアンス教育の確認

◉具体的な事例での教育が必要

あなたが会社に入社したとき、工場に初めて出社したときを思い出してみてください。初めて出社したすべての人が、「よいものをつくろう」と思って出社したと思います。

時間が経って仕事に慣れてきてしまうと、「よい商品をつくろう」「よい仕事をしよう」という姿勢から、「お金がもらえればいいや」「時間を過ごせばいいや」「定時まで仕事をすればいいや」という考え方に変わってきてしまいます。

製品に表示されている産地と異なる原料を使用せよと指示を受けても、「どうせ私は食べないから」と問題意識を持たず作業をしてしまうのです。問題意識を持っても、上司に嫌われたくないと思い作業をしてしまいます。

◉よいものをつくる集団であること

組織の責任者が、法律を遵守して常にお客様のことを考えて行動することが正しいと本気で宣言して教育していることが重要です。従業員一人ひとりの行動が会社の顔であることを教育することも必要です。たった1人の酒気帯び運転で組織が崩壊することもあるのです。

上司自らが「今日は本気で飲むから社章は取らなきゃいけない」と言っているような組織では、コンプライアンス教育を行っても形だけになってしまいます。

つくっている商品が家族の口に入るものとして常に考えていれば、上司に指示されたことでも、「おかしい」と思う作業があるはずです。

この従業員が「おかしい」と思うことを伝える場所があるかどうかの確認が必要です。一般的にコールセンターなどと呼ばれていますが、社内ではなく、社外の公平な立場のところに設置してあることが必要です。

私の属していた組織で、コールセンターに連絡したところ、上司から「私もコールセンターのメンバーだよ」と暗に内容を知っていると言われたことがあります。

コールセンターに伝えられた内容は、第三者の手で事実関係が確認され、内容に問題があれば改善が行われる体制が必要です。

日常生活に関しても教育しているか

改造バイク

宴会の様子

日常生活すべての教育がなされているか

点検のポイント

❶ コンプライアンスに関する教育資料があるか
❷ コンプライアンスに関する教育を行っているか
❸ コールセンターが設置されているか

評価の内容	評価	点検のポイント		
		❶	❷	❸
まったく問題がない	5			
ほとんど問題がない	4			
まあまあできている	3			
ほとんどできていない	2			
まったくできていない	1			

合計 　　　　点

17 市場回収時の対応

◉人体に危害を与えるかどうか

市場回収するときの判断は、「対象となる製造ロットを食することで、人体に危害を与えるかどうか」、この一言に尽きます。

毒物が混入した、表示されていないアレルゲンが混入した、物理的危害を与える異物が混入した、などといった、人体に危害があるかどうかで回収の基準をあらかじめ決めておく必要があります。

樹脂製の細かいパッキンが混入した、青いビニールシートが混入したなどといった、万が一お客様が食べてしまっても人的危害が考えにくい場合は、関係官庁、関係者と相談の上、市場回収まで必要かどうかを充分検討すべきだと思います。

監査時には、市場回収するときの事例を検討しているかどうかを確認します。また市場回収が必要になったときのマニュアルが整備されているか確認します。

回収の告知方法、告知をどのように市場に伝えるか、販売先への告知、問い合わせの電話、お詫び会見など、備えることは数多くあります。

回収判断をしてから、行うべきことも多数あります。電話だけでも、一般的には受付の回線が不足してしまいます。

１００年後の賞味期限を印字したなど、あり得ないミス、人的危害が考えられない異物混入などの商品は、安易に回収することなく、フードロスにならない対応を日常的に検討しているか確認が必要です。

◉売上が戻るまでの準備が必要

リコール保険に加入している工場がほとんどだと思います。しかし、保険には補償範囲があります。回収に関わる費用は含まれていますが、回収を告知する新聞広告、回収して売上が落ちてしまったことを回復するためにかかる費用など含まれていないものもあります。

市場回収を行うと売上が大きく下がってしまいます。工場運営を続けるために、お客様からの信頼回復に必要なコンサルタント料、広告料などが含まれているかどうかの確認が必要になります。

本当に人体に危害を与えるかどうか

農薬・洗剤などの混入
ガラス・金属片などの混入

リコールが必要

↕

ビニール片
合成樹脂片の混入

本当にリコールが必要か??

売上回復までの対策ができているか

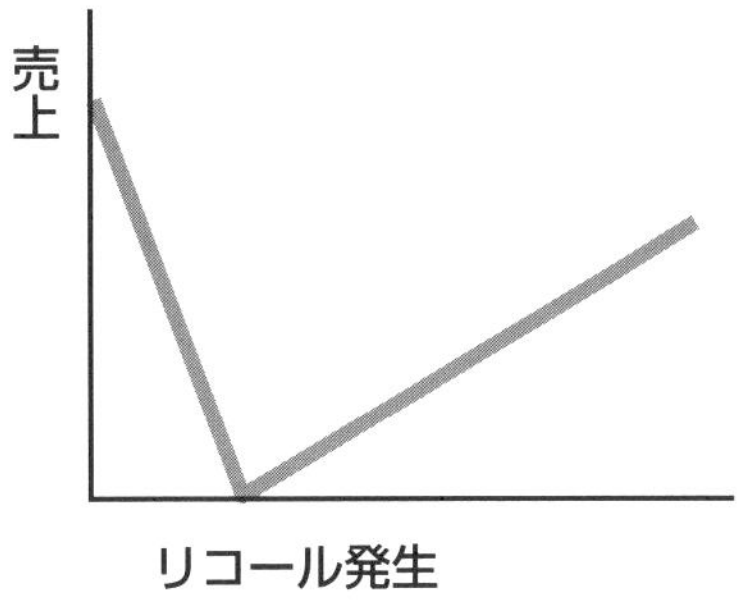

点検のポイント

❶ 市場回収が必要な事例を設定してあるか
❷ 市場回収時のマニュアルが整備されているか
❸ リコール保険に加入しているか

評価の内容	評価	点検のポイント		
		❶	❷	❸
まったく問題がない	5			
ほとんど問題がない	4			
まあまあできている	3			
ほとんどできていない	2			
まったくできていない	1			

合計　　　点

18 ロットの識別状況

◉「大網」をかけることが重要

ソーセージに現場のタオルを混入させ、対象ロットを回収したにもかかわらず、翌日製造分、翌々日製造分からも同じ色のタオル片が発見された事例がありました。

タオルは枚数管理を行っていたので、確かに混入したのは対象ロットだったのですが、ソーセージの不良品を「再生」として翌日・翌々日のロットに配合していたのです。

毎日「再生」を使用していることを、回収を判断した担当者が認識していなかったため、起きてしまった事例です。

回収判断の大原則は、回収する範囲を漏らさないように大網をかけることです。

包装残、充填残、不良品などを「再生」「戻し品」「リワーク品」などと言って次の製造ロットに配合し使用しているところは多いと思います。

マヨネーズなどの充填時には、充填ラインの切り替え時に完全に洗浄などを行っていない場合があり、ロットの区分が完全に行えない例もあります。

ラインの切り替えの方法、「再生」などの使用についての確認、記録がどのようになっているかの確認が必要です。

◉原料ロットからも追えるか

回収は、最終商品からのロット区分だけでなく、使用している原料ロットから、ロット区分を行う場合もあります。

ある原材料のロットに、表示していないアレルゲンが混入してしまったと、原料メーカーから連絡が来たとします。使用している原材料から、配合ロット、最終商品のロット、「再生」などを混ぜたロットなどを追って、市場まで行き着くかの確認が必要です。

回収が必要な対象ロットの原材料を左図のように引っ張ると、最終商品、売場までつながってくるような管理が必要になります。

対象ロットが原材料からも追えるかどうかの訓練を定期的に行っているかの確認が必要です。

紐づけが確実にできているか

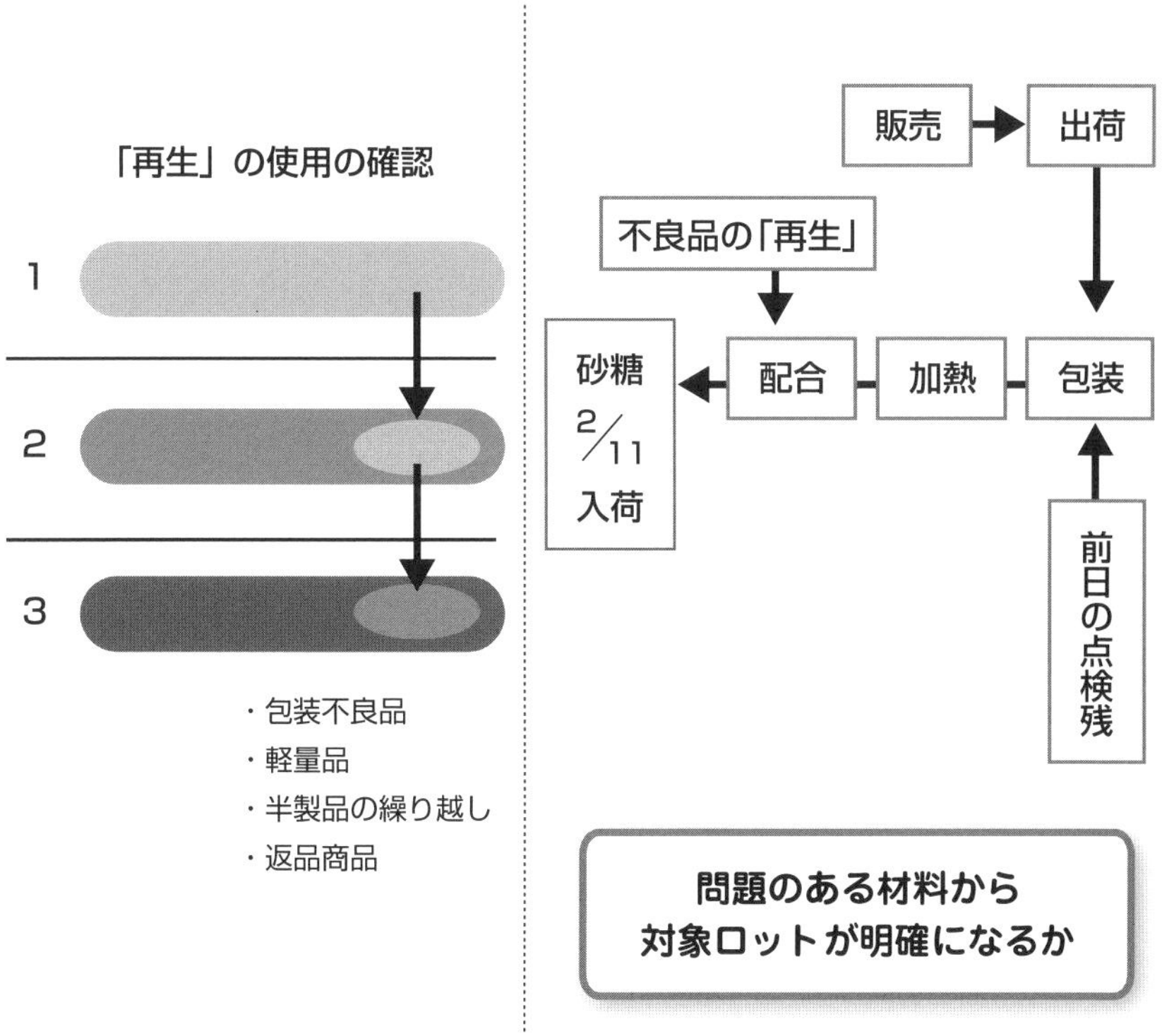

点検のポイント

❶ 回収ロットが区分されているか
❷「再生」などの使用が明確になっているか
❸ 使用原料ロットが明確になっているか

評価の内容	評価	点検のポイント		
		❶	❷	❸
まったく問題がない	5			
ほとんど問題がない	4			
まあまあできている	3			
ほとんどできていない	2			
まったくできていない	1			

合計　　　点

COLUMN 2

点検者の服装と持参するものについて

●点検者の服装は靴まで持参する

食品工場には、決められた服装でないと工場内に入ることができない場合があります。そこで、持参する作業着について問い合わせることが必要となります。

持参する作業着は、使い捨てのつなぎタイプが理想です。使い捨てではない通常の作業着もありますが、さまざまな点検先で点検していることを考えると、使い捨てタイプが必要になります。

帽子は、毛髪の混入を防ぐための電着帽とヘアバンドを持参します。必要な場合はマスクも持参します。靴は、短靴のきれいに洗われているものを専用の靴袋に入れて持参します。

点検時は、チェック表、バインダー、懐中電灯、パソコン、デジカメ、高いところや低いところを見るための鏡、冷蔵庫の下のゴミを引きずり出す棒などがあると便利です。

前回の点検評価表、指導の参考になる書籍、パンフレットなども持参します。法律などが変更になっている場合があるため、参考になるパンフレットをサービスで持参すると、次回からの点検が待たれるようになります。

●細菌検査、理化学検査もできるようにする

細菌検査を行う場合はクーラーを持参して、落下菌用の平板シャーレ、拭き取り検査用の綿棒キットが必要です。

残留塩素濃度が測定できる試験紙、洗剤濃度が測定できる試験紙、ＡＴＰキット、ブリックス計、pH計などの測定器があると、さらにくわしい点検が可能です。

また、パソコンはインターネットからＦＡＸを送れるようにしておくと、点検先から評価表をＦＡＸで送れるため非常に便利です。

デジカメは写した写真をその場で確認できるように、パソコンと連動しておくことが必要です。点検結果をその場でパソコンで集計してまとめあげて、立ち会ってくれた人にサインをもらいＦＡＸすることで、点検結果を確定することができます。

あるいは、簡単なプリンターを持参する方法もあります。その際は、その場でサインがもらえるように必ず印刷して手渡すことが重要になります。

3章

購買契約書類の記入・確認方法

19 価格、納期などの記入・確認方法

◉「後出しじゃんけん」にならないこと

価格は簡単に規格書に記載しますが、通常納品時のほかに、キャンペーン、特売などの協賛、値引きなどの交渉が別個に入る可能性があります。

通常納品で値引きを行っている場合は、キャンペーン時にさらに値引きを要求すると、原価が合わない場合があります。

また、注文量が少なすぎて生産性が確保できず、価格が合わない場合もあります。

「後出しじゃんけん」のように揉めないように、充分な確認が必要になります。

産地を謳った農畜産物、特殊な製法を謳った原材料などは、生産量が限られています。特に農産物は、圃場《ほじょう》の面積を確認し、生産量を推定します。圃場面積以上の生産量の注文はできないことになります。

圃場1単位当たりの生産量の確認を行います。天候に左右される農産物の場合は、過去5年間程度の単位当たりの生産量を確認し、今年の収穫量を確認し、生産量と発注量に整合性があるかの確認が必要です。

工業製品でも、1日の生産量以上の注文を行う場合には、工場の生産時間を延長する、休日を返上するなどの可能性を確認し、1日の最大の生産量の確認を行います。

◉追加注文のタイミングの確認

急な特売などに対応するための、製造能力の確認が必要です。使用する原料、生産設備、特に加熱・冷却が必要な商品の場合は、加熱・冷却不足により腐敗などの問題が発生する可能性があります。設備能力、設備のボトルネックの把握が必要です。

通常の注文は次月分を20日までに注文する、納品量の変更は前日午前11時まで、といった注文から納品までのルールを確認し、規格書に記入させます。

納品時に製造から何日経過したものまでを納品していいかの、納品限度日を設定します。

盆、正月などの長期の休日の場合の納品量の変更、追加のルールについても確認が必要になります。

「後出しじゃんけん」にならないルールが必要

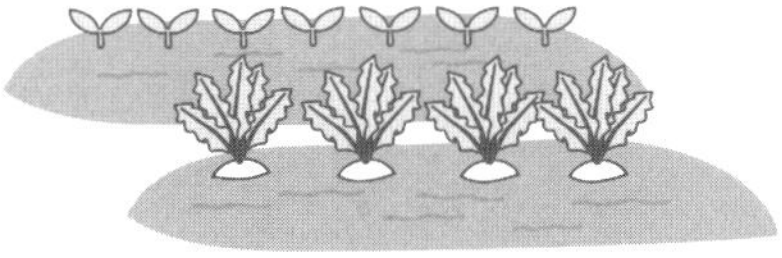

圃場の面積を確認

×

圃場１単位当たりの収量を確認

＝

供給量

この数量以上は供給できない

4/20 までに注文

↓

５月の使用量

↓

翌週の変更は
前週の金曜まで

↓

前日の変更は
午前 11 時まで

発注変更のルールの確認

点検のポイント

❶ 価格の設定が明確になっているか
❷ 注文の総量、もしくは日々の量が明確か
❸ 追加注文のリードタイムが明確になっているか

評価の内容	評価	点検のポイント		
		❶	❷	❸
まったく問題がない	5			
ほとんど問題がない	4			
まあまあできている	3			
ほとんどできていない	2			
まったくできていない	1			

合計　　　　点

20 包装形態の記入・確認方法

◉フィルム強度を設定しているか

液体もの、粘度のある原材料は、袋状の包装資材で包装されます。包装資材に対して、ボールペンの先などで突き刺したときのフィルム自体の突き刺し強度を設定します。

規格書には、フィルムの材質を細かく記載させることが必要です。

充填後のシール強度の設定も必要です。シール強度は、左図のように平らな板で１００kg×１分間の圧力を加えます。このテストに耐えられるシール強度、包装資材強度が必要になります。

食品工場のクレームで多いものは髪の毛混入と、包装資材の混入になります。包装資材などのフィルム混入は徹底した教育でゼロにできます。それには教育を行う前に、仕入れ食材の包装資材の検討が必要になります。

左図のように開封部分に色を塗り、開封部分に線を引くのです。「食材の開封時は必ず線に沿ってカットすること」と教育できるような準備が必要です。

包装資材すべてに色をつけてしまうと、開封前に原料に異常があったときにわからなくなってしまいます。

◉２ｍの高さから落として商品が破損しない

食品工場の安易なコストダウンで、ダンボールの材質を変更する場合があります。最近、原料の破袋クレームが増えたことを調査したら、ダンボールの材質が変更され、強度が下がっていたという事例がありました。

硬い床面に２ｍの高さから落として、製品が破袋、破損しないかのテストをさせ、問題がないことを確認します。

ダンボール強度は、製品の重さによって変化するので必ず落下テストを行うことが必要になります。

また倉庫などで積み重ねたときに、一番下の製品が潰れないダンボール強度が必要になります。一般的には、棒積みで２ｍの高さに積み、一番下の製品にかかる荷重に耐えうる材質が必要になります。

規格書にはダンボールの材質と耐荷重の規格値を記載させます。

包装資材は充分な強度が必要

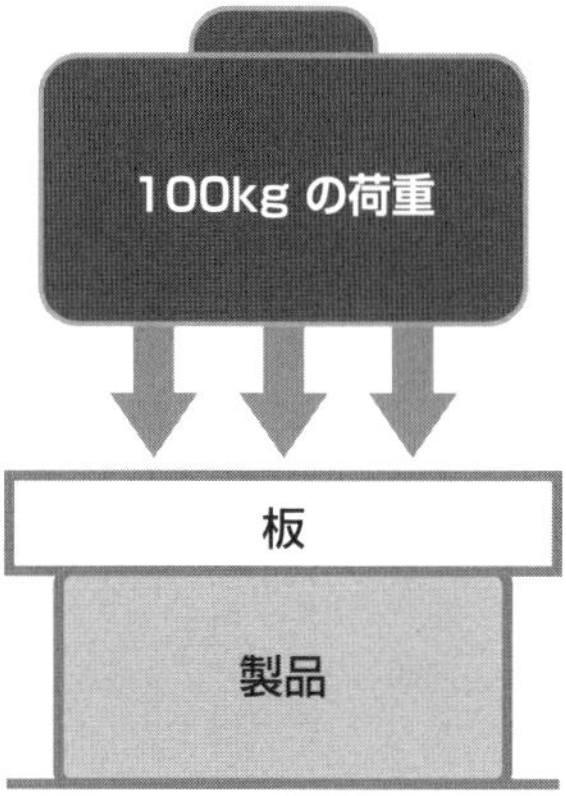

100kg×1分間の荷重で破れない

開封場所を明確にする

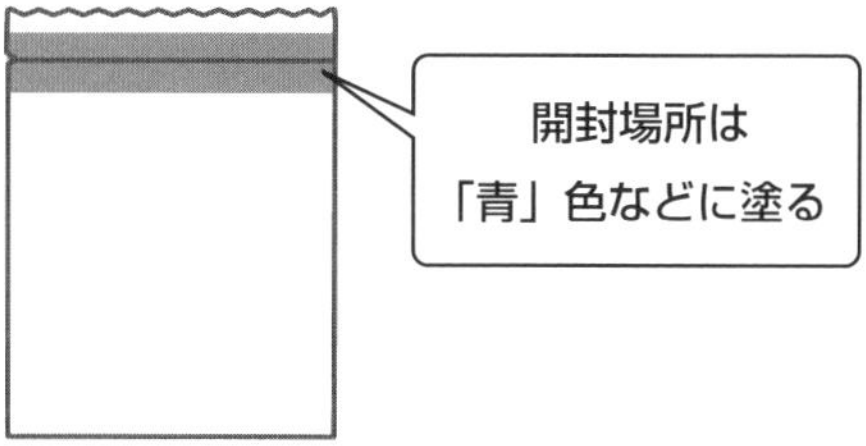

ダンボールの材質・強度の確認

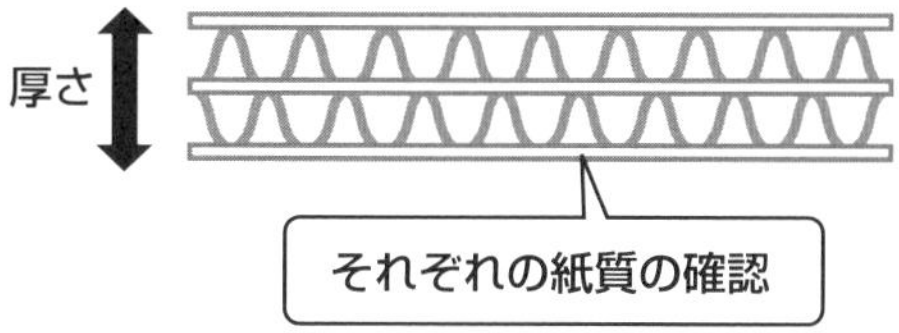

点検のポイント

❶ 包装資材強度は充分な値があるか
❷ 包装資材開封時に異物が入らない工夫があるか
❸ ダンボール強度は充分な値があるか

評価の内容	評価	点検のポイント		
		❶	❷	❸
まったく問題がない	5			
ほとんど問題がない	4			
まあまあできている	3			
ほとんどできていない	2			
まったくできていない	1			

合計　　　点

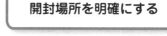

21 一括表示の記入・確認方法

◉計算の根拠と現場の配合実績が同じ

一括表示は、現物の表示のコピーを規格書に添付させます。最終商品の大きさによりますが、一括表示の文字の大きさが適切かどうか判断できるように、原寸大で貼ることが重要です。

監査時には、一括表示を作成したときのレシピと現場の配合が同じかどうかの確認を行います。

直近の現場での原材料、添加物の配合実績表と、一括表示を作成したときのレシピが同じかどうかの確認を行います。

製造者表示と営業許可書の住所などが同じか、製造所固有記号は届出書と同じか、プラマークなどが実際の規格書と同じかどうかの確認も必要です。

◉原材料と添加物は多い順になっているか

原材料は、使用している量が多い順に記載することが必要です。天ぷらなどのように油調している場合は、「理論上、何gの油を吸い取るから」といった理屈が必要です。配合に水を使用している場合は表示する必要はありませんが、計算書には水を何g使用したかの根拠が必要となります。

このように、使用している原材料の重量が何gか明確にわかる根拠の確認が必要です。

また、使用している添加物の記載が使用量の多い順になっているかの計算の根拠を確認します。

たとえば、「調味料アミノ酸等」の表示であれば、直接添加しているアミノ酸、醤油などに配合されているアミノ酸のすべてのアミノ酸の量を足して、核酸、有機酸よりもアミノ酸が多いから「調味料アミノ酸等」と表示している、といったことの確認が必要です。

添加物の計算表には、キャリーオーバーしている添加物もすべて記載させ、キャリーオーバーの添加物については、理由の明記が必要になります。

着色料、リン酸塩などの五感で感知できる添加物のキャリーオーバーはできないので注意が必要です。

使用している添加物をそれぞれ何g使用しているか、明確になっている表の確認が必要になります。

「この添加物は何ｇ？」の質問に答えられるか

ポテトサラダ

品名	惣菜
原材料	じゃがいも(北海道)、マヨネーズ、玉ねぎ、人参、ロースハム、きゅうり、塩、こしょう
添加物	グリシン、リン酸塩（Na）、 調味料（アミノ酸）、 発色剤（亜硝酸 Na）、 コチニール色素
アレルギー	乳、卵、豚、大豆
消費期限	○○○○年○月○日
内容量	100g
保存方法	10℃以下で保存してください
製造者	埼玉県○○市○○町 123−45 HK 食品株式会社 電話 0120−45−○×○○

多い順か

視覚 色　＝着色料など

触覚 触感　＝リン酸塩など

味覚 味　＝調味料など

嗅覚 におい　＝香料など

聴覚 パリパリ感　＝リン酸塩など

使用量が少なくても、
五感で感知できる添加物は
キャリーオーバーできない

営業許可書と確認する
一括表示は生データを確認することが必要

点検のポイント

❶ すべての原材料規格書があるか
❷ 原材料の計算の根拠があるか
❸ 添加物の計算の根拠があるか

評価の内容	評価	点検のポイント		
		❶	❷	❸
まったく問題がない	5			
ほとんど問題がない	4			
まあまあできている	3			
ほとんどできていない	2			
まったくできていない	1			

合計　　　　点

22 アレルゲン表示の記入・確認方法

◉原材料規格書の確認が必要

製造工場内にあるすべてのアレルゲンの確認が必要です。工場の人に質問するだけでなく、原材料規格書、製造しているすべての商品の表示の確認など、実際に自分の目で使用しているアレルゲンをリストアップし、表示上問題ないかの確認が必要です。

アレルゲンの異なる製品を同じラインで製造している場合には、ある一定期間、たとえば1カ月分の製造実績を調査します。

年末年始に特別な商品を製造する工場の場合は、聞き取り調査で、どんな商品のどんな配合のものを同じラインで製造しているかの確認が必要です。

確認のためには、たとえばミキサーであれば、配合表と製造実績が必要となります。

アレルゲンが異なったら「洗浄すれば大丈夫」ということはなく、なぜ切り替え時にアレルゲンがコンタミ（製造工程における異物混入）しないかの確認が必要です。

「この商品を製造しているラインでは……」の表示を行っていても、製品を食べた人がアレルギー症状を発症すれば、大きな問題になるのです。

◉同じ製造ラインを使用している

アレルゲンを含む製品と含まない製品が同じ製造ラインで製造されている場合、アレルゲンが混じる可能性があれば、一括表示の中にアレルゲンを記載することが必要です。

たとえば、そばとうどんを同じミキサーで製造し、うどんに必ずそば粉が混じるような管理体制の工場では、一括表示に「うどん、そば、塩」と、そばの表示が必要になるのです。

「この製品はそばと同じ製造ラインを使用しています」といった、そばが入るかもしれないという表示では、お客様に適切に伝わらないのです。

切り替え時に洗浄を確実に行っているという場合には、洗浄の方法と、洗浄後にアレルゲンが残っていないことをどのように確認して記録しているか、を確認することが必要となります。

命取りになることを認識しているか

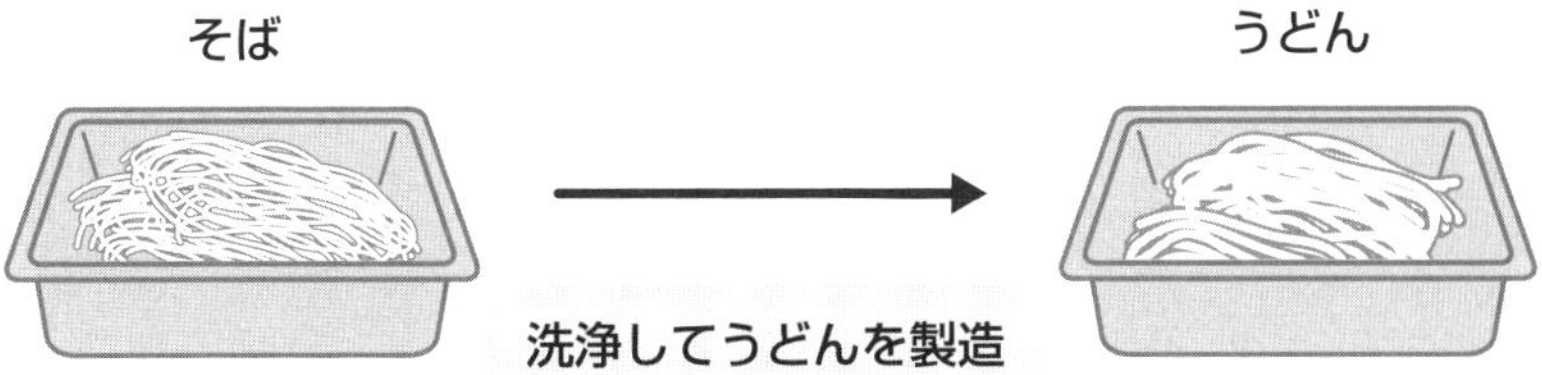

そばが残っていないことをどう確認しているか

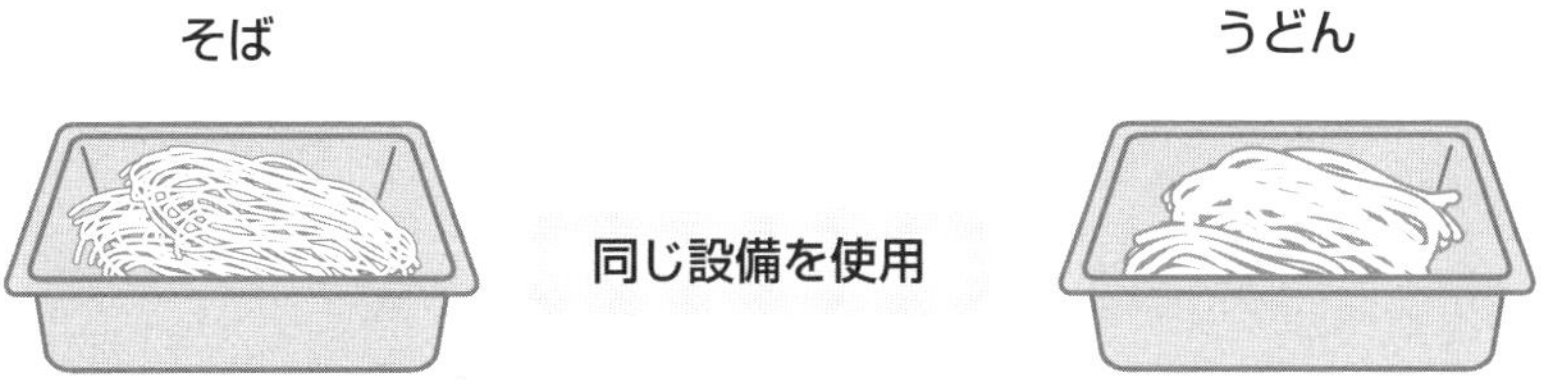

一括表示の原材料にそばとうどんの表示が必要

点検のポイント

❶ 工場内のすべての原料のアレルゲンを確認する
❷ 対象商品の製造ラインのアレルゲンを確認する
❸ コンタミの可能性をどのように確認しているのか

評価の内容	評価	点検のポイント		
		❶	❷	❸
まったく問題がない	5			
ほとんど問題がない	4			
まあまあできている	3			
ほとんどできていない	2			
まったくできていない	1			

合計　　　　点

23 カロリー表示の記入・確認方法

◉表示した根拠があるか

健康志向の高まりから、同様な商品でカロリー（熱量）を少なく表示できると、商品の差別化ができます。実際に菓子パンでカロリーが少ないものは、お客様の目的買いの対象になっているのです。

カロリー表示は、単純に表示してあればいいというものではなく、価格と同じように間違えてはならない数値であることを認識すべきです。表示してあるカロリーに根拠があるかどうか、根拠どおりであるか、重量の換算に誤りがないかの確認が必要です。

自社の研究所などでカロリーを計測した場合は、計測結果の原紙と、検査した試料の配合などが対象商品と同じであることの確認が必要です。

試作段階で計測した場合は、商品名が異なる場合があります。商品名が異なっていても、配合、製法が同じであることを確認します。

◉計算に使用している数値について

カロリーを計算値で表示している場合においては、計算に使用している各原材料のカロリーの値が、原材料の規格書のカロリー表示と同じであるかどうかの確認が必要です。

特に、カロリーの計算ソフトを使用している工場の場合は、醤油であれば、汎用の醤油カロリーの数字を使用して実際の数値と異なる場合があります。

ハムカツ、トンカツなどで「日本食品標準成分表」の数値をそのまま表示している場合もあります。実際の配合と大きく異なる場合は注意が必要になります。

計算に使用している「日本食品標準成分表」は、最新版を使用しているかどうか、現物の確認が必要です。

揚げ物の油、煮物のタレのなどで、製品に吸収されることによってカロリーが異なる場合は、吸収率の科学的根拠が必要です。根拠は、実際のテスト、科学的文献の裏づけが必要になります。

カロリーとタンパクなどは、「アトウォーター係数」で検算ができます。測定値であっても検算で確認します。

カロリーでお客様が選択していることを忘れない

栄養成分表示

熱量	kcal
たんぱく質	g
脂質	g
炭水化物	g
食塩相当量	g

2020年4月1日より栄養成分表示が義務化された。栄養成分表示は、熱量、たんぱく質、脂質、炭水化物、ナトリウムの順で、ナトリウムについては食塩相当量で表示することとされている。

食塩相当量の計算式は、

ナトリウム(mg)×2.54÷1000＝食塩相当量(g)

アトウォーター係数

栄養素	アトウォーター係数
糖	4kcal/g
たんぱく質	4kcal/g
脂肪	9kcal/g
アルコール	7kcal/g

カロリー＝糖×4＋たんぱく質×4＋脂肪×9＋アルコール×7

という計算式で検算できる

点検のポイント

❶ カロリーの表示の根拠があるか
❷ 実測値の場合は、製造記録があるか
❸ 計算値の場合は、計算根拠があるか

評価の内容	評価	点検のポイント		
		❶	❷	❸
まったく問題がない	5			
ほとんど問題がない	4			
まあまあできている	3			
ほとんどできていない	2			
まったくできていない	1			

合計 　　　点

24 細菌数などの日持ちの根拠の記入・確認方法

◉検査結果の確認では不充分

レトルト殺菌、包装後の二次殺菌などの細菌を殺す工程が明確な商品については、殺菌温度と時間をなぜその温度、その時間に設定したのかの理屈が必要です。

「過去の経験」と答える場合が多いのですが、「殺菌温度×時間」と細菌検査結果の関係がどのようになっているかの確認が必要なのです。

左図の日持ちの理屈があるからこそ、細菌検査の結果が活きるのです。

新商品などで、賞味期限までの検査結果が間に合わない場合があります。

類似商品の結果であれば、日持ちの科学的根拠が同じような商品であることの確認が必要になります。

10℃保存の商品で36℃など、温度を高くして結果が早くわかる加速度試験を行っている場合があります。

加速度試験の場合は、10℃保存と36℃保存との相関関係数の計算式の確認が必要です。

ガス置換、脱酸素剤など、包装内の残存酸素濃度を制御している場合は、賞味期限の終期に酸素濃度の確認をしているかの確認が必要です。

包装後の加熱工程のない商品については、なぜ日持ちするのかのpHの制御、Awの制御などの理論・理屈を確認し、商品設計に活かされているかどうかの確認が必要になります。

◉生データの確認が必要

細菌検査は、希釈を繰り返して各希釈濃度の培地で菌数を計測します。

一般生菌数3・5×10^5とされた報告書の数字がどのように測定され、何倍に希釈したシャーレでいくつカウントできたか、たとえば3・5の数字がどのように算出されたかの確認が必要です。

過去に起きた事例では、北海道の偽装挽き肉工場の細菌検査結果は、実際に検査を行わずに検査報告書を作成していました。

こうした数字については、計測結果などの質問を繰り返すことによって、矛盾点をつかむことができます。

なぜ日持ちするかの理屈が重要

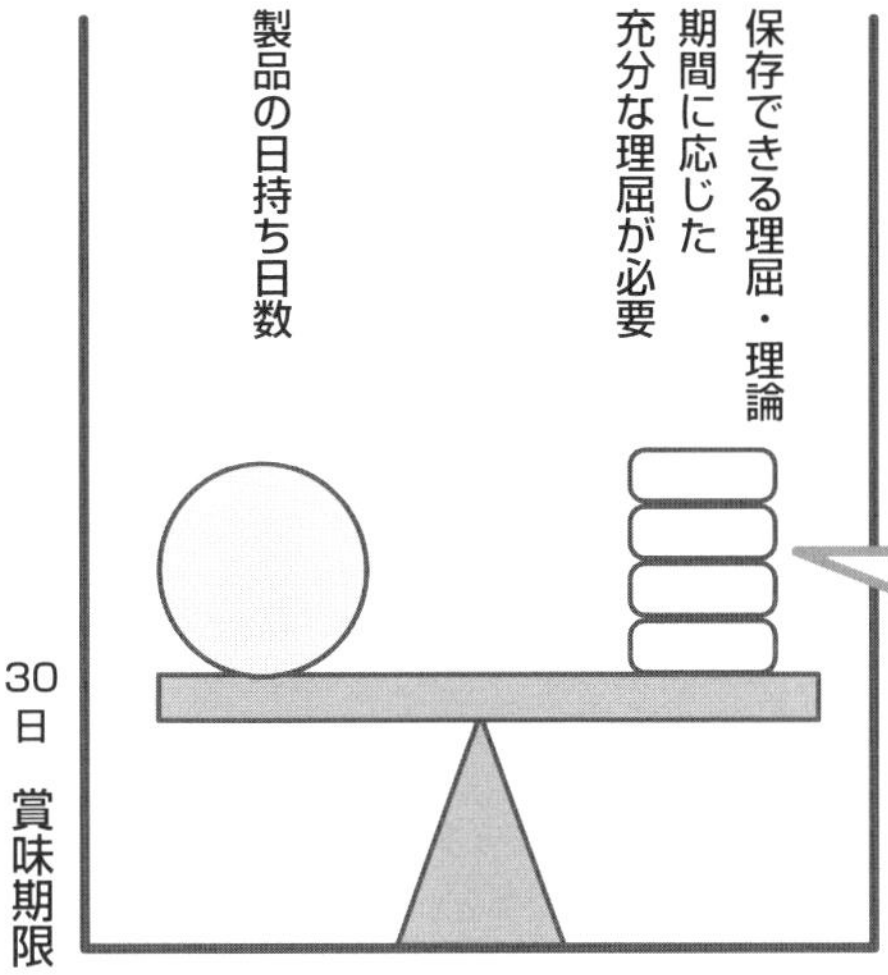

製品が日持ちする理屈

微生物の生育要因

内部環境要因	pH Aw（水分活性） 酸素濃度 食品成分 抗菌性成分 微生物の相互関係 浸透圧 その他
外部環境要因	貯蔵温度 相対湿度 ガスの存在と濃度 紫外線 放射線 その他

点検のポイント

❶ 日持ちする理論が明確になっているか
❷ 賞味期限までの検査結果があるか
❸ 検査結果の生データが確認できるか

評価の内容	評価	点検のポイント		
		❶	❷	❸
まったく問題がない	5			
ほとんど問題がない	4			
まあまあできている	3			
ほとんどできていない	2			
まったくできていない	1			

合計　　　点

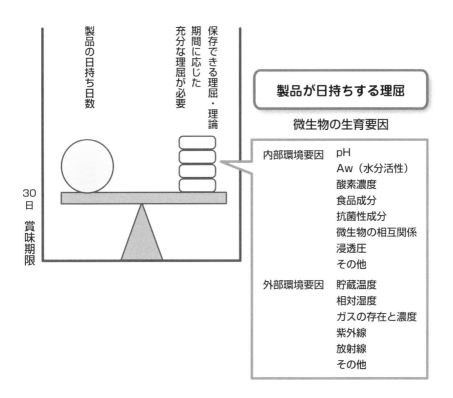

25 製品規格、重量などの記入・確認方法

◉現場マニュアルを確認する

原料を仕入れるときの原料規格書の製品重量の欄に「１００ｇ」と記載させた場合の意味を考えてみます。

たとえば、包装資材込みなのか、中身だけなのか、ドリップが出る製品の場合は、賞味期限が切れたときに包装資材、ドリップを取り除いた重量なのか、包装時点の中身の重量なのかを明確にします。

包装時点の中身重量という定義の商品では、１００ｇは平均値１００ｇなのか、最低重量１００ｇなのかを明確にします。計量法では、誤差が認められていてマイナス２ｇまでは、問題ないことになっています。規格書に書かれている重量の意味を、仕入れ先に記入させる前に明確にしておく必要があります。

個数管理されている商品の場合は、１個当たりの重量、平均値、ばらつきの数値を明確に記載させます。

漬け物などの固形物と液体が入っている場合は、「ざるにあけて何分放置後固形重量は何g以上」といった記載が必要になります。

製造現場で使用しているマニュアルも確認します。

盛りつけ時の重量をどのように指示しているのか、ウエイトチェッカー（ＷＣ）の設定重量をどのように設定させているのかを確認します。

「ＷＣの設定は指示書にはなく、現場に任せています」

このような答えは、管理されていない工場という意味になります。

◉ウエイトチェッカーの動作を確認する

ＷＣの重量の校正が行われた記録があるか、校正分銅は定期的に校正されているか、校正記録があるか、ＷＣの設定重量、風袋重量が正しく設定されているか、をまず確認します。

現場では作業を中断してもらい、設定重量より軽い商品が除去できるかの確認をします。除去されるテストピースは、形状が良品と同じものであることが重要です。

作業開始前、作業終了時の最低2回、金属検出機のテストピースと同じようにＷＣの稼働確認がなされ、記録があるかの確認が必要です。

「100 g」はどういう意味なのか

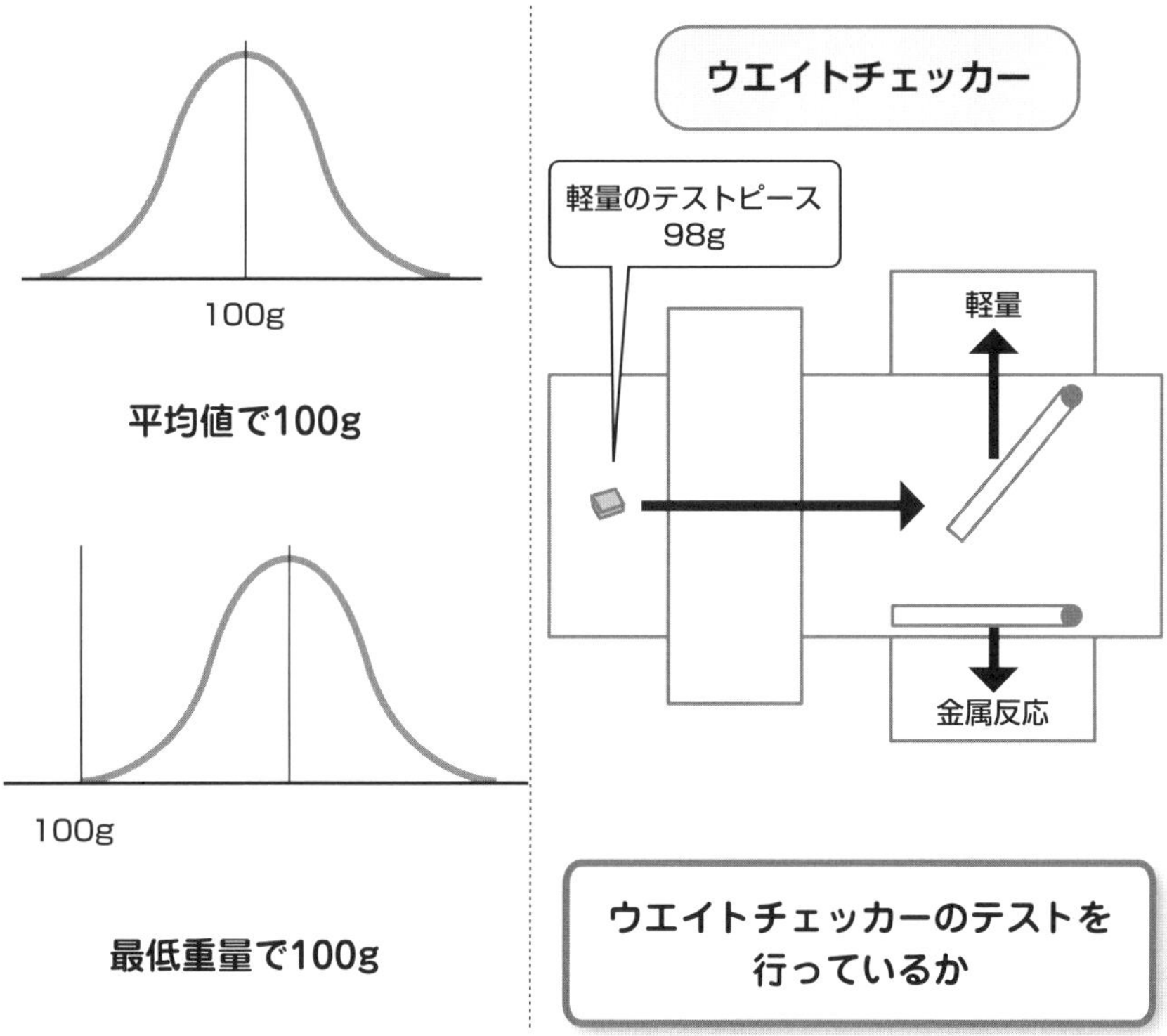

点検のポイント

❶ 100 gの定義が明確になっているか
❷ 液体と固形物がある場合は固形物量が明確か
❸ 現場のウエイトチェッカーの設定は合っているか

評価の内容	評価	点検のポイント		
		❶	❷	❸
まったく問題がない	5			
ほとんど問題がない	4			
まあまあできている	3			
ほとんどできていない	2			
まったくできていない	1			

合計　　　点

26 特色を謳った原料の記入・確認方法

◉特色の「定義」は何か

「○○産うなぎ」という原料で考えてみます。○○は地域名を入れて考えてみてください。

一般的、法律的には、「○○の土地で育てられたうなぎ」という定義になります。しかし、他の土地で育てられ、○○の地域で捌かれて加工処理されたうなぎかもしれないのです。

実際にあった事例では、「○○漁業組合のうなぎ」という商品がありました。○○の地域だけでは数量が限定されてしまうので、漁業組合という団体をつくり、○○の近隣からうなぎを集めて出荷していたのです。

地域名を謳った商品の場合、地域名が何を意味しているのかの定義を確認し、定義どおりになっているかどうかの確認が必要です。

特に農産物の場合は、圃場の住所の確認が必要です。「個人情報保護法により提出できません」と言われる場合がありますが、少なくとも地名を謳った原料の場合は、本当に圃場があるかどうかの確認は必須事項になります。

◉特色を謳った商品の数量をすべて確認する

仕入れた原料と、最終商品の数量がレシピ上合っているかの確認を行います。

特色を謳った原料を他社の商品にも使用している場合は、確認を拒まれる場合があります。しかし、謳った原料の場合は、入荷した原料の量が本当に合っているかの確認が必須になります。

飛騨牛の定義に合わない牛肉を、飛騨牛として出荷していた業者がありました。飛騨牛として仕入れた数量と、飛騨牛として出荷した数量を確認していれば防げた偽装です。

実際、すき焼きチェーンで、仕入れ実績のない牛肉を販売していたことを経理上から確認し、不正を内部監査で発見した事例があります。

特殊な原料を仕入れる場合には、工場監査ですべてを確認する必要がある旨を、購入時点で伝えておくことが重要になります。

いつでも確認ができる状態になっているか

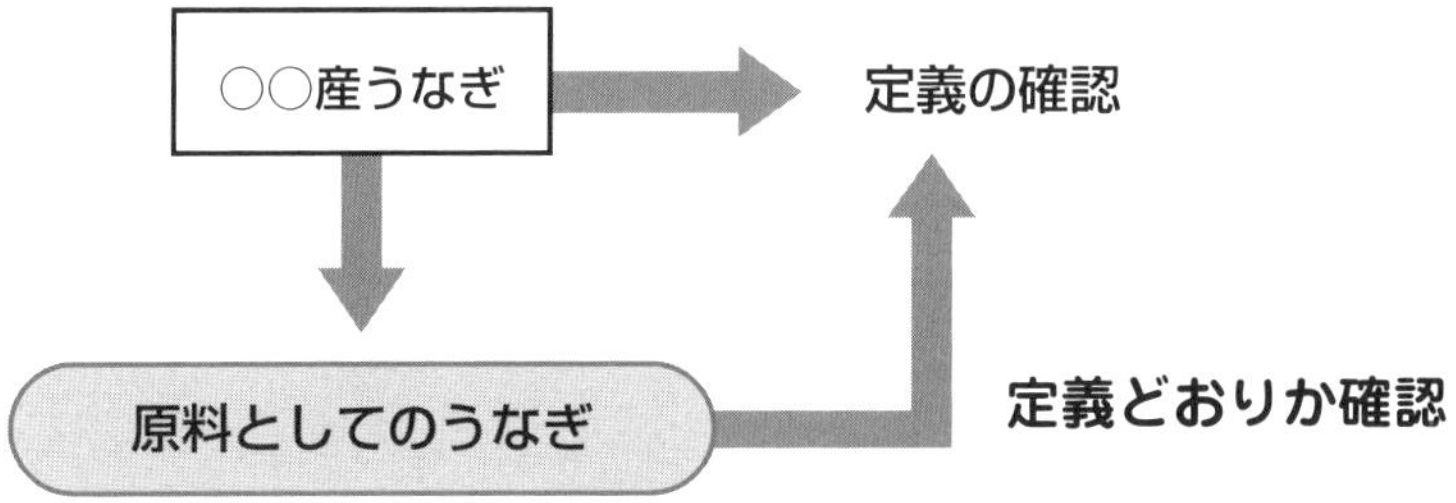

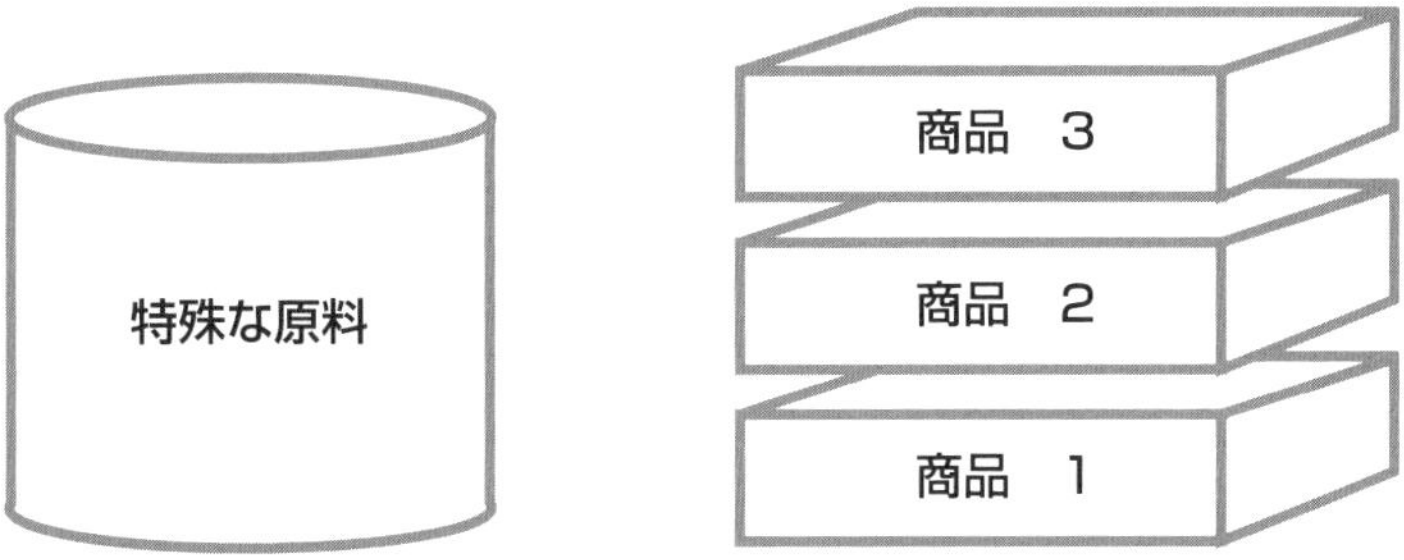

特殊な原料を使用したすべての商品の確認が必要

点検のポイント

❶ 特色の定義を明確にする
❷ 定義どおりをどう確認しているか
❸ 特色を謳った原料と商品の整合性があるか

評価の内容	評価	点検のポイント		
		❶	❷	❸
まったく問題がない	5			
ほとんど問題がない	4			
まあまあできている	3			
ほとんどできていない	2			
まったくできていない	1			

合計　　　　点

COLUMN 3

データのごまかし被害に遭わないために

●パソコンの清書は信用できない

ＪＡの有機肥料偽装、傾斜マンション、免震ゴムのデータ偽装、ＶＷの排ガス偽装事件など大手企業のデータ偽装の発覚が続いています。

私は、食品関係の事業所で現場の監査を行うときには、エクセルなどで清書されたデータが提出されたときには、現場の人が実際に記入した帳票を確認するようにしています。

金属探知機、温度計、重量を量る秤などは、測定した数値が測定時に印字されるタイプの場合は自動印字された結果が帳票に貼り付けられたものを確認するようにしています。

アメリカのディズニーランドの従業員用の厨房に視察に行ったことがあります。

ミッキーマウス、ミニーマウスなどの中に入っている従業員が食べる食堂のスープの加熱、冷却結果は、自動で記録されるシステムが導入されていました。

しかも、加熱結果が記録されていないと、冷却結果を測定できないしくみになっていたのです。温度が記録されないと次の工程に進まないしくみです。

日本の厨房では作業中に温度記録をつけるので、帳票が汚れることを嫌い、後からまとめてつけている現場を確認する場合があります。

現場で一度つけた帳票を「清書」と称して書き直した帳票も確認したことがあります。現場で作業者が記録した原本を必ず確認する必要があるのです。

●保管が必要

食品工場の現場で記帳した帳票の保管は、いつまで行う必要があるのでしょうか。少なくとも製造した商品の賞味期限＋ 20 日程度の保管は必要だと思います。O-157 のように潜伏期間の長い菌が存在しているので、商品の安全性を証明するために必要な期間だと思います。

帳票の中でも、加熱、冷却、出荷前検品の細菌検査の結果などについては確実な保管が必要です。

現場の帳票をパソコン上で保管している場合があります。帳票をスキャンして PDF などで保管している場合はまったく問題がないと思います。しかし、帳票の数字をエクセルなどに打ち直している場合があります。データとしては読みやすいのですが、数値を改竄していないかどうかを確認することはできなくなります。

細菌検査の結果などは、シャーレをカウントした結果を保管しておくことが必要です。

タイムカードで打刻したときに、打刻時間が手元のカードに記録されず、打刻した人が確認できないカード式のものが多くなってきていますが、自動記録式の場合でも、手元に印字記録が残り、打刻した人が確認することでデータ偽装が防げるのです。

タイムカードのデータは、パソコンで非常に簡単に修正ができてしまいます。

ワードなどでも文章の修正記録が残る場合がありますが、修正記録を修正することはさほど難しくないものです。

今回発覚した有名企業のデータ偽装も、現場で測定した生データの保管、確認を監査する体制が整っていれば、世の中に出る前に発見することができたと思います。

4章 工場全体の管理状況

27 点検・監査の考え方

◉仕入れ先のすべての空気を読んで問題点を把握する

点検先に点検に行くとき、車のナビに電話番号を入れるだけで簡単に目的地に着くことができます。

しかし、点検先に到着すると駐車場がありません。しかも、玄関の近くには黒塗りのベンツが止まっています。下駄箱も社長用が一番手前にあります。

また、点検先の会社の外周には雑草が生えていて、従業員の駐車場には砂利が敷かれ、水たまりだらけになっています。事務棟のトイレは水洗ではなく、作業場のトイレは男女共用です。

以上は、私が実際に点検した、ある会社の例です。

食材の仕入れ先を監査・点検に行ったときは、仕入れ先の管理状況をすべて監査します。

食材の仕入れ先がゴミの不法投棄で新聞報道されたり、作業場が火災で焼失してしまっては、食材を仕入れることができなくなります。したがって、仕入れ先の監査・点検はきわめて重要な業務と言えます。

仕入れ先には仕入れ先独特の体質があります。そして、その体質は仕入れ先の責任者によってできあがっているのです。そこで、仕入れ先の点検を行っている間に、仕入れ先のすべての空気を読んで問題点を把握することが大切になります。

まずは、仕入れ先の責任者の部屋を確認することで、責任者が何を考えているのかを感じ取ることができます。部屋の本棚が現場の作業に関係のない趣味や宗教の本で埋まっているようであれば、責任者に問題ありと判断すべきです。

◉問題が起きたときの対処法を確認

食材の仕入れ管理のポイントとして、仕入れ食材で問題が発生したとき、どの帳票をＦＡＸしてもらえば仕入れ先の現場の状況がわかるかを把握していることが重要です。

また、数多くの仕入れ先をすべて同じように管理するのは非常に難しいため、各項目で点検を行って点数化し、点数の低いところを集中的に点検指導することで、仕入れ食材の安定化を図ることができます。

経営者は現場に興味があるか

問題のある場合

仕事以外の本で本棚が埋まっている
趣味の本、宗教書など
高価な絵画や美術品が飾られている
社長室に現場の匂いがしない

点検のポイント

❶ 食材仕入れを行うのに大きな問題はないか
❷ 経営者の資質に大きな問題はないか
❸ 従業員の中に、会社に対する不満分子がいないか

評価の内容	評価	点検のポイント		
		❶	❷	❸
まったく問題がない	5			
ほとんど問題がない	4			
まあまあできている	3			
ほとんどできていない	2			
まったくできていない	1			

合計 ＿＿＿ 点

28 点検・監査の範囲

◉点検先のすべてを管理している人がいるか

仕入れ先の点検時には、仕入れ先のすべてを点検します。仕入れ先の原料仕入れから出荷、配送までが点検範囲になります。

通常は仕入れ先の責任者と会話をしながら点検を行いますが、仕入れ先のすべてを管理している人がいるかどうかが重要なポイントになります。

社長や工場長が、必ずしも仕入れ先のすべてを管理しているわけではありません。極端な話、金銭的なことにしか興味がない場合や、食材を出荷することで得た利益を使うことにしか興味がない場合もあるからです。

◉帳票には判子ではなくサインをさせる

たとえば、ある特定のロットの帳票をすべてそろえてもらい、点検してみてください。

左図のように、原料の仕入れ記録から処理記録、加熱記録、包装記録、流通記録までが5分以内に確認できるかどうかを点検します。また、書類の点検だけでなく、応対している責任者が、書類の内容を理解しているかどうかも点検します。

ここで5分以内の書類の提出が必要な理由は、5分以上の時間をかければ、帳票の偽装ができてしまうからです。

「ＩＳＯの審査前にすべての帳票を作成して判子を押して大変だった」

これは、ＩＳＯを取得した会社の人と飲みながら話すと、よく聞く言葉です。

そこで、帳票には判子ではなくサインをさせてください。判子は本人以外でも押すことができますが、サインは本人しかできないため、判子よりも帳票の偽装がしづらくなるからです。

また、事前告知しなければできない点検もありますが、その場合は事前に帳票類を整備しがちであるため、帳票の点検は、点検日当日と点検日前日のものを確認するようにします。

なお、帳票は1年以上の保管期間を仕入れ先に求めることが重要になります。

点検・監査の範囲

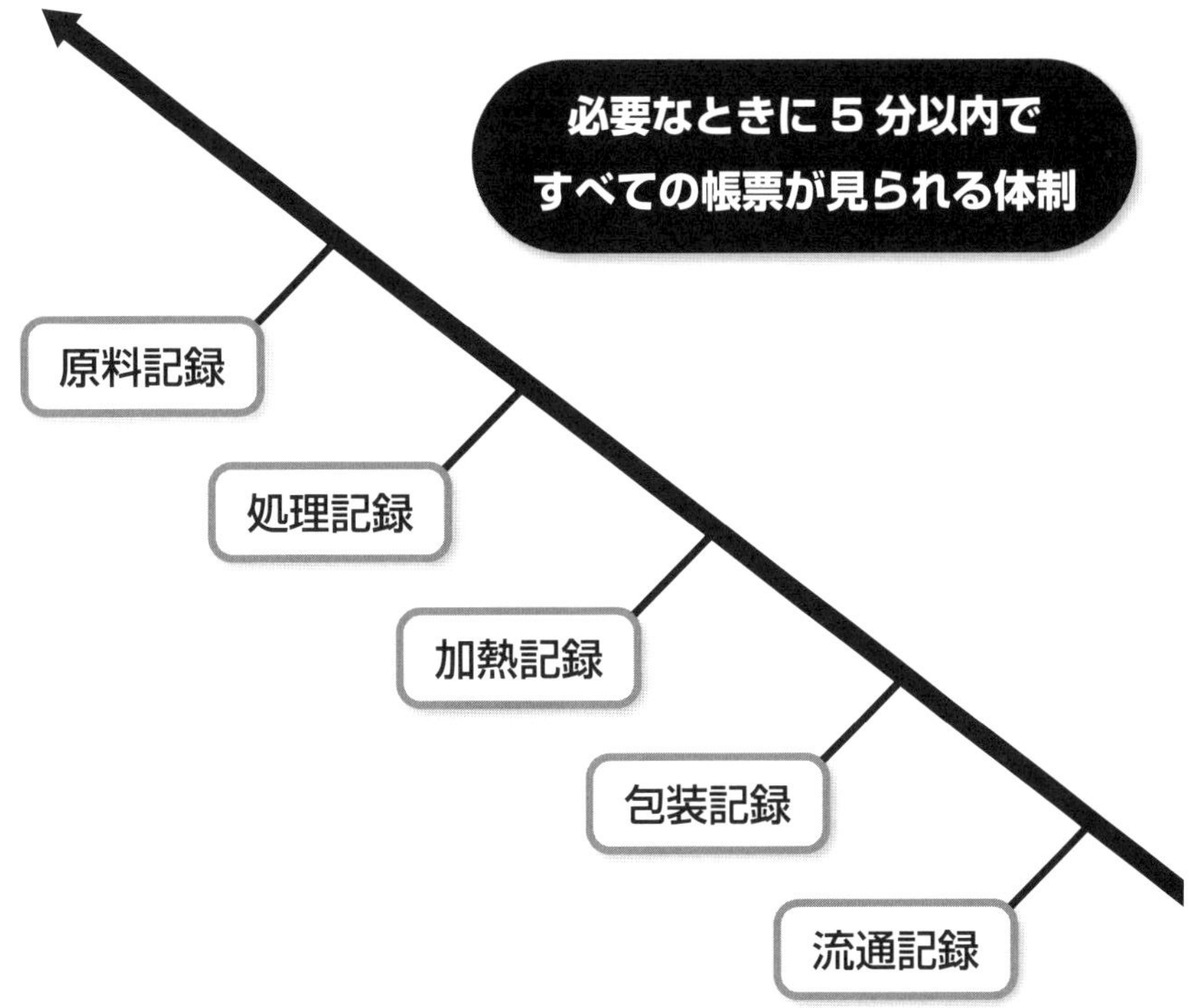

点検のポイント

❶ 使用している原料の管理がされているか
❷ 原料受入れ検査の記録が残されているか
❸ 仕入れから出荷までの全体をつかんでいる管理者がいるか

評価の内容	評価	点検のポイント		
		❶	❷	❸
まったく問題がない	5			
ほとんど問題がない	4			
まあまあできている	3			
ほとんどできていない	2			
まったくできていない	1			

合計 ＿＿＿ 点

29 社内組織図

◉時間ごとの責任者を明確にする

「なぜ、組織を明確にしなくてはいけないのか」

その答えは、軍隊組織の考え方によります。

戦場では、上官の命令に背くことはできません。敵が発砲してくる中を上官に「前へ進め」と命令されて、前へ進まずに戦場から逃走してしまえば、銃殺刑を覚悟しなければなりません。

会社組織の中でも、指示命令が整然と出されているかどうかを点検します。

たとえば、衛生面に問題があり、殺菌に使用している塩素濃度を１００ｐｐｍから２００ｐｐｍに変更しなくてはならないとします。責任者からの指示が徹底しないと、塩素濃度が適切に変更されないことになります。

あなた自身が、仕入れ先の責任者に、３６５日24時間、いつでも電話一本で現場の作業者にまで指示が徹底できるかどうかを確認します。

◉休日などの責任者を明確にする

会社によっては、３６５日24時間いつも同じ責任者で対応している仕入れ先もあります。ところが、３６５日対応してくれている人が病気などで倒れてしまうと、要《かなめ》が壊れた扇のように、仕入れ先の管理がバラバラになってしまいます。

そこで、一次対応者、二次対応者、三次対応者までを確認して、試しに三次対応者が本当に対応できるか、工場内で質問をしてみます。

小さな仕入れ先の場合、三次対応者までは難しいにしても、二次対応者がいない場合は早急に人材を育ててもらう必要があります。

また、営業窓口がある場合は、営業マンに夜中に連絡しても結局、製造現場の責任者に連絡するだけになってしまうため、本当の製造のキーマンが誰になっているかを組織図で確認します。

点検時は、組織図が最新のものに更新されているかどうか、責任と権限が明確になっているか、責任者が不在時の対応者が明確になっているかを質問して、確認を行います。

社内組織図

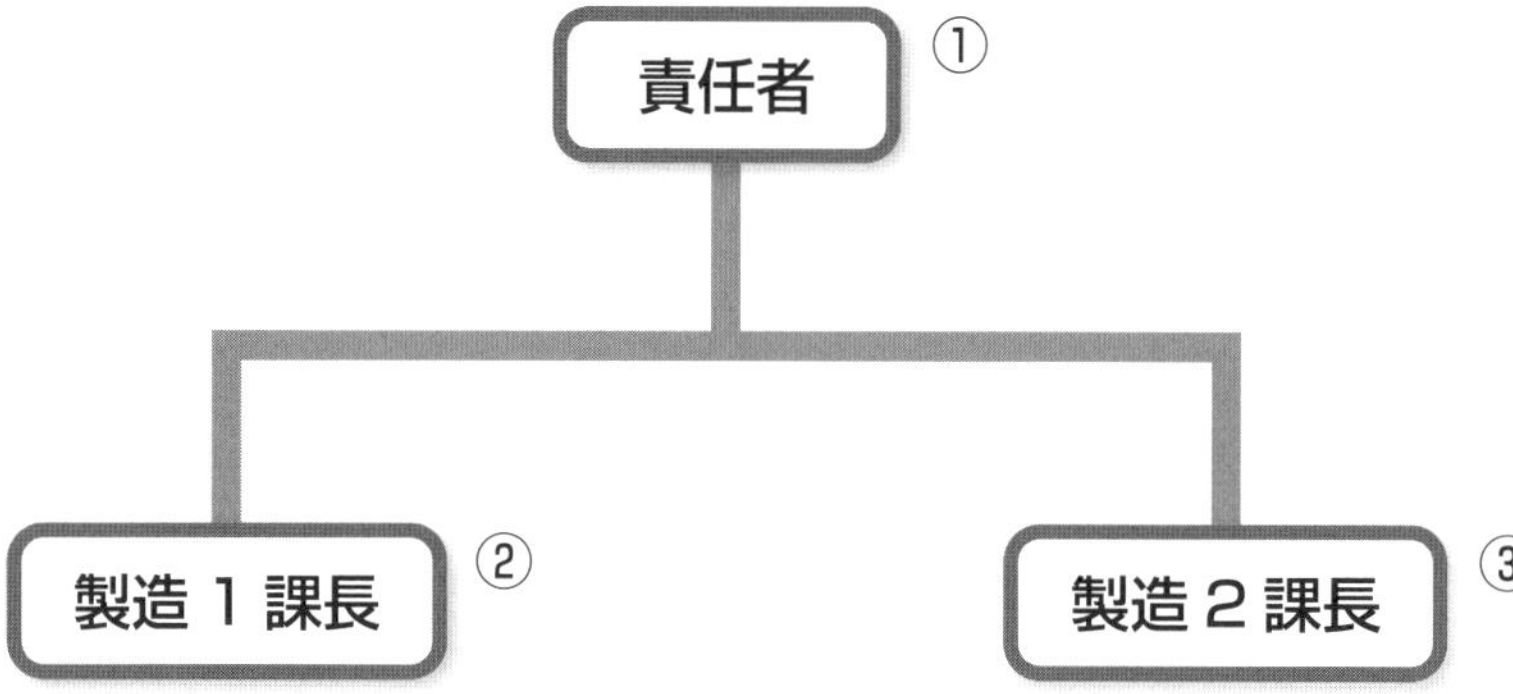

①〜③は、必ず出勤して責任を持つ

点検のポイント

❶ 責任と権限が明確になっているか
❷ 時間ごと、工程ごとの責任者が明確になっているか
❸ 休日などの責任者が明確になっているか

評価の内容	評価	点検のポイント		
		❶	❷	❸
まったく問題がない	5			
ほとんど問題がない	4			
まあまあできている	3			
ほとんどできていない	2			
まったくできていない	1			

合計　　　　点

30 原料のフローチャート・HACCP図

◉フローチャート図で原料ごとに確認する

仕入れ先では、仕入れている食材ごとにまとめられた左図のようなフローチャート図を確認します。

フローチャートは、使用する原料の素性がわかるようにするため、川上にさかのぼって記載されていることが必要です。

農産物の場合は収穫地だけでなく、使用しているタネの産地、農薬まで記載します。

畜産物の場合は、何を食べてきたか、親の管理はどうなっているかを記載してもらいます。

卵であれば、卵を産んだ親鳥の種類、いつ産まれた親鳥か、餌はどこから仕入れているか、餌は殺菌してあるかなど、川上にさかのぼれるまでさかのぼって記載することが必要です。

食材の点検時には、このフローチャートにしたがって点検を実施するため、より細かく具体的に記載してあるかどうかを点検します。

また、フローチャートが仕入れの契約時にお互いが確認したものであるかも点検します。点検を実施するときには契約時のフローチャートを持参して、お互いに確認して同じものかどうかを確認します。

◉ハードルの高さが明記され、実施されているかを確認

左図のように、フローチャートにはＨＡＣＣＰ図の管理ポイントとそのハードルの高さを明確にしておく必要があります。

たとえば卵であれば、産まれてから５００日以内の親鶏が産んだ卵を仕入れます。

親鶏が食べる餌はサルモネラ菌が入らないように、必ずサルモネラ菌が死滅する温度で加熱殺菌したものを使用します。その際、数値を入れて明確に記入してあることが大切になります。

また、フローチャートにはハードルの高さをどのように点検するか記載します。具体的には、チェック表などで確認しますが、原材料の仕入れ先、産地などの証明は点検先の帳票ではなく、実際に原料を仕入れている先の証明が必要となります。

原料のフローチャート

工程名	管理ポイント	帳票名
親鶏	サルモネラ陰性	親鶏- 1
飼料	サルモネラ陰性	飼料- 1
	殺菌温度	//
飼育日数	500 日以内	飼育日報

点検のポイント

❶ 契約時の約束を書類で確認する
❷ 約束が数値化されているか確認する
❸ ハードルの高さが守られているか確認する

評価の内容	評価	点検のポイント		
		❶	❷	❸
まったく問題がない	5			
ほとんど問題がない	4			
まあまあできている	3			
ほとんどできていない	2			
まったくできていない	1			

合計　　　　点

31

建物配置図

◉国道や高速道路からの図面を確認する

仕入れ先には国道や高速道路の出入り口から、どのような道路を通って行くことができるか、点検先のまわりに農家や畜産農家などがないか、小学校の通学路があるかどうかなどがわかる図面の点検が必要です。

また仕入れ先に、20フィートの海外コンテナが直接通れない、10トン以下の車しか通ることのできない道しか通じていない、などを点検します。

殻つき卵を仕入れる際、卵の割れがひどいことがあり、実際の配送経路を車で走ってみると道路に大きな陥没箇所があり、その陥没箇所を直したら卵の割れがなくなったという経験があります。

物流費を下げるときには、より大きな配送車を使用することを検討しますが、仕入れ先の道路が道幅などの制限で4トン車しか使用できないなどということもあるので確認しておく必要があります。

◉仕入れ先の敷地内も詳細に確認

工場敷地内は、実際に図面をもとに歩いて確認をします。虫やネズミなどの発生源になる箇所はないか、子供が遊んでいて落ちる池などはないか、パレットが高く積まれていないかなどを詳細に点検します。

さらに、点検先の作業場に悪意を持った人物が容易に侵入できないか、といった点検も実施します。

たとえば、点検時に点検先の駐車場から誰にも断らずに、各作業現場に通じるドアなどを開けて作業場に入ることが可能ではないか、作業者や守衛さんが「どちら様ですか?」などと声をかけてくるか、といったことを点検することも必要です。

点検先以外の外部の人が出入りするときは、入退場の記録が必ずつけられており、入るときも出るときも不審物を持ち込んでいないか、商品を外に持ち出していないかなどをチェックしていることも、点検のポイントになります。

私自身の経験では、工場に入るときに持ち物検査までされたことは、アメリカの工場を点検したとき以外はありません。

工場内の配置図

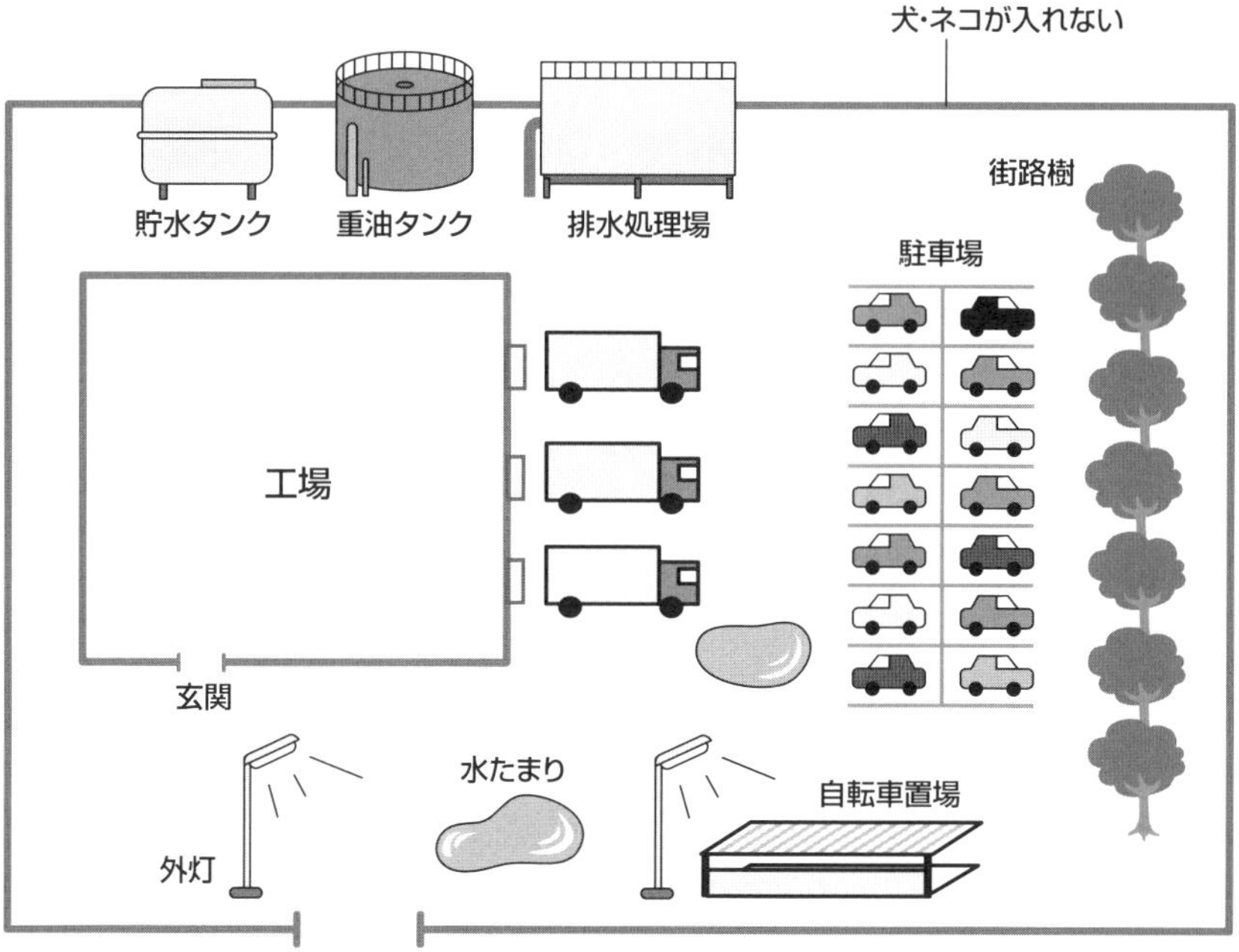

点検のポイント

❶ 国道などの大きな道路からの配置図がそろっているか
❷ 近隣の環境も含めて問題がないことを把握しているか
❸ 近隣クレームの記録が残されていて、対応が確実になされているか

評価の内容	評価	点検のポイント		
		❶	❷	❸
まったく問題がない	5			
ほとんど問題がない	4			
まあまあできている	3			
ほとんどできていない	2			
まったくできていない	1			

合計　　　　点

32 工程見取図

◉平面図と一覧表になっていることが大切

点検先の作業場については、機械や設備が記載されている平面図での点検が必要です。

そして、機械や設備については平面図とは別に、一覧表になったリストが必要となります。

そのリストで、購入日、機械能力、リースか減価償却しているか、簿価、修理時の対応先などのリストができていることを確認します。

「リストを見せてください」とお願いすると、「作成していません」という答えが返ってきそうですが、税法上は必要なリストですので、点検先には必ずあるはずです。

このリストによって各設備の能力を把握すると、仕入れ先の問題点が、どの機械や設備によって生じてくるのかを把握することができます。

◉新しい設備を導入するときは償却方法を明確にする

仕入れ先が原料価格や人件費などと細かく仕入れ価格の明細を分けて決めている場合は、設備の償却方法を明確にしておく必要があります。

なぜなら、償却方法の違いで、仕入れ価格の中の固定費が変わってくるからです。

法定償却で行うのか、10年均等割りの償却で行うのか、途中で仕入れをやめたときはどうするのかなどを明確にしておきます。

また、ボイラーなどの設備が1機しかなくても、問題視していない場合があります。しかし、殺菌などにボイラーを使用しているときは、すべての設備を稼働させるとボイラー能力が不足になり、殺菌が不充分になってしまった事例があります。

同じように、冷却水やチラー水の能力も生産が昼の一直の場合は問題がなくても、生産量を増やすために二直体制を取ったとたん、冷却水をつくる氷の製造が追いつかずに冷却水が不足し、製品が冷却不足になったことがあります。

こうした事例を見ても、作業場の問題点がどこにあるかをつかまえておく必要があります。

工程見取図

◎工場工程見取図

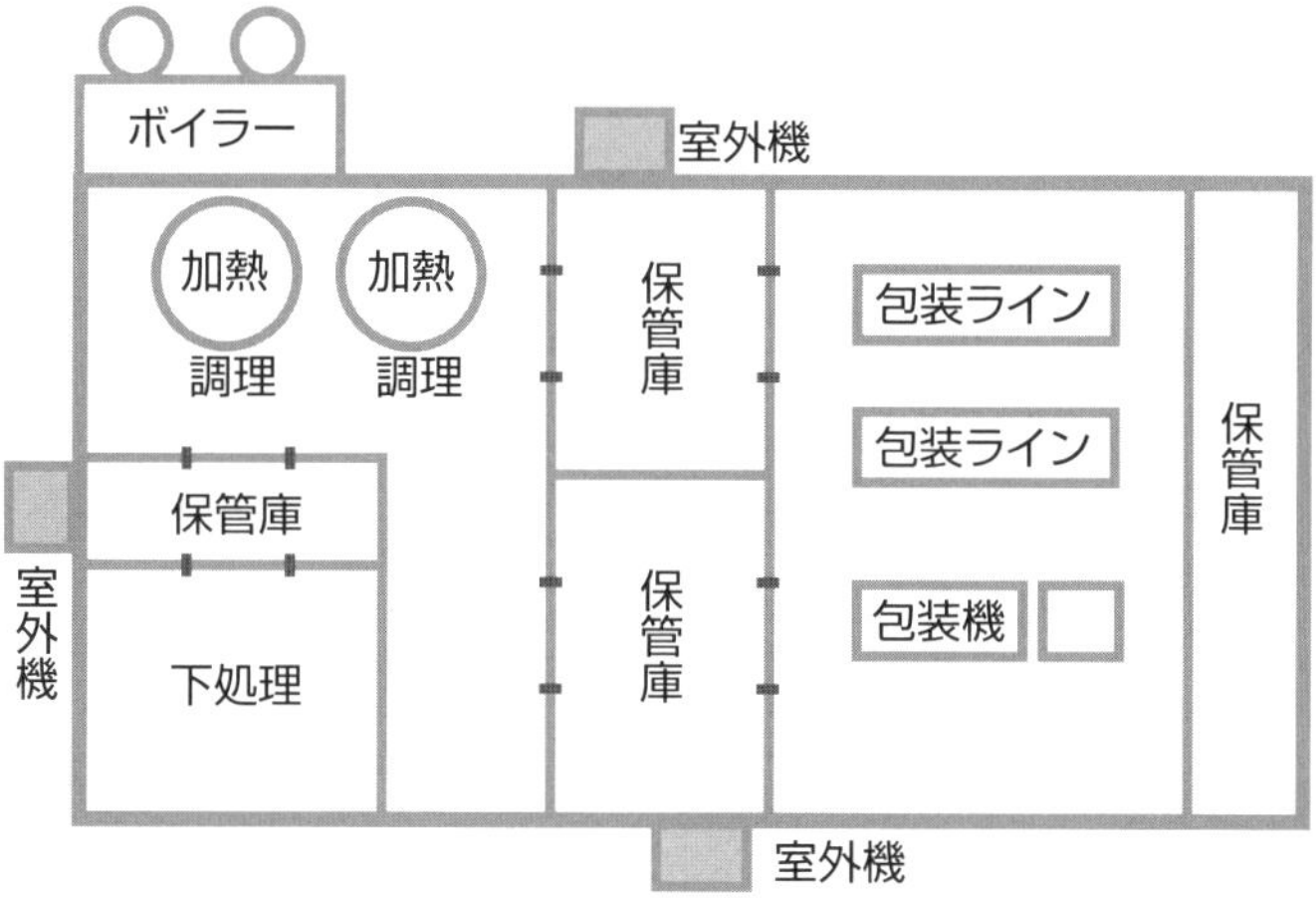

◎機械・設備のリスト

設備名	購入日	能　力	リース／減価償却	連絡先
ボイラー	R3.3.4	5t/H	リース8年	03-xxxx-xxxx
包装機①	R3.3.6	1000pk/H	リース8年	03-xxxx-xxxx
包装機②	R3.3.6	1000pk/H	リース8年	03-xxxx-xxxx

点検のポイント

❶ 機械・設備が配置された図面があるか
❷ 機械・設備のリストがつくられているか
❸ 機械・設備の能力が明確になっていて、問題点を把握しているか

評価の内容	評価	点検のポイント		
		❶	❷	❸
まったく問題がない	5			
ほとんど問題がない	4			
まあまあできている	3			
ほとんどできていない	2			
まったくできていない	1			

合計　　　　点

33 人の動きがわかるもの

◉人の動きを押さえて作業者同士の交差汚染を防ぐ

仕入れ先における人の動きを把握するために、駐車場から靴を履き替え、持ち場の作業場に行くまでを、工場の平面図を用いて点検します。

人の動きを押さえることで、作業者同士が交差汚染の原因になっていないかを確認するのです。

たとえば、泥つきの野菜を洗っている作業者と、洗浄、カット済みの野菜を包装している作業者が同じ作業場のドアから出入りしていれば、作業室内でいかに衛生に気をつかっていても交差汚染が発生してしまいます。

点検では、現場の衛生度を３段階くらいに分けて、工場平面図に衛生度に応じた３本の線の流れを記入していきます。その際、３本の線が作業の途中で交わることを防がなくてはなりません。

作業場に入室して、衛生度が一番高い包装室を通過して、衛生度が一番低い下処理室に行かなくてはならない構造の工場は、包装室を歩くときに履く靴は別に用意して、下処理室などで履き替える必要があります。

◉作業者による問題点がないか

次に、図面上で作業者による問題点がないかどうかを確認します。

たとえば、駐車場や自転車置場に何台止めることができるのか、把握しているかどうかを確認します。仕入れ量が増加し、従業員の人数を増やしたら、駐車場の確保ができていなくて結局、仕入れ量を増やすことができなかった事例もあります。

従業員を採用する際には、通勤方法の確認がとても大切になります。自転車通勤と採用時には言っていたのに、雨が降ると車で通勤する人がいると、駐車場はあふれてしまいます。

また、下駄箱の数、ロッカーの数、トイレの数なども点検します。点検時間がちょうど昼休みをはさむようなら休憩室も確認します。

休憩場所が少なく、従業員が廊下の床に座って缶コーヒーを飲みながら、たばこを吸っている仕入れ先もありました。こうした状況に対しては指導が必要です。

人の動きがわかる平面図

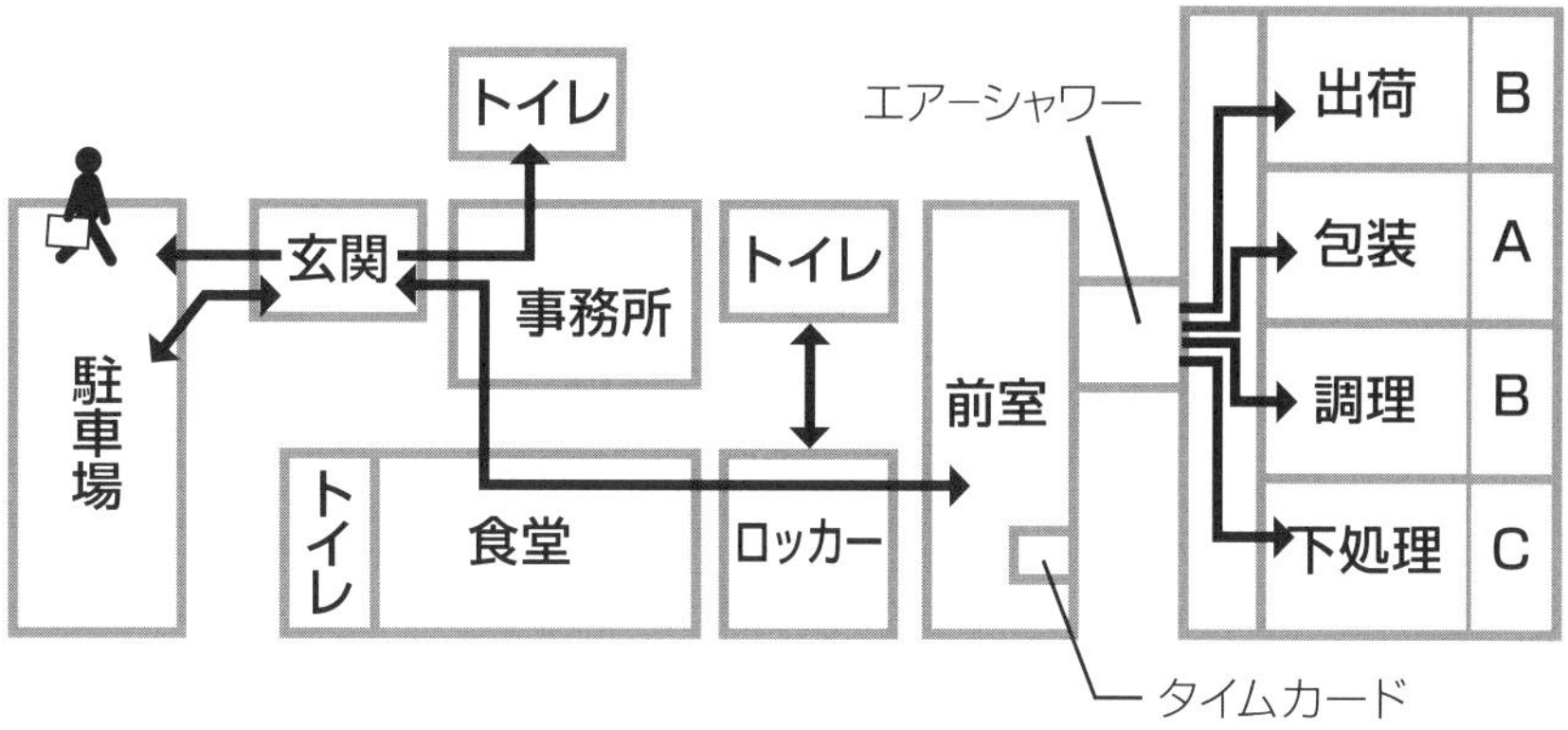

ABCの線が交わらないこと

A　衛生区域

B　準衛生区域

C　汚染区域

点検のポイント

❶ 作業場で作業者の交差汚染が発生していないか

❷ 食堂、休憩室で交差汚染の可能性がないか

❸ 駐車場や休憩場所など、充分なスペースがあるか

評価の内容	評価	点検のポイント		
		❶	❷	❸
まったく問題がない	5			
ほとんど問題がない	4			
まあまあできている	3			
ほとんどできていない	2			
まったくできていない	1			

合計　　　　点

34 空気の流れがわかるもの

◉臭いの発生源をなくす

水産加工場や青果市場の中の集荷場では、空気の流れをつかむことが大切となります。また、体育館の中で作業をしているような点検先でも、空気がどのように流れるのかを確認することが必要です。

点検時には、まず設計時の原則を確認します。空気が流れるように設計されているのか、空気が止まっているように設計されているのかを確認するのです。

空気が流れるように設計されている場合は、廃棄物置場の臭いが作業場などに入ってこないように設計されているかどうかの確認を行います。廃棄物の臭いが作業場に入ってくると、製品に臭いがうつってしまいます。

廃棄物置場のドアを開けるたびに、悪臭が作業場の中を流れる点検先がありました。そこで、廃棄物置場に換気扇をつけて、臭いが常に外部に出るようにすることで解決した経験があります。

◉飛翔昆虫の侵入を防ぐ

次に、飛翔昆虫になった気持ちで点検をします。外気を吸気している吸気口には、虫の侵入を防ぐ32メッシュ以上のフィルターがついているか、点検が必要となります。

ドアを開けたときに、外気が一気に作業場に流れ込むようになっていると、外気とともに飛翔昆虫が作業場の中に入り込んでしまいます。

入荷場でドックシェルターがついている場合は、トラックをドックシェルターにきちんと接地してからシャッターを開けているかどうか、2トン車のように車高が低いトラックの場合は、車高に合わせたドックシェルターを使用しているかを確認します。

また、外気が一気に入ってこないように、暖簾《のれん》状のものを設置している点検先では、暖簾がものを運ぶときに邪魔になるので紐でくくっている場合があります。これでは設置している意味がありません。暖簾の設置の意味をきちんと指導する必要があります。

この暖簾は空気の流れを一度止めて、虫の侵入を防ぐために設置しているのです。

空気の流れがわかるもの

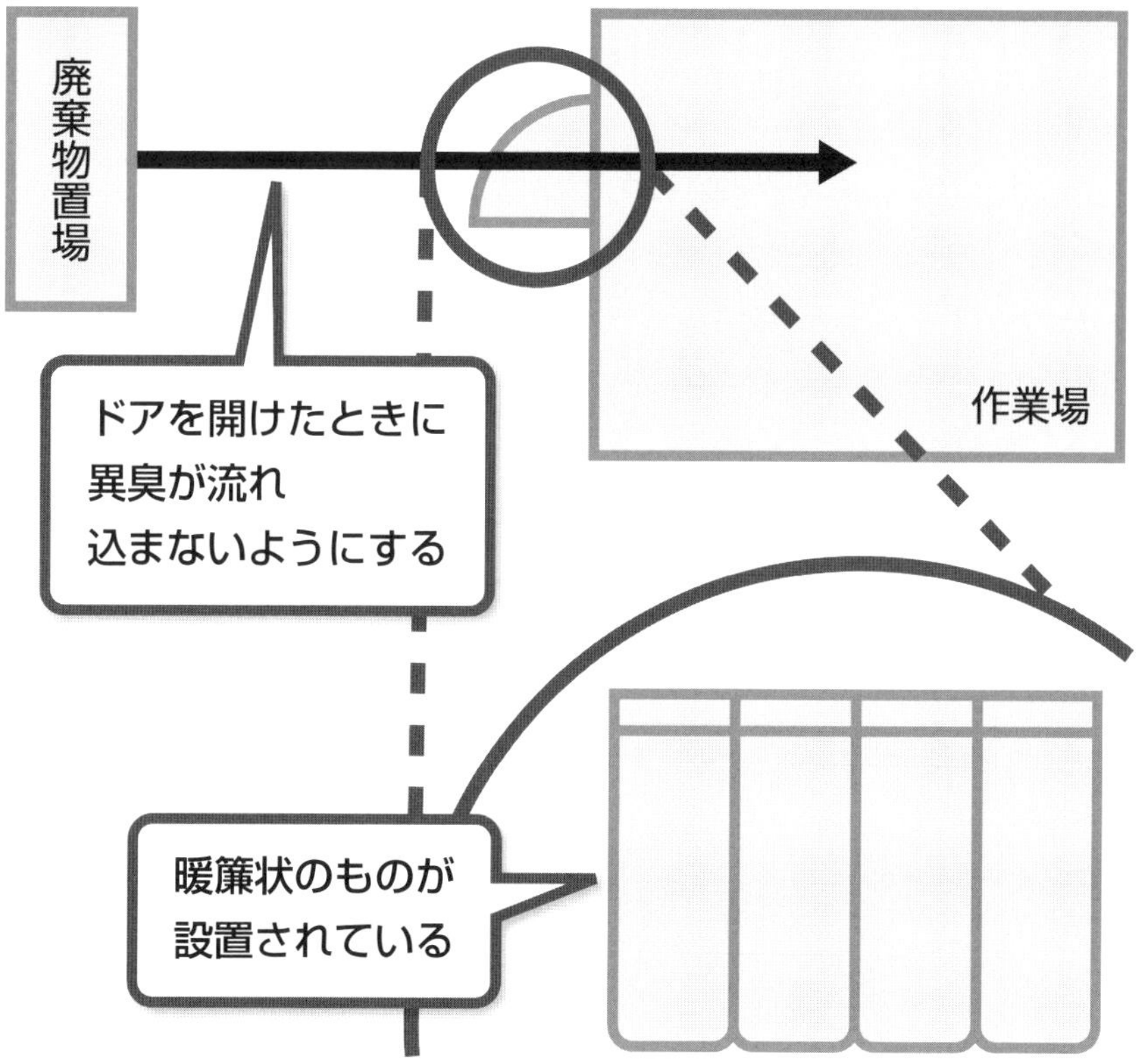

点検のポイント

❶ 廃棄物置場等の異臭が作業場に流れてこないか
❷ 陽圧陰圧の考え方が反映されているか
❸ ドアが開いたままになっていないか

評価の内容	評価	点検のポイント		
		❶	❷	❸
まったく問題がない	5			
ほとんど問題がない	4			
まあまあできている	3			
ほとんどできていない	2			
まったくできていない	1			

合計　　　　点

35 ものの流れがわかるもの

◉原料から製品として出荷されるまでを図面上で確認

ものの流れを図面に落とすことは、保健所からも指導されています。したがって、このような図面は、点検先に必ず備えておく必要があります。

作業場の平面図に、原料から製品になって出荷されるまでを矢印で記入します。

これは、仕入れを行う商品で具体的に確認を行う必要がありますが、たとえばカットスイカを仕入れる場合を考えてみましょう。

スイカを農家から仕入れて、冷蔵庫で冷やし込みを行い、スイカの表面を殺菌してカットします。カット後は包装し、製品保管庫に入れて、その後、出荷することになります。

これらを工程ごとに、場所とスイカを何ケース保管することができるか図面上に記入します。同時に、スイカを冷却する保管庫が、想定する仕入れ量をまかなうことができるかどうかも確認します。また、カット後の保管庫、出荷時の保管庫スペースの確認も行います。

◉作業場の現場も確認する

図面上は問題がない保管庫でも、実際にスイカを想定量積んでみると、作業者が作業をするための空間がなくなる場合があります。

そこで、フォークリフトで原料を移動している場合は、実際にフォークリフトが作業する空間が図面上で考えられているかどうかを点検します。

丸いスイカの原体の占める体積と、スイカをカットして保管する場合の体積は変化します。加工度が進めば進むほど、同じ重量でも体積が大きくなるため、保管スペースを計算するとき、その点を充分に検討しているかどうかの確認を行います。

また、点検時に原料や製品が逆流していないかの確認も必要です。表面を殺菌したスイカが殺菌前のスイカと同じ冷蔵庫に入るような場合は、逆流していると言えます。レトルトおでんで、レトルト殺菌前と殺菌後の保管庫が同じでは、レトルト殺菌を行っていないものを出荷してしまう可能性があります。

ものの流れがわかるもの

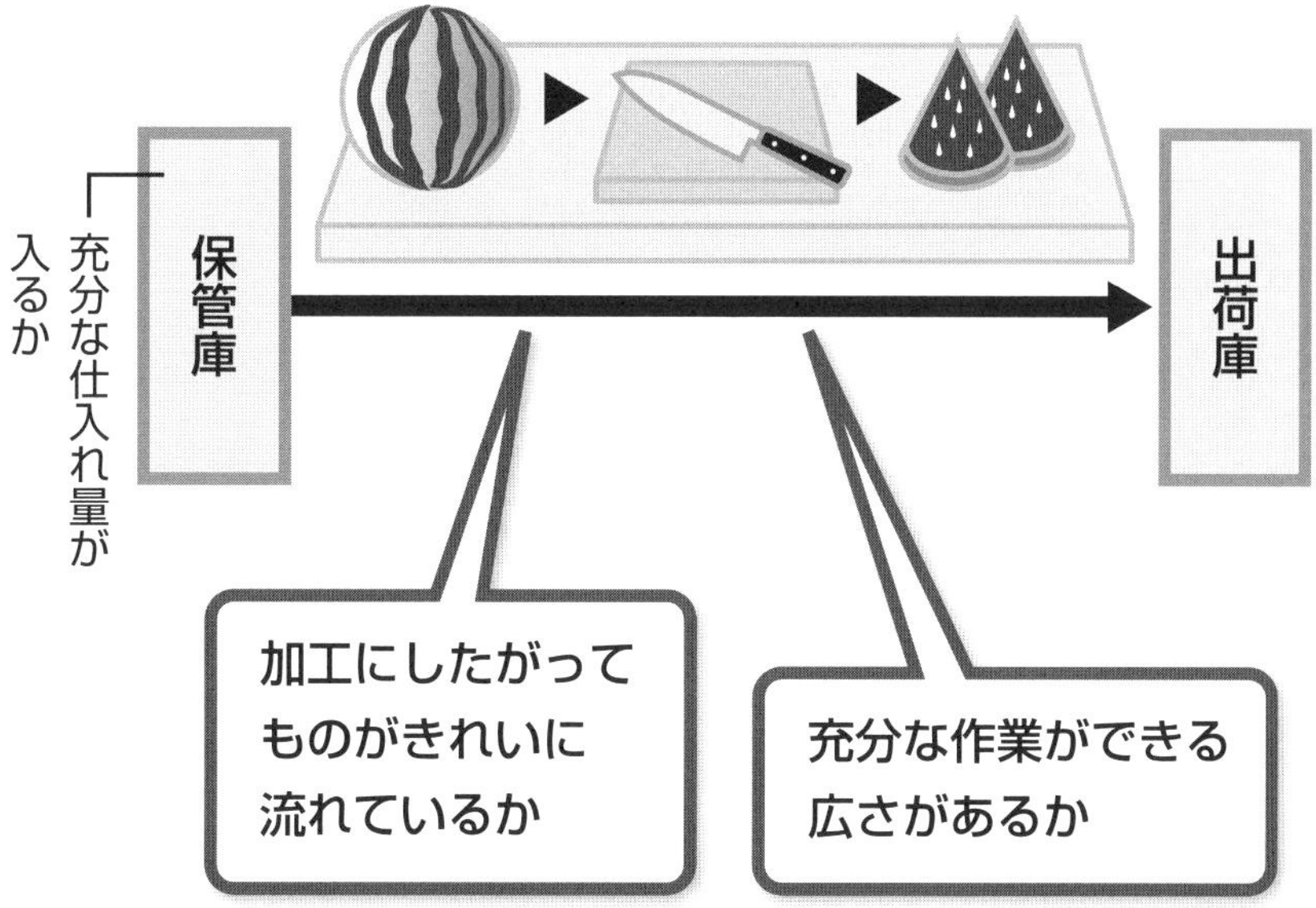
保管庫
出荷庫
充分な仕入れ量が入るか
加工にしたがってものがきれいに流れているか
充分な作業ができる広さがあるか

点検のポイント

❶ ものの流れがわかる図面があるか
❷ 現場で仕入れ想定量が保管できるか
❸ ものの流れが逆流していないか

評価の内容	評価	点検のポイント		
		❶	❷	❸
まったく問題がない	5			
ほとんど問題がない	4			
まあまあできている	3			
ほとんどできていない	2			
まったくできていない	1			

合計 ＿＿＿ 点

36 番《ばん》重《じゅう》の動きがわかるもの

◉ものの流れ以上に番重には注意が必要

作業場内には多くの容器が存在します。すべての容器が使い捨てであれば問題はありませんが、多くの点検先では半製品を入れるとき、「トートボックス」「容器」など、いろいろな呼び方をしている番重があると思います。

この番重が、どのように流れているかを図面上で確認します。

もう一度、スイカで考えてみましょう。農家からはダンボールではなく、番重で入荷してきます。まず殺菌したスイカは別の番重に入れられてカット室に入ります。カット後は、また別の番重に入れられて包装室に入ります。包装後のスイカは、納品先のスーパーに配送されるための番重に入れられて出荷されていきます。

これらの工程では、ひと目でそれぞれ使用する番重が区分されていることが重要になります。

◉番重の洗浄をどこで行うか確認する

番重の使用を作業場内で採用した理由として、コストダウンをあげる点検先がよくあります。

使い捨てのダンボールで原料を購入し、そのたびごとにダンボールを廃棄するより、何度も使用できるプラスチックコンテナを使用したほうがコストが下がるからです。

同時に、スイカ農家からスイカを購入する際、ダンボール分のコストを下げることが可能になります。

そこで、農家と行き来している番重を、洗浄することを考えずに導入していないかを確認します。

番重を洗浄する洗浄機は、農家から購入するときの番重用、作業場内で使用する番重用、スーパーとの通い番重用の最低3種類が必要となります。

ただし、スーパーとの間には配送センターがありますので、配送センターで洗浄済みの番重が配送されてくるのであれば、点検先での洗浄は必要なくなります。

もし洗浄機が1台しかない場合は、作業場内で使用する番重は、洗浄後75℃で15分以上の殺菌工程が必要になります。

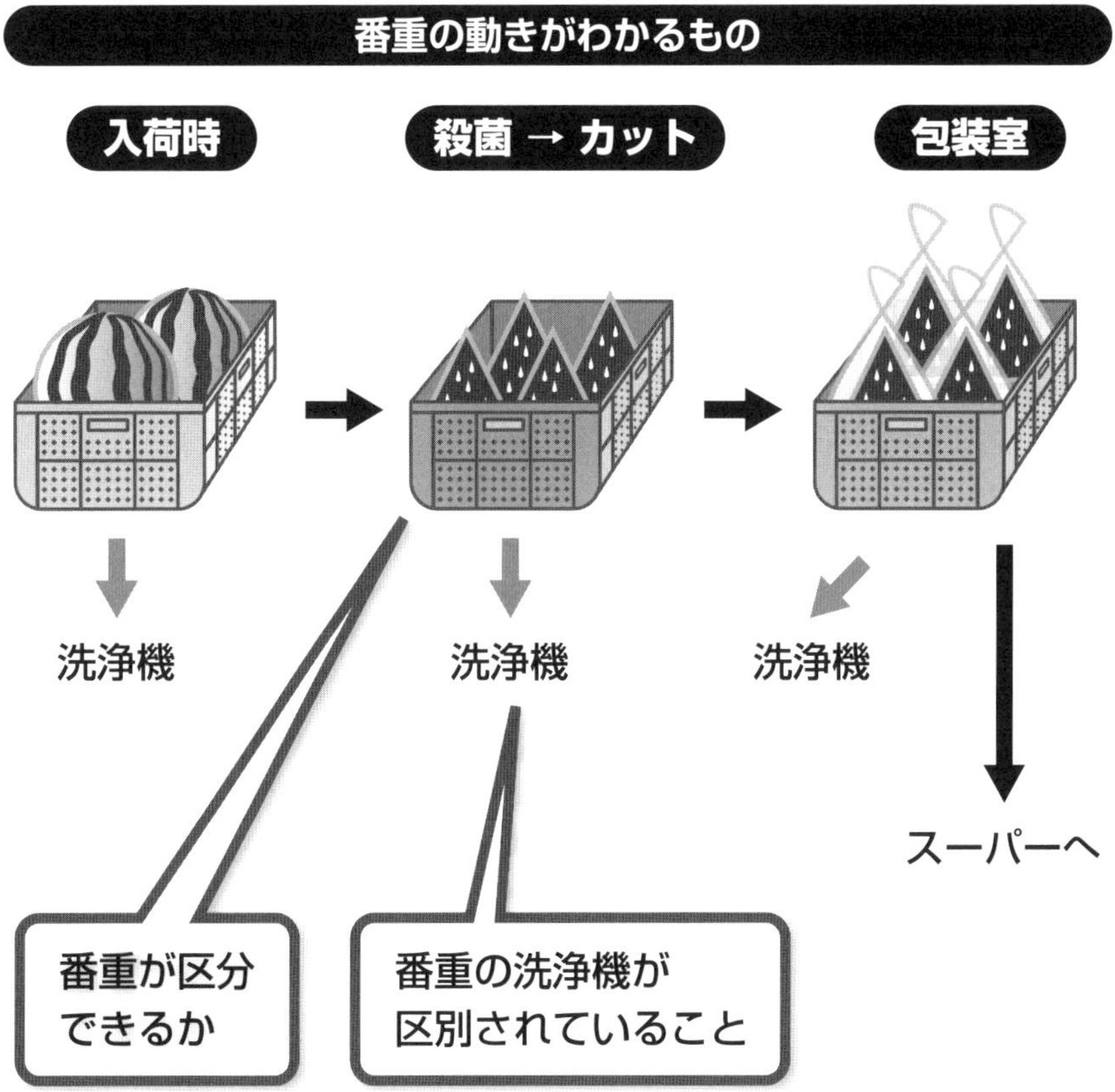

点検のポイント

❶ 番重の流れを記入した図面があるか
❷ 番重の使用区分ができているか
❸ 番重の洗浄ができているか

評価の内容	評価	点検のポイント		
		❶	❷	❸
まったく問題がない	5			
ほとんど問題がない	4			
まあまあできている	3			
ほとんどできていない	2			
まったくできていない	1			

合計 ＿＿＿ 点

37 廃棄物の流れがわかるもの

◉保管庫までのゴミの流れを図面に落とす

製造・加工をしていると、必ず廃棄物が出ます。そこで、点検先の各作業場で出たゴミが、どのような経路を通って廃棄物置場まで行くかを図面上で確認します。これには、事務所で出る廃棄物も含まれます。

細菌検査室がある場合は、細菌検査を行った後のシャーレの廃棄についても確認が必要です。細菌検査を行ったシャーレは、オートクレーブで殺菌してから廃棄されていることが必要となります。

生卵を割卵して使用している工場で、割卵後の卵の殻のゴミを持って、作業者が加熱室や包装室を通過していたことがありました。

また、事務所のゴミを、女性事務員が事務作業服のまま作業現場を通って捨てに行く点検先もありました。

廃棄物置場が建物の外に設置されていて、雨の中を濡れながらゴミを捨てに行くのを見たこともあります。

これらのいずれの例の場合も、交差汚染の可能性があるため、ゴミをどのように廃棄物置場に運び込むかを図面上で確認します。

◉ゴミの区分を確認する

次に、廃棄物置場での廃棄物の区分を確認します。

私が住んでいる地域では、燃えるゴミの区分の範囲が非常に広く、一般常識的に燃えないもの以外はすべて燃えるゴミになります。

これは、焼却炉の効率が非常に高く、ゴミが少ないと焼却炉が燃焼しないため、燃えるゴミの確保が必要なための処置だそうです。ビデオテープからランドセルまで、石油からできている化学物質はすべて燃えるゴミの区分になっています。

まず、点検先のゴミの区分がどうなっているかを確認します。

そして、廃棄物置場の床面を洗浄したときの水が、雨水と一緒に流れていく構造になっていないかも確認します。排水が流れた先の川で魚が死んで浮いたと新聞報道されると、原料を仕入れることは難しくなるため、充分に注意しましょう。

廃棄物の流れがわかるもの

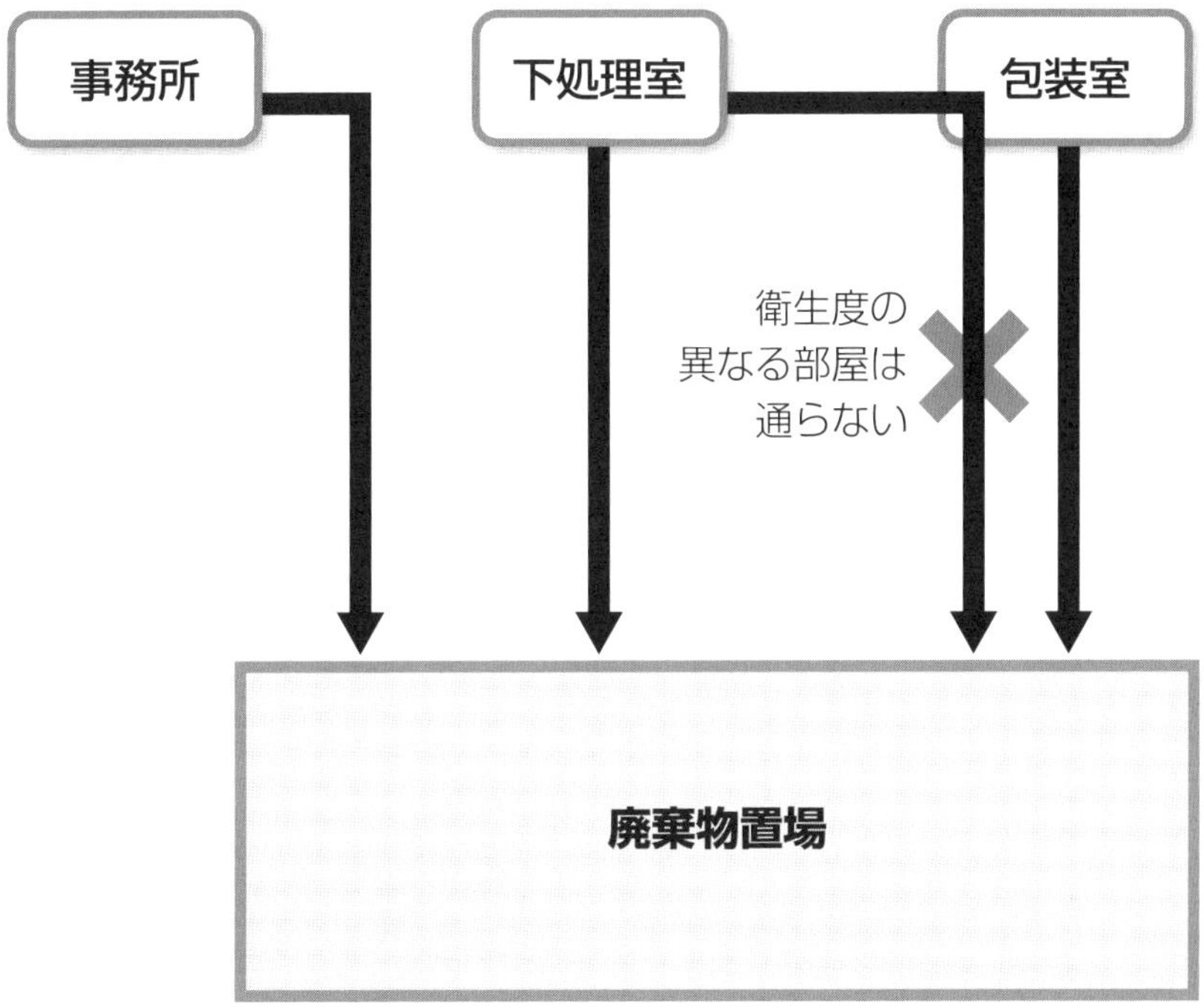

点検のポイント

❶ ゴミを捨てるときに交差汚染がないか
❷ ゴミの廃棄が区分されているか
❸ 環境を汚染させる行為がないか

評価の内容	評価	点検のポイント		
		❶	❷	❸
まったく問題がない	5			
ほとんど問題がない	4			
まあまあできている	3			
ほとんどできていない	2			
まったくできていない	1			

合計 ＿＿＿＿ 点

38 工場敷地、外観の管理状況

◉古いと汚いは異なる

２０１５年ごろのハンバーガーチェーンの異物混入報道から、今までは報道されることのなかった異物混入まで、テレビ、新聞で伝えられるようになりました。

特にテレビ報道される場合は、工場の外周、外観を映します。虫が混入していたと報道するときには、「絵になる風景」が必要になり、草が生えていて虫が発生しそうなところを映すことになります。

たとえ工場の外で混入した異物であっても、消費者はテレビ画面に映された「絵」を見て、異物混入の可能性があったかどうかを判断するのです。

ですから、いつ工場の外周の「絵」を撮られても、「この工場なら異物混入など起きるはずはない」と思える管理が必要です。

「私の工場は30年以上経っているので」と言い訳をする人がいます。私は「京都、奈良は歴史ある建物でも美しいです」とお話しします。古いと汚いは異なります。

毎日磨き込まれた美しさを、「絵」で伝えることは可能なのです。

雑草が生えていないか、植物の剪定は行っているか、工場の敷地内に不要な生産設備を放置していないかなどの管理が必要です。

◉臭いも管理が必要

浄化槽からの臭いなどにも注意が必要です。臭いは「絵」にはなりませんが、レポーターが「この工場は臭いが激しいです」と伝えることはできます。

製品を製造するときに発生する臭いも、近隣で毎日嗅いでいる人は異臭と感じてしまいます。

浄化槽以外でも、廃棄物からの臭い、ジャガイモを運んできたパレットに残った芋が腐って出てくる臭いなど、工場の周辺に臭いが伝わっていないかの確認が必要となります。

工場が稼働していないときでも、工場の近隣の人は毎日工場を見ています。

工場が稼働していない時間にも、異臭などが発生していないかの定期的な確認が必要です。

毎日外周を確認することが必要

工場敷地　外観のチェック表

- □ 敷地内に安易に入場できないようになっているか
- □ 駐車場に水たまりがないか
- □ 駐車場が舗装されているか
- □ 自転車置き場が整備されているか
- □ 敷地内に雑草が生えていないか
- □ 建物が汚れていないか
- □ 換気扇まわりが汚れていないか
- □ 不要物が敷地内に放置されていないか
- □ 貯水タンクは施錠されているか
- □ オイルフェンスは施錠されているか
- □ 施錠されていない出入り口はないか
- □ 飛翔昆虫が好む光を出していないか
- □ 納品車の待機場はあるか
- □ 入荷、出荷時に配送車が道路にはみ出ていないか

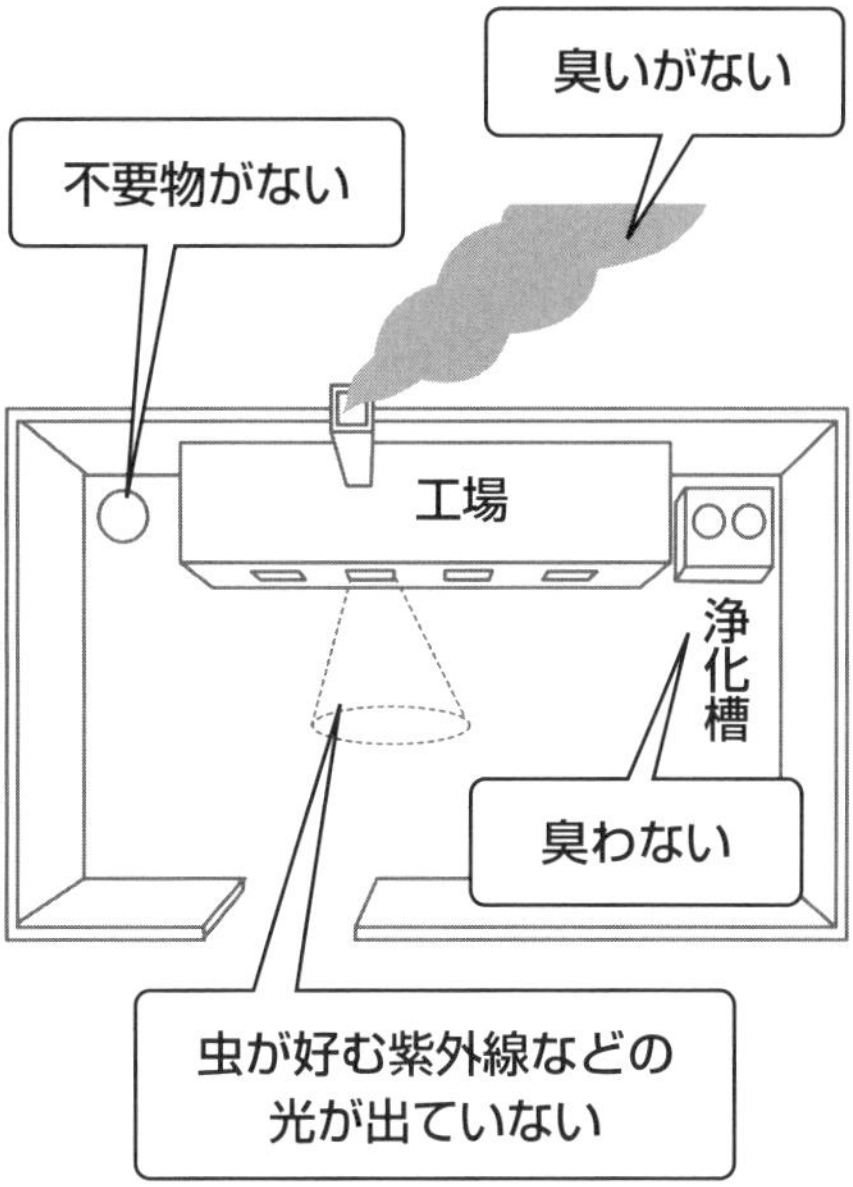
臭いがない
不要物がない
工場
浄化槽
臭わない
虫が好む紫外線などの光が出ていない

点検のポイント

❶ 工場の外周が整理整頓されているか
❷ 工場の敷地内に不要物が放置されていないか
❸ 工場周辺に異臭が漂っていないか

評価の内容	評価	点検のポイント ❶	❷	❸
まったく問題がない	5			
ほとんど問題がない	4			
まあまあできている	3			
ほとんどできていない	2			
まったくできていない	1			

合計　　　点

39 アウトレット販売の状況

◉魅力的な製品を販売しているか

デザートなどのお菓子工場では、製品として出荷できない商品をアウトレット商品として販売しています。

同じ味の商品が、少し見栄えが悪いだけで半額程度で購入できるために、行列ができている工場もあります。

見栄えが悪くても、工場でできたばかりの商品は、流通に乗って販売店で購入するよりも美味しい場合が多いものです。アウトレットの商品が美味しければ、お客様は通常の製品も購入してみようと思うはずです。

使用している原料も、お客様にとって魅力的なものがあります。海外製のバター、小麦粉などを使用すると口コミで広まると思います。

ただし、表示には注意が必要です。対面販売であれば、添加物などの表示は必要ありませんが、いろいろな商品の詰め合わせを販売するときは、特にアレルゲンに対して注意が必要です。

アレルゲンだけは、コンタミの可能性も含めて、商品を詰めた袋に明確に記載することです。

◉工場のファンになってもらうために

アウトレットは工場の敷地内に小さな売店を設置している場合が多いものです。ですから工場の敷地の中が、きれいに整理整頓されていることが大切です。

工場内から直営店にケーキを入れて運んでいる番重が雨の当たる地面に放置されている、製品が木製パレットに乗せられて外に放置されている、などの光景をお客様に見せてはならないのです。

臭いにも注意が必要です。スポンジケーキの焼ける匂いがかすかに香るのであればいいのですが、浄化槽のドブのような臭いが漂ってしまうと、製品に対して悪い印象を持たれてしまいます。

お客様が駐車してから、店に行くまでの安全管理も大切です。敷地内に入る入り口が、配送車などと同じであれば交通事故を起こす可能性があります。

小さな子どもが敷地内を歩くことになるので、大型トラックがアウトレット販売店のそばを走らない工夫が必要です。

お客様の目線での確認が必要

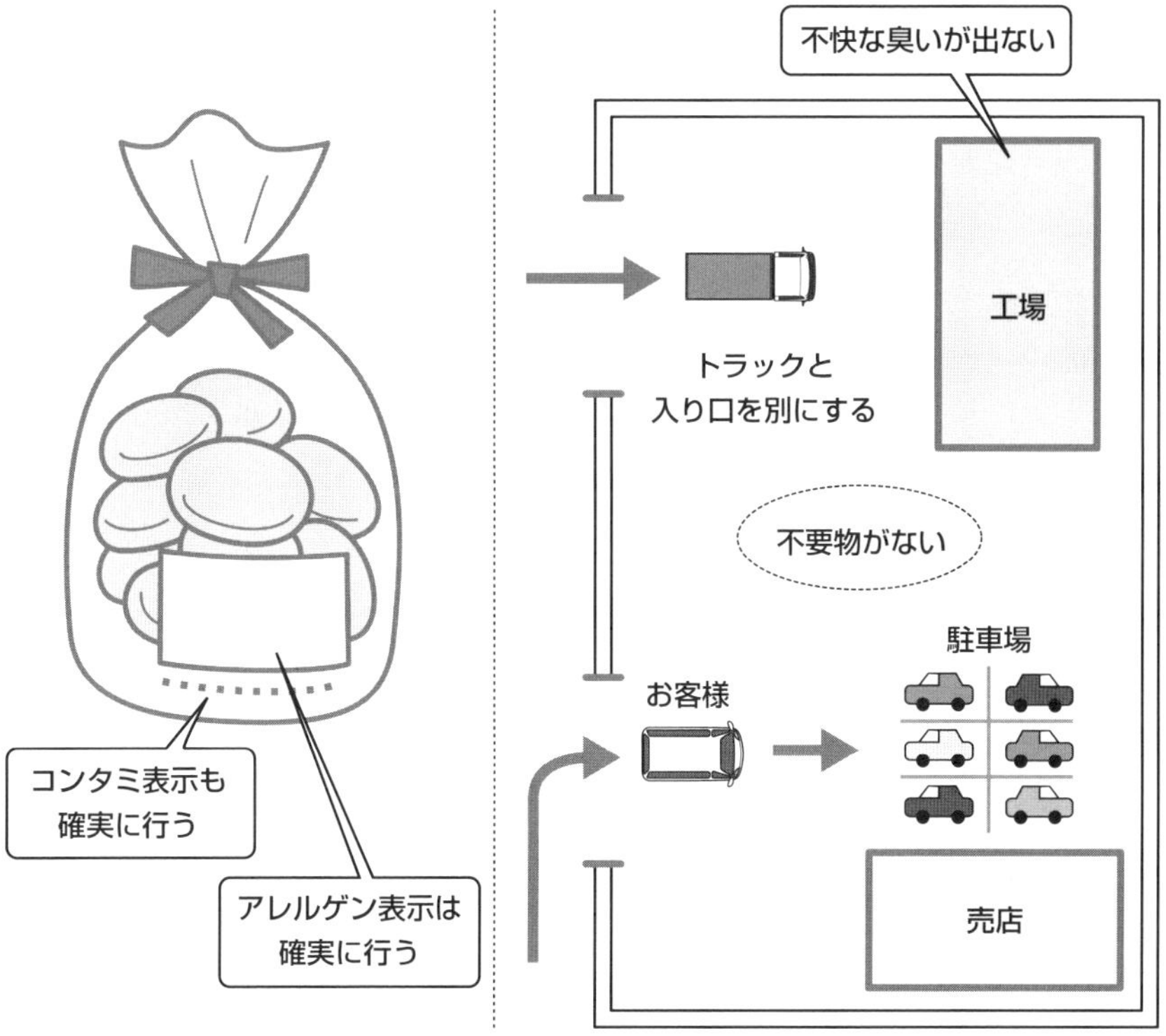
不快な臭いが出ない
工場
トラックと
入り口を別にする
不要物がない
駐車場
お客様
売店
コンタミ表示も
確実に行う
アレルゲン表示は
確実に行う

点検のポイント

❶ 表示が適正に行われているか
❷ 市販品の表示のまま販売されていないか
❸ お客様の駐車スペースなどに問題がないか

評価の内容	評価	点検のポイント		
		❶	❷	❸
まったく問題がない	5			
ほとんど問題がない	4			
まあまあできている	3			
ほとんどできていない	2			
まったくできていない	1			

合計　　　点

40 排水処理場の状況

◉排水の放流口を確認する

排水処理の状況の点検も必要です。排水処理設備（浄化槽）を持たない点検先もありますが、浄化槽がない場合でも、下水に流れていく最終の放流水の状況の確認が必要となります。

食中毒事故は新聞に載らないこともありますが、放流水で川の魚が死んで浮いてしまえば、必ず新聞に載ってしまいます。

報道関係者から「放流水の管理もできない仕入れ先から原料を買うのですか」と問い質された場合、おそらく答えにつまってしまうことでしょう。

浄化槽の設備は簡単には増強できませんので、日頃から排水管理がきちんとされているかを確認します。毎日何を点検しているか、排水の管理業者はどんな頻度で何を点検しているか、排水の水質点検の頻度はどのくらいで検査項目は何を行っているかの点検が必要です。

また、放流口の基準は各都道府県によって異なります。都道府県の排水基準の最新版を確認し、公的検査記録と比較して問題がないか、点検を実施します。

◉汚泥の点検も忘れずに行う

浄化槽の脱水機からは汚泥が発生します。この汚泥の保管庫に虫が発生していないか、臭いがないか、雨が降ったときに流れ出ないかの点検も重要です。

雨が降るたびに汚泥が流れて、汚泥を含んだ雨水が民家の前を流れて道に汚泥の臭いが染みついてしまい、道も汚泥色になっている仕入れ先を点検したことがあります。

「ひどい状態ですね」と話しても、責任者は無言だったことを鮮明に覚えています。

また、浄化槽管理にはさまざまな薬品を使用する場合があります。浄化槽で使用する薬品で殺人事件が起きた例もあるため、使用する薬剤は鍵がかかる保管庫で保管されているかどうか、保管されている薬剤の在庫表、受払い表があるかどうかの確認が必要です。

その際、薬品庫の鍵の受払い表があるかどうかも合わせて点検を実施します。

排水処理場の状況

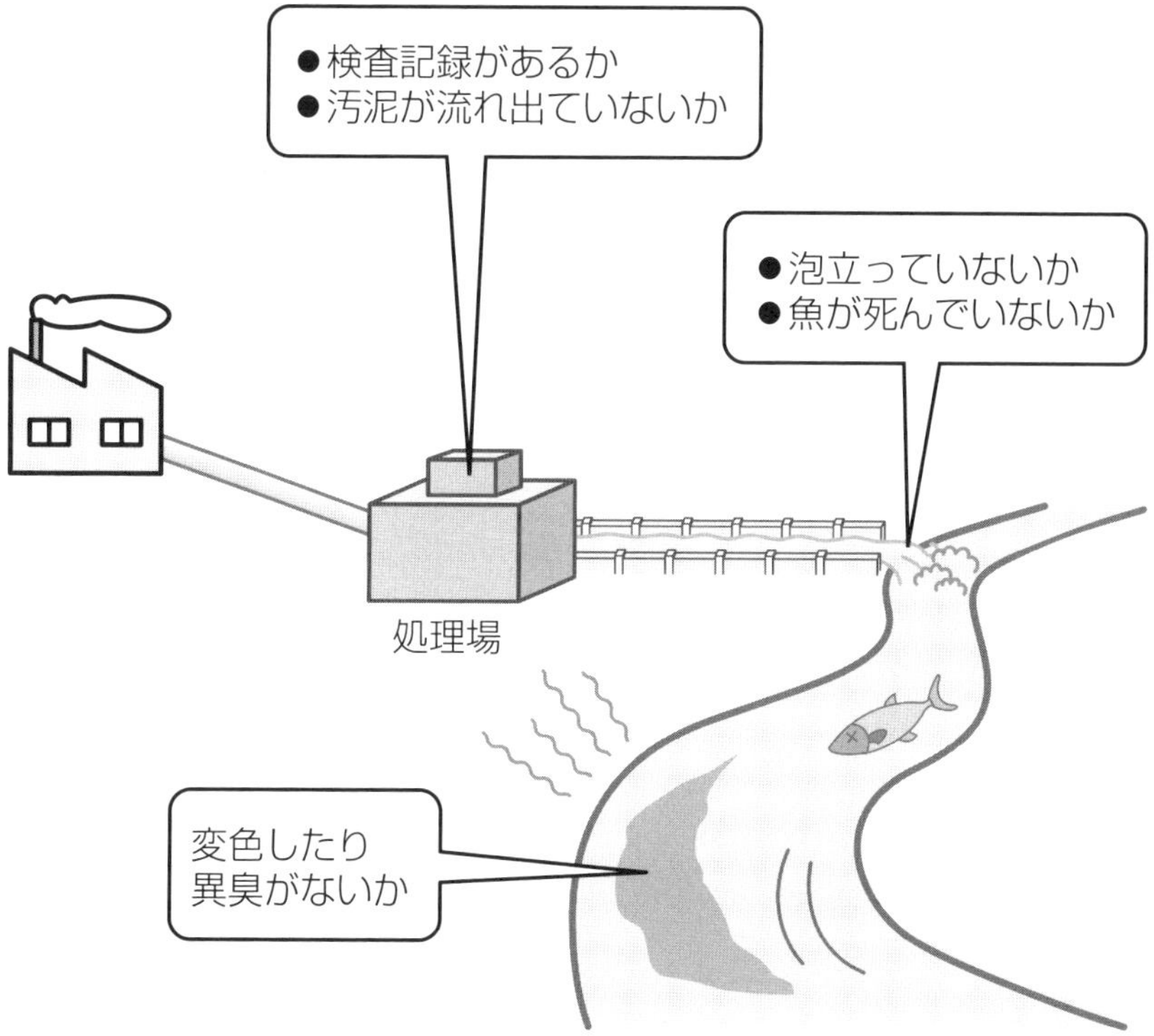
●検査記録があるか
●汚泥が流れ出ていないか
●泡立っていないか
●魚が死んでいないか
処理場
変色したり
異臭がないか

点検のポイント

❶ 公的検査の排水データが基準以下か
❷ 放流口の状況に問題がないか
❸ 汚泥処理に問題がないか

評価の内容	評価	点検のポイント		
		❶	❷	❸
まったく問題がない	5			
ほとんど問題がない	4			
まあまあできている	3			
ほとんどできていない	2			
まったくできていない	1			

合計　　　点

41

廃棄物置場の状況

◉臭いやペストを防ぐ構造になっているか

廃棄物置場は雨に濡れることなく、また臭いが発生しないように冷蔵設備があることが理想です。冷蔵庫のように密室構造で、ネズミなどのペスト（有害生物）が侵入、発生しない構造になっていることが必要となります。

廃棄物置場を確認するときには、臭いがしないか、虫が飛んでいないかを確認します。そして、廃棄物置場内には専用の掃除道具が設置されていて、床には排水枡があり、水道が設置されていることが必要です。

さらに、廃棄物が分別され、有効利用されているかどうかの点検も行います。単純にゴミとして廃棄されているのか、分別して再利用されているのか、揚げ物などを揚げた油についても再利用されているかどうかを確認します。

廃棄物置場が作業場の外にあり、屋根もない場所にゴミが放置され、それをカラスが食べている点検先がありました。異臭もしていたので回収頻度を確認したところ、週に一度の回収でした。

また、野菜くずを肥料にするために専用コンテナが外に設置してある点検先もありましたが、やはりカラスが群がって異臭が発生していました。専用コンテナを使用する場合でも、コンテナの上にカラスが侵入できない屋根が必要になります。

◉廃棄物に関する契約書を確認する

廃棄物を運ぶためには自治体の許可が必要であり、廃棄物や資源を有効利用している場合も契約書が必要となります。また、産業廃棄物の場合はマニフェストが必要です。廃棄物に関するこれらの契約書がすべてそろっているか、マニフェストがすべて回収されているかの確認を行います。

東北地方の山中に不法投棄された産業廃棄物の中に、会社名の入った包装材料が含まれていて新聞に大きく報道された例もあります。本当にきちんと処理されているかを契約書、マニフェストで確認を行うのです。マニフェストは必ず回収されており、未回収のマニフェストに対してどのような処置がされているかの確認もします。

廃棄物置場の状況

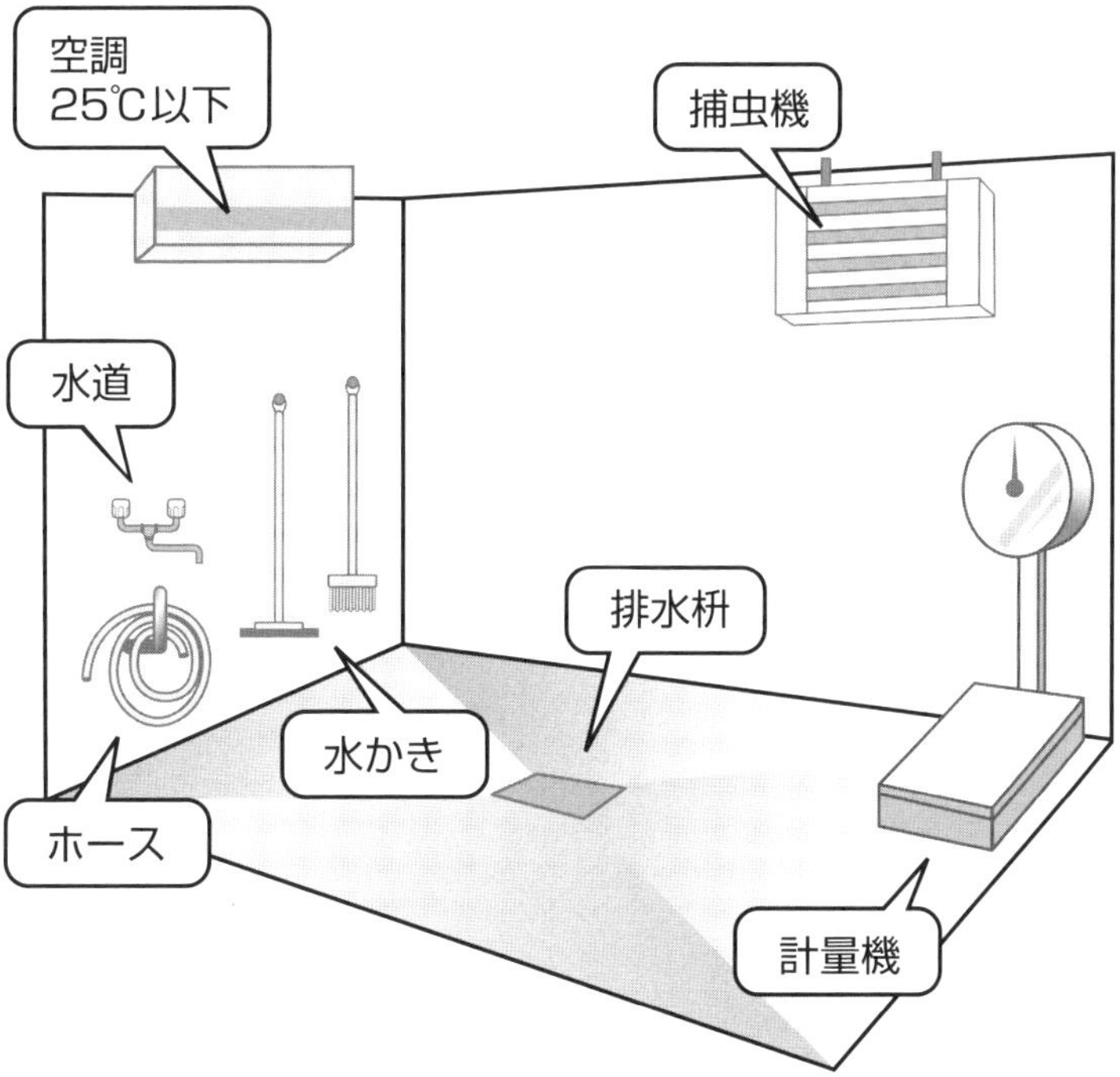

点検のポイント

❶ 廃棄物専用の置場が整備されているか
❷ 異臭、ペストの影響がないか
❸ マニフェストのある業者が処理しているか

評価の内容	評価	点検のポイント		
		❶	❷	❸
まったく問題がない	5			
ほとんど問題がない	4			
まあまあできている	3			
ほとんどできていない	2			
まったくできていない	1			

合計　　　　点

42 敷地内に外部の人間、車等が入れない構造か

◉従業員駐車場にはゲートが必要

従業員駐車場が工場敷地内にある場合、通勤者が敷地内に入るためのゲートがあり、事前登録した登録車でなければゲートが開かない仕組みが必要です。

通勤車両は左折で入場し、左折で敷地から出るようになっているか、駐車場では前から発進できるように駐車されているかを確認します。

車通勤の従業員は、車を降りて出入り口のドアに触れる前に、手を洗える設備で手を洗うことができるか、確認します。

工場敷地内には、関係者以外の人が自由に出入りできない構造が必要です。

訪問者など、打ち合わせで来られる人には、事前登録してもらい、事前に発行したカードなどをかざさないと入場ゲートが開かない構造であることが必要です。

工場監査時には、工場の敷地内に自由に出入りできるところがないか、工場敷地のまわりを確認することが大切です。

◉納品車の出入りを確認しているか

資材、原料の納品車は、事前に確認している納品予定車両だけが納品できる体制になっているか確認が必要です。

納品車両と納品者の両方とも、事前に登録している旨のカードを発行し、フロントガラスから見える位置に掲示してもらい、車両ナンバーを確認後、ゲートが開くようにすべきです。

受付で確認し、記録して入場してもらっているところがほとんどですが、それでは車両から運転手の人が降りる必要があるので、カメラでナンバーを読み取り、事前登録されている納品予定と整合できれば、自動でゲートが開くようにすべきです。

納品者は、トラックを入荷場につけた後は、手を洗ってから入荷作業ができるよう手洗い場の設置が必要です。

配送車なども、入場時には左折のみで入場し、工場退場時も、左折のみで退場します。

右折を行うと、対向車との事故の可能性、渋滞の可能性が出てきます。

敷地内に自由に出入りができない構造か

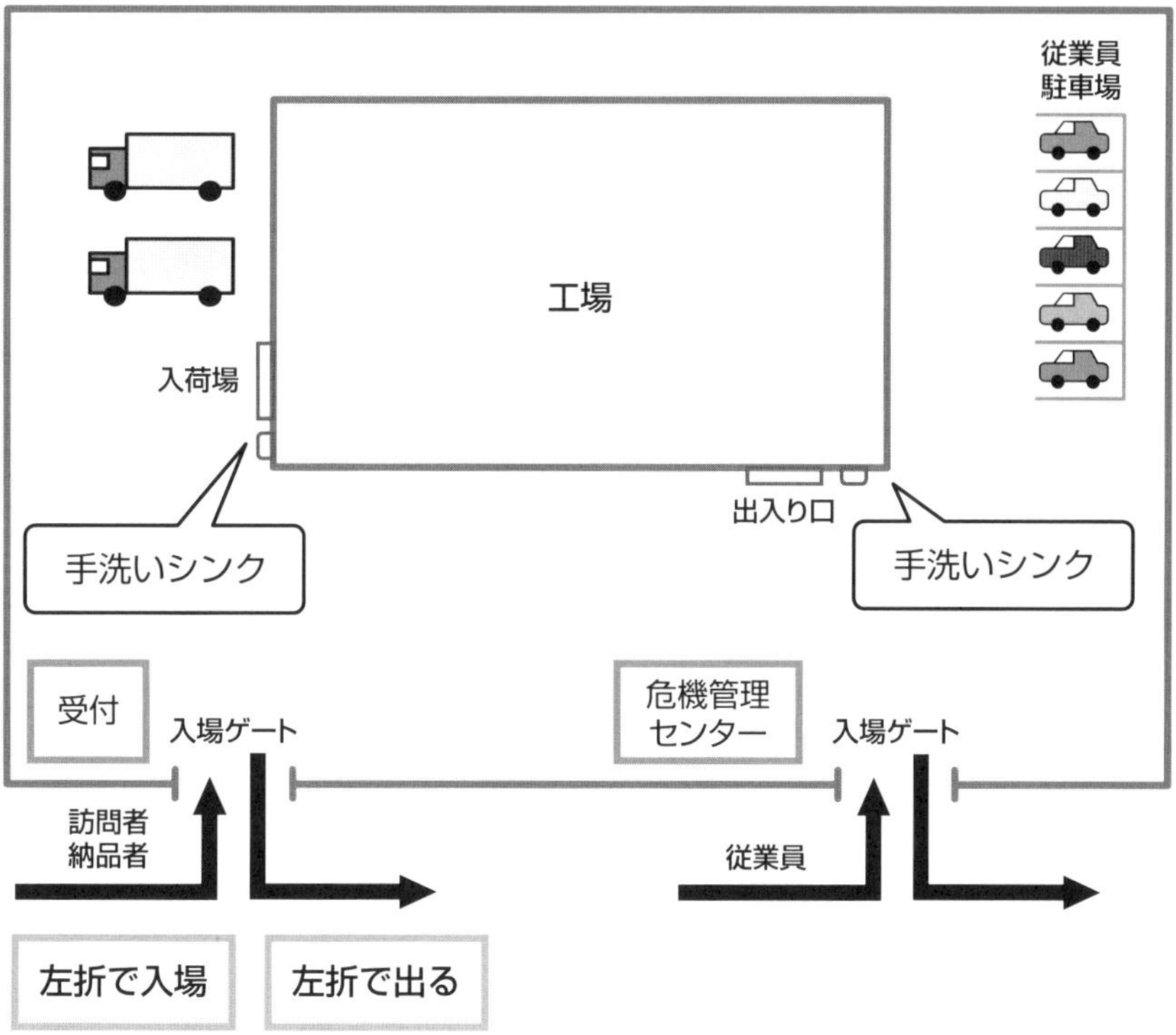

点検のポイント

❶ 門扉が閉められ、ゲートは解錠できる構造か
❷ 訪問者は入り口で確認後、ゲートを解錠しているか
❸ 納品車は入り口で確認後、ゲートを解錠しているか

評価の内容	評価	点検のポイント		
		❶	❷	❸
まったく問題がない	5			
ほとんど問題がない	4			
まあまあできている	3			
ほとんどできていない	2			
まったくできていない	1			

合計 　　　　点

43 入り口からの昆虫、ネズミの侵入を防いでいるか

◉5㎜以上の隙間がないか点検する

ネズミなどは、5㎜以上の隙間があれば作業場の中に侵入してきます。そこで、従業員の出入り口、納品口のシャッターの下、排水管の隙間などに、5㎜以上の隙間がないか点検します。

この点検の際には、懐中電灯があると非常に便利です。ただ目視点検をするよりも、懐中電灯でドアの下を照らしながら目で追うと、簡単に隙間を確認することができます。

飛翔昆虫が侵入できる隙間があるかどうかは、夜間に作業場のまわりを点検します。光が外から確認ができれば、虫は光のところに集まります。虫が集まるところに隙間があれば、本当にほんの少しの隙間からでも飛翔昆虫は入り込みます。

また、作業場を夜間に確認していると、捕虫機の青い光が外部から見ることのできる作業場があります。青い光は虫を集める光なので、外からは絶対に見えてはいけません。

また、昼間は問題がなくても、夜になると虫が窓にびっしりついている作業場を見ることがありますので、注意してください。

虫の侵入は、窓に紫外線を通さないフィルムを貼ることで簡単に改善できますので、点検先に指導することが重要になります。

◉点検をいつ誰が実施しているか

次に、ネズミや飛翔昆虫などの侵入箇所がないかどうかを、誰がいつ点検を行ったかを確認します。

大切なのは、点検で指摘された点についての対応がどのようになされているかの確認です。

たとえば、入り口のドアの下に隙間があったとします。その隙間の部分を、誰がいつまでに直すかをきちんと決めているかどうかを点検するのです。

また、作業場は全体が陽圧になっていることが大切です。

ドアを開けたときに、作業場の中から外に向けて風が流れることが大事なのです。

作業場の入り口からの昆虫、ネズミの侵入を防いでいるか

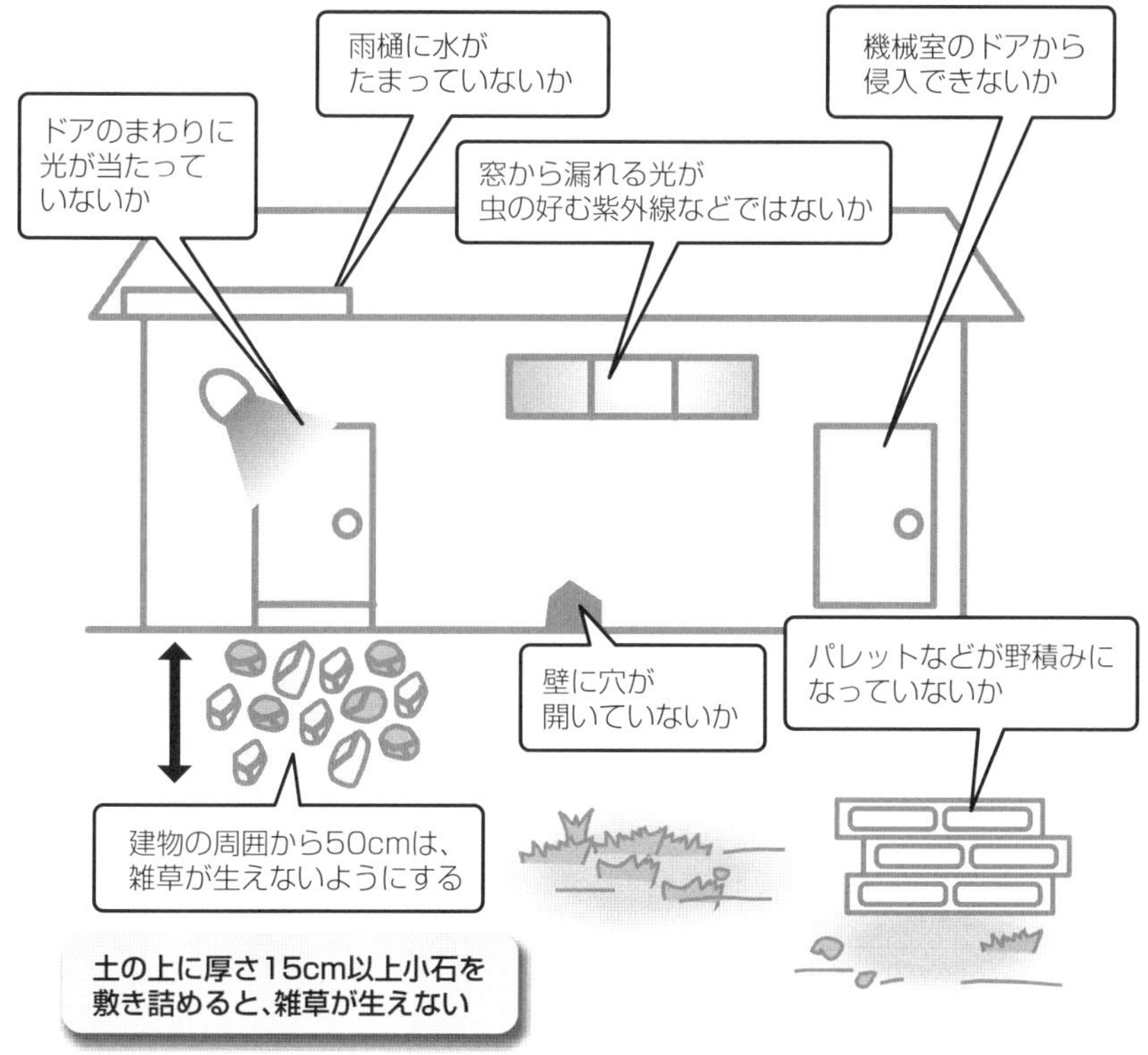
雨樋に水が
たまっていないか
機械室のドアから
侵入できないか
ドアのまわりに
光が当たって
いないか
窓から漏れる光が
虫の好む紫外線などではないか
壁に穴が
開いていないか
パレットなどが野積みに
なっていないか
建物の周囲から50cmは、
雑草が生えないようにする
土の上に厚さ15cm以上小石を
敷き詰めると、雑草が生えない

点検のポイント

❶ ネズミが侵入できる 5mm 以上の隙間がないか
❷ 飛翔昆虫が侵入する隙間がないか
❸ 侵入口を点検した記録があるか

評価の内容	評価	点検のポイント		
		❶	❷	❸
まったく問題がない	5			
ほとんど問題がない	4			
まあまあできている	3			
ほとんどできていない	2			
まったくできていない	1			

合計　　　点

44 作業者の手洗い場の状況

◉作業をはじめる前に丁寧に手を洗う

点検先では手洗い場の確認が重要になります。

野菜の選果場などでは泥のついた野菜を触るため、手洗いをきちんと行わない場合もあります。しかし、ノロウイルスは人間の糞便から汚染されるため、どんな点検先でも作業場に出てきて、初めて作業する前にはきちんと手を洗う設備が設置されていることが重要です。

手洗い洗剤は液体状の洗剤で、手に取るときに泡になって出てくるものが必要です。固形石鹸では洗浄効果が出るように泡を立てる前に手洗いがすんでしまいます。

そして、手を洗う水は、お湯を使用することが必要となります。同じ時間手を洗っても、水とお湯では汚れの落ち方が違うからです。

また、作業を終えて家路に帰るときのほうが、作業をはじめる前よりも熱心に手を洗っている光景を見かけることがあります。

これは、手の洗い方は知っていたとしても、手を洗う意味の教育が必要とされる場面です。

◉本当に手を洗っているかの点検を実施する

10人が働いている作業場に、点検者としてあなたが監査に入ったとします。

「入場時に手を洗っていますか」

こう質問すると、全員が「はい」と答えると思います。そこで、返事のとおり本当に手を洗っているかを点検します。まず、手を洗った後に手を拭くペーパータオルを入れるゴミ箱の中を確認します。ゴミ箱にペーパータオルが10枚以上捨ててあるかどうかで、本当に手を洗っているかを確認することができます。

もうひとつの方法があります。それは、手を洗うときに1回何ccの洗剤を使用するか計算することです。

実際に洗剤の重さを量ることで、1回の使用量は簡単に計算できます。1回の使用量×人数×30日＝1カ月分の使用量となり、この数式で1日1回きちんと洗った場合の手洗い洗剤の使用量が算出できます。

手洗い洗剤の在庫と入荷量がわかれば、1カ月分の使用量がわかるため、簡単に点検できます。

作業者の手洗い場の状況

◉手洗い設備

手洗いシンクの例

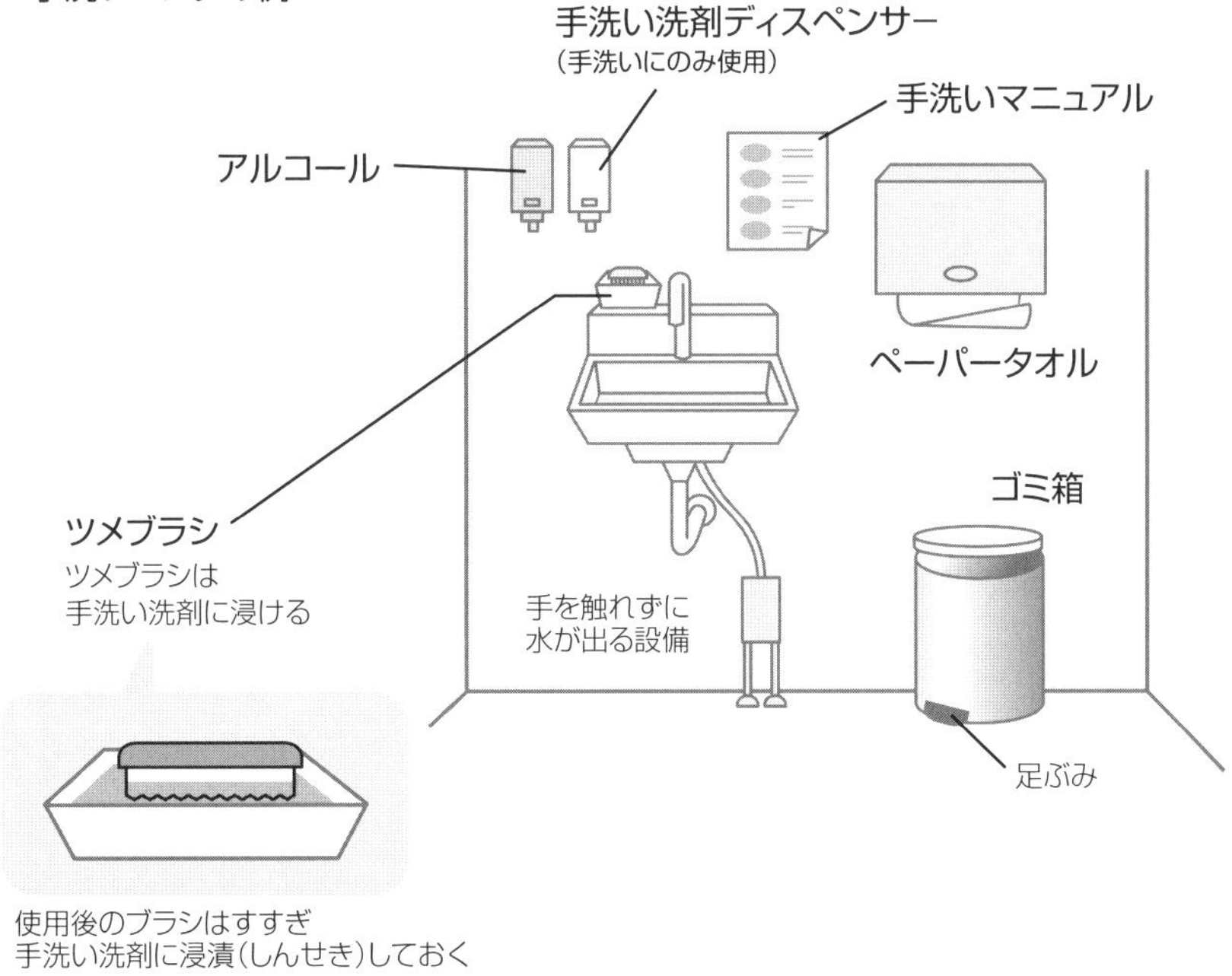

点検のポイント

❶ 手洗い設備が整備されているか
❷ 従業員は手の洗い方を知っているか
❸ 本当に手を洗っているか

評価の内容	評価	点検のポイント		
		❶	❷	❸
まったく問題がない	5			
ほとんど問題がない	4			
まあまあできている	3			
ほとんどできていない	2			
まったくできていない	1			

合計 ［　　　］ 点

45 作業靴の足洗い場の状況

◉作業者の靴がきれいであることが必要

個人衛生として作業服がきれいなことはもちろんですが、作業靴がきれいかどうかも重要な点です。

床面をいくらきれいに清掃しても、作業靴が汚いと床面を汚してしまいます。また、靴が汚いから洗おうと思っても、作業靴を洗う設備のない作業場があります。

点検時に、次のような質問をしてみてください。

「作業靴はどこで洗うのですか」

「作業靴を洗う洗剤はどれですか」

「作業靴を洗うブラシはどこですか」

もし、手洗い設備や作業場のシンクなどで洗うと答える点検先があれば、それは論外と言えます。

家庭で靴を洗うとき、どこで洗っているかを考えてみると、靴洗いの場所がないかもしれません。

私は家を建てるときに、庭にステンレスのシンクをひとつ設置しました。庭仕事をしたときの道具を洗ったり、靴を洗ったり、生魚のウロコを取るときに使用したりと、非常に重宝しています。

たとえば、作業靴がきれいな点検先には、靴を洗う専用のシンクが設置してありました。また、単純に床に蛇口があってホースがあるだけところもありますが、腰をかがめて靴を洗うのは苦痛なため、靴を洗浄する回数はおのずと減ってしまいます。

◉靴底がすり減っていないかの点検も重要

少年サッカーの試合では、審判は初めに靴の裏を確認します。スパイク靴かどうか、スパイクが金属のものを使用していないか確認するのです。

点検先で入場時に靴の汚れ、靴底の減り具合を点検しているか確認してみてください。

靴底の減りにより滑って転んでしまうと労災になってしまいます。作業場の労災で一番多いのは転倒ですから、床面に水たまりがないことも重要ですが、靴底がきちんとしているかどうかを点検することも重要なのです。

また、点検に行くと気をつかって新品の靴を出してくれることがありますが、同行する人の靴が非常に汚い場合があります。これで日頃の確認状況が判断できます。

作業靴の足洗い場の状況

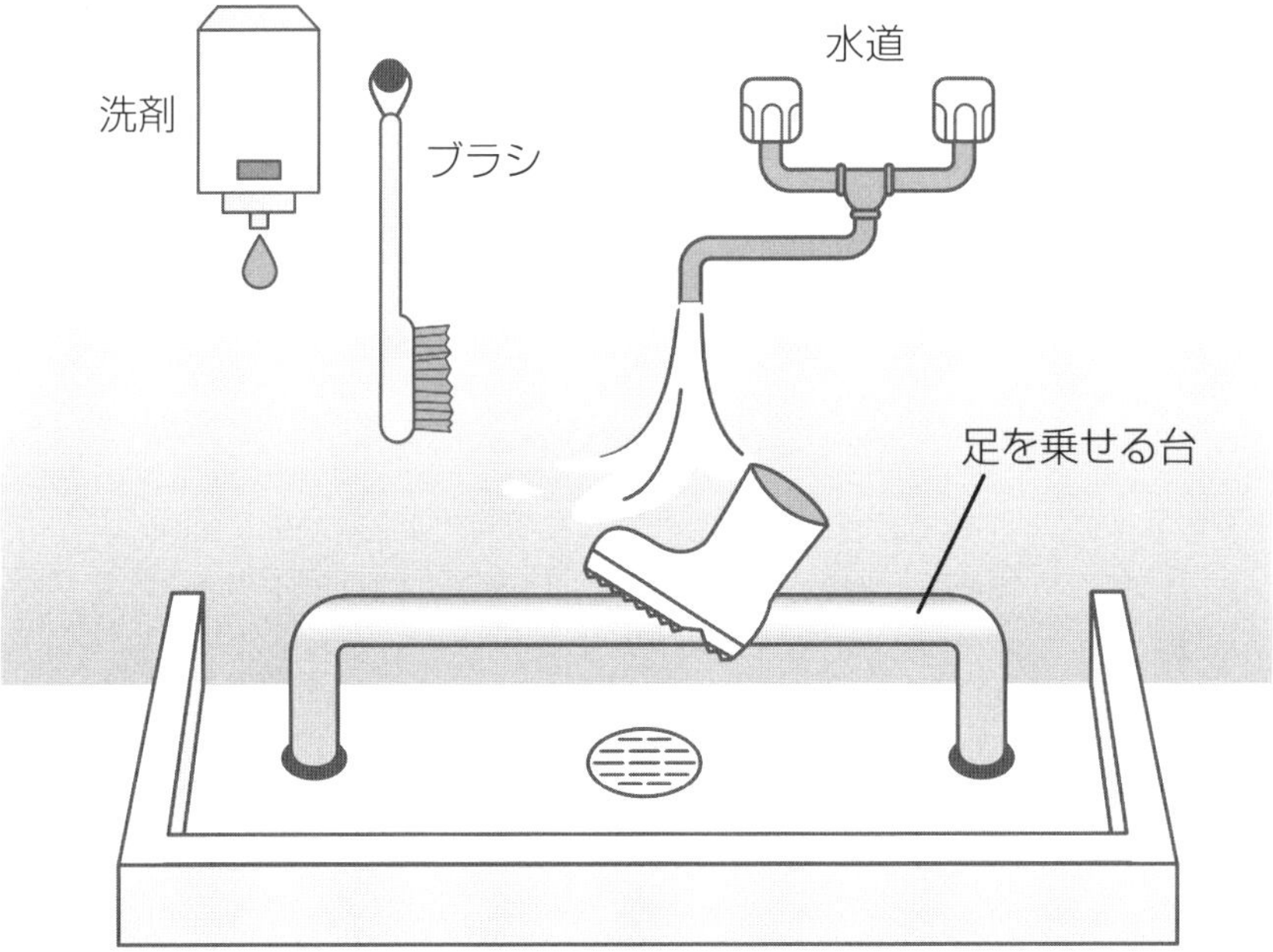

点検のポイント

❶ 靴を洗う場所、洗剤、ブラシはあるか
❷ 作業者の靴を点検しているか
❸ 点検の同行者の靴はきれいか

評価の内容	評価	点検のポイント		
		❶	❷	❸
まったく問題がない	5			
ほとんど問題がない	4			
まあまあできている	3			
ほとんどできていない	2			
まったくできていない	1			

合計　　　点

COLUMN 4 食品を取り扱う人のノロウイルス対策・基本の基本１

●朝起きてからの管理の徹底が必要

ノロウイルスの対策は、通常行っている衛生管理の基本の徹底しかありません。

効果的なノロウイルス対策は何もなく、通常の衛生管理、特に個人衛生管理の徹底しか対策がないと言えます。

保育園や幼稚園で学んだことが一番大切です。そう、「食事の前に手を必ず洗うこと」です。外食に行っても食事の前には必ず手を洗うことを徹底すれば、ノロウイルスはある程度防げるはずです。日常の個人の衛生管理と、日常の個人の健康管理の徹底がノロウイルスによる食中毒事故を起こすかどうかの分かれ目になると思います。

●下痢、発熱の症状のある人は出勤しない

下痢、38℃以上の発熱などの症状がある人は、職場に出勤しないというルールを定め、毎朝の確認を徹底します。お酒の飲みすぎの下痢などもありますが、睡眠不足などの体力の弱った人は、ウイルス感染にかかりやすくなります。このように、下痢、発熱などのある人は職場に出勤しないことです。飲み会などでも、体調管理を考えて牡蠣などの二枚貝を食べないなど、注意して飲食するのが食品を取り扱う人の常識だと思います。

毎日毎日個人の体調管理をすることがもっとも大切な点なのです。下痢は自己申告しかありませんが、体温測定は、簡単に耳などで測れますので、体温測定を毎日の点検に加えることが必要です。

●作業着は加熱工程がある洗濯方法を行う

私の経験でも弁当工場の半分以上は家庭で作業着などを洗濯しています。

家庭での作業着の洗濯は一般的に下着と同じ洗濯機を使用していますから、家族の中にノロウイルスの感染者がいた場合は、洗濯中にノロウイルスが作業着に付着する可能性があります。

作業着だけでなく、前かけ、エプロンなども家庭で洗濯をしている場合が多いと思います。家庭で洗濯する場合に有効な方法は、洗剤は塩素系のものを使用し必ずアイロンをかけてもらうことです。アイロンを当てれば熱で殺菌されますので、洗濯のあとにアイロンをかけることが有効になります。

毎朝の入室確認でも、アイロンがかかっていなければ見た目でわかりますので、アイロンをかけることをおすすめします。

もちろん一番有効な対策は、専門の作業着洗濯業者に任せることです。包装後加熱工程のない、直接口に入る商品を製造している作業者が着用する作業着は、工場から持ち出すべきではないと思っています。

●トイレ使用時の注意点

トイレで用を足した後は、手を洗う前にズボン、ベルトなどに手を触れます。トイレの後に作業着はウイルスに感染する可能性があります。

通常は週に２回くらいしか交換しない作業着でも、本来は毎日洗濯されたものと交換することが必要になります。

作業着には一般的なベルトを使用しないことが大切になります。もちろんエプロンなどはトイレに入る前に取り外すことが必要です。

5章

マニュアル・規定の整備状況

46 服装規定

◉作業場の衛生度に応じた服装規定が必要

食材の仕入れ先では、その衛生レベルに応じた服装規定が定められているかどうかを点検します。

制服には、大きく2つの考え方があります。

1つは、外部の人間の侵入を防ぐことが目的となります。原材料に異物などを混入されないように、外部の人が作業スペースに侵入してきたとき、すぐわかるようにするために制服を着用します。

2つ目は、物理的危害などを防ぐことが目的となります。たとえば、農畜産物の選別場と食品工場では衛生レベルが異なります。ただし、どんな衛生度の点検先でも、物理的危害が防止できる服装規定であるかどうかの点検が必要です。

具体的には、通勤で履いてくる靴は作業用の靴と交換するという規定が必要です。同じ運動靴でも、作業用の運動靴は専用のものが必要なのです。

◉責任者であっても例外は認めない

次に、服装規定どおりの服装で作業者が作業をしているかどうかを、実際の作業現場で点検します。

そして、点検時に大切なことは、たとえ社員であっても作業場の責任者であっても例外は認めない、ということです。

一般作業員が腕時計をすることは規則上禁止ですが、社員は時間を確認する必要があるので腕時計をすることを例外で認めているという場合がよくあります。

しかし、腕時計をすることで衛生の基本の手洗いが充分にできなくなるため、たとえ社員、責任者であっても服装規定に例外はないのです。

また、服装の点検をするときには、安全衛生、労働衛生についても確認をします。

安全靴、耳栓、ケプラーの手袋（包丁でも切ることのできない手袋）などの着用がなされているかどうか、コンベアなどの回転物のあるところでネクタイや名札など、万が一、回転物に巻き込まれたときに首を絞めるようなものを着用していないかなども合わせて点検を行い、指導します。

服装規定

◉ 制服規定を確認する

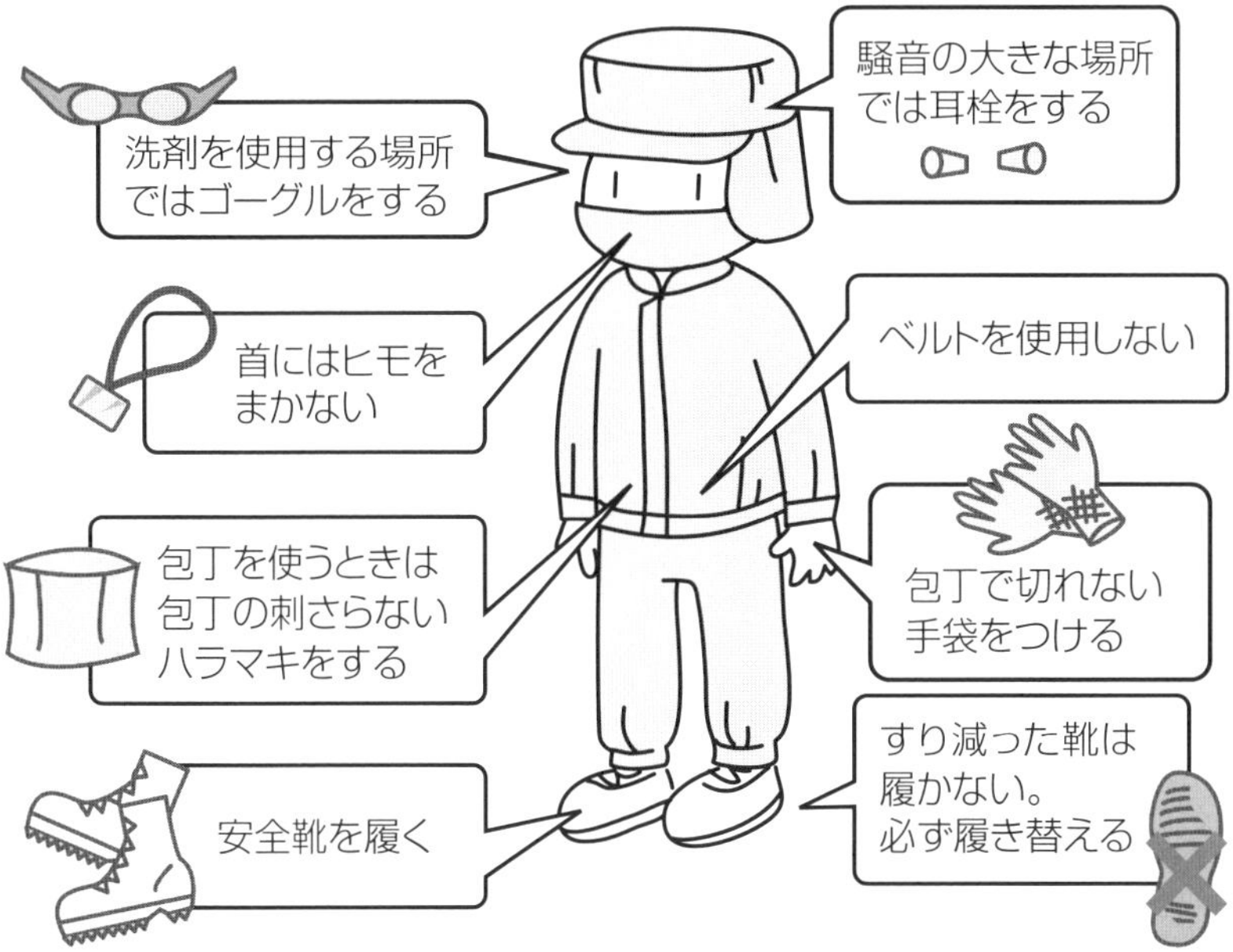

点検のポイント

❶ 服装規定が明確に定められているか
❷ 服装点検を実施しているか
❸ 点検時に異常があったときに対応しているか

評価の内容	評価	点検のポイント		
		❶	❷	❸
まったく問題がない	5			
ほとんど問題がない	4			
まあまあできている	3			
ほとんどできていない	2			
まったくできていない	1			

合計 ＿＿＿ 点

47 原材料管理規定

◉原材料の仕入れ開始前の契約を確認する

食材の仕入れ先が直接農家などでなければ、仕入れる原料のさらに元になる原料があるはずです。

また、農家から直接農産物を仕入れるときでも、農家はダンボール、タネ、肥料、農薬などを仕入れることになりますから、原材料をまったく仕入れないということはないでしょう。

仕入れ先が原材料を仕入れるときは、文書でその原材料の仕入れ先と価格以外の商品特性を示す契約書があるかどうかを点検します。

たとえば、どうも卵の割れるクレームが多くなったと思って調査をしたところ、パック卵を包装する10個入りの容器を仕入れるときに容器の厚さの条件を決めなかったため、仕入れ価格を交渉して値段を下げた時点で、包装材料の厚さが薄くなっていたという事例があります。

原材料を仕入れるときには、数値化できる事項はすべて数値化し、明確に規格書として文書で取り交わしているかを確認します。

◉原材料の受入れ検査の状況を確認する

次に、契約時の規格書にしたがって受入れ検査を実施しているかどうかを点検します。

受入れ検査は、温度を管理して納入されてくる原材料であれば、入荷時に温度測定を実施しているか、伝票に記載してある事項は約束どおりの項目が記載してあるかどうかを検査しているかを点検します。また、受入れ検査で異常があった場合に、どのような処置を行っているかという記録があるかどうかも点検します。

チルド品で、受入れ検査時に温度が高かった商品を受け入れずに交換を求めたところ、同じ原料を冷蔵庫で冷やし込んで再納入してきたことがあります。

この予防策として、基準を超えて入荷してきたときに返品する場合は、ダンボールなどに返品する旨の印をつけて返品する必要があります。

また、異常があったときに原材料の納入先がどのような処置を行ったか、その記録があるかどうかを点検します。

原料管理規定

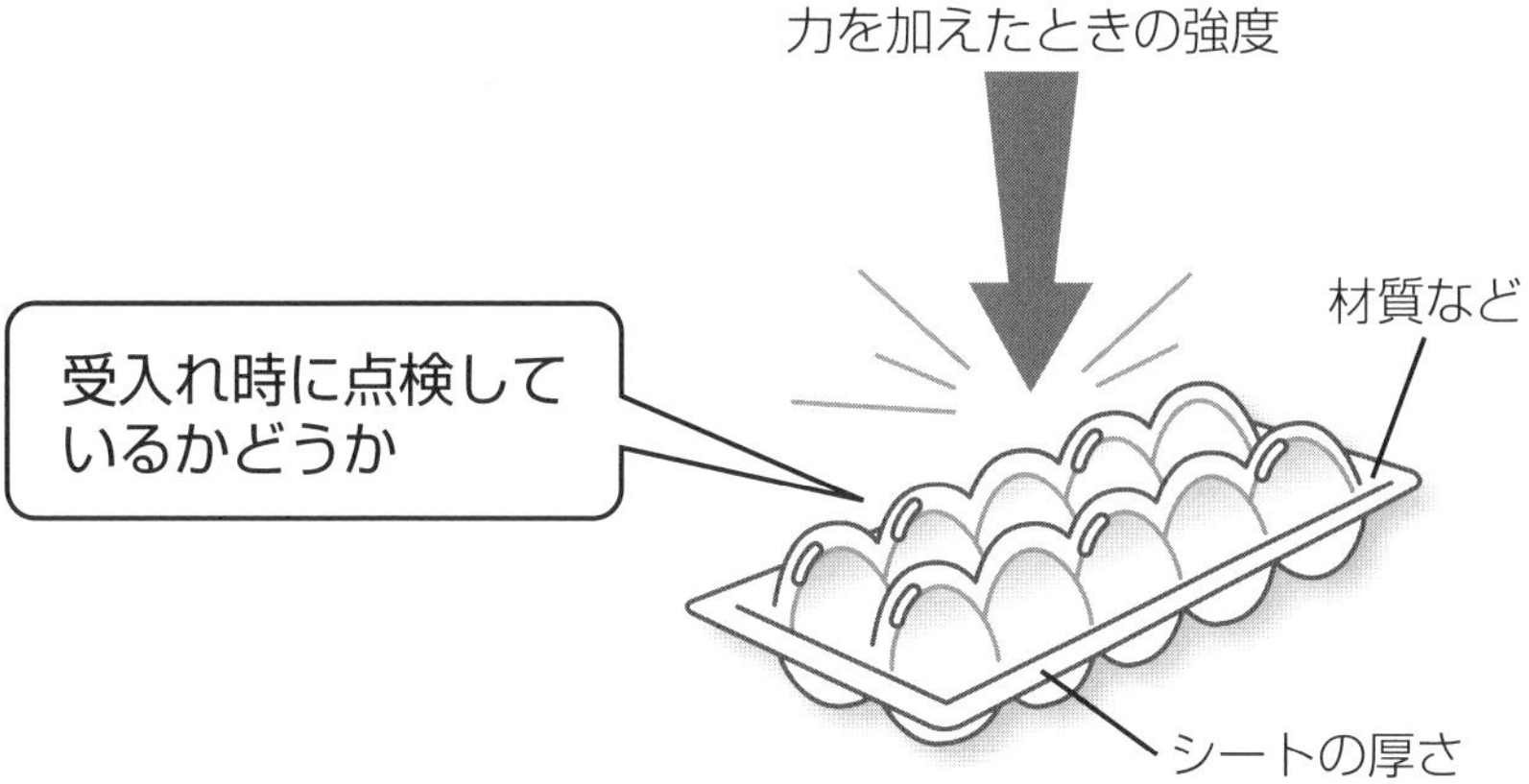
力を加えたときの強度
材質など
受入れ時に点検しているかどうか
シートの厚さ

商品特性について文章で契約してあることが必要

点検のポイント

❶ 契約時に品質の項目があるか
❷ 契約時の項目を受入検査時に点検をしているか
❸ 異常時の原料はどのように取り扱っているか。そのときの記録があるか

評価の内容	評価	点検のポイント		
		❶	❷	❸
まったく問題がない	5			
ほとんど問題がない	4			
まあまあできている	3			
ほとんどできていない	2			
まったくできていない	1			

合計 　　　点

48 洗浄マニュアル

◉点検先に応じた洗剤、道具、洗浄マニュアルが必要

洗浄に関しては、まず点検先では洗剤を何種類使用しているかを確認します。

仕入れ先の衛生レベルに応じて使用する洗剤の種類に差はありますが、少なくとも中性洗剤、手洗い洗剤、アルカリ洗剤、酸性洗剤などの種類があるはずです。

野菜のカット工場で、すべての洗浄を特殊な殺菌剤を使用して洗浄していた工場がありました。これでは、人間の体を洗うのに全身をシャンプーで洗っているようなものです。

洗浄用の道具も、作業場それぞれに適したブラシなどが必要になります。小さな穴が開いている部品を洗うのに、大きなブラシしかない工場もありました。

点検先に応じた洗剤、道具、洗浄頻度が決められた洗浄マニュアルがあるかどうかを点検していきます。

洗剤は、液体の色が洗剤の種類によってすべて異なることが必要です。透明に見える中性洗剤と、透明なアルコールが一緒にあってはならないのです。

◉作業場のトイレが洗浄不充分で汚かったら……

次に、洗浄マニュアルどおりに洗浄がされているかの点検を作業場で行います。

作業場の洗浄後に点検を行ったとき、洗浄が不充分な箇所を見つけた場合は、さらに次の点を確認します。

洗浄が不充分な箇所を、誰がいつ、どのように洗浄したのか、そして洗浄した結果を誰が確認して問題なしと判断したのかという確認が必要です。

たとえば、作業場のトイレが洗浄不充分で汚かったとします。

この場合、誰が洗浄して、誰が点検しているかを聞けば、誰もトイレの洗浄結果を確認していないことが容易に判明するはずです。

洗浄マニュアルはあるのに、トイレが汚い仕入れ先は要注意です。

作業場の洗浄結果の確認を行わない責任者はよくいますが、トイレを1日に一度も使わない仕入れ先の責任者はいないはずです。

洗剤マニュアル

アルコール　中性洗剤　手洗い洗剤　アルカリ洗剤　酸性洗剤

どんな洗剤を使用しているか確認する
すべて液体の色が異なること

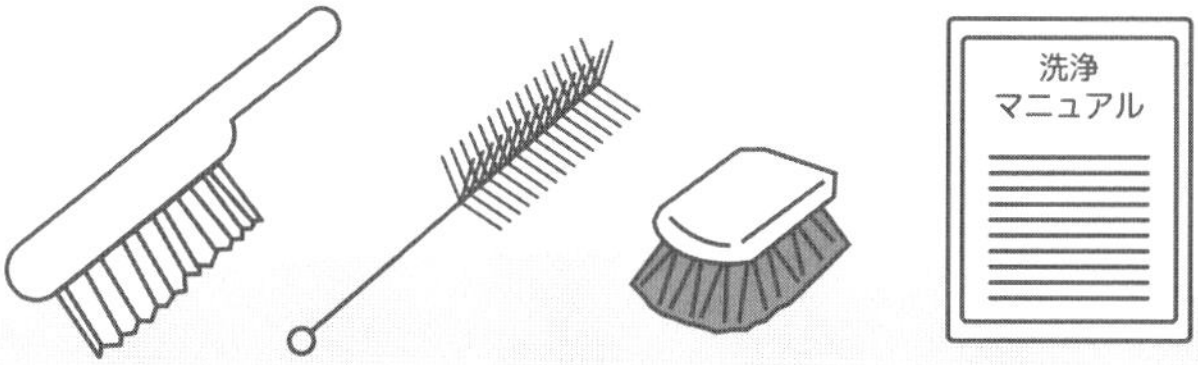

洗剤、洗浄道具、洗浄マニュアルが
そろっているか

点検のポイント

❶ 使用する洗剤のリストがあるか
❷ 使用する洗浄道具のリストがあるか
❸ 洗浄頻度、洗浄結果の確認方法が決められているか

評価の内容	評価	点検のポイント		
		❶	❷	❸
まったく問題がない	5			
ほとんど問題がない	4			
まあまあできている	3			
ほとんどできていない	2			
まったくできていない	1			

合計　　　　点

49 日報などの帳票類管理規定

◉すべての帳票のリストを点検する

点検先の中には非常に多くの帳票が存在します。

まず初めに、帳票の一覧表を点検します。点検先には帳票が何種類あって、誰が帳票に記入して、誰が確認し、異常時には誰が判断するかが書かれているものを確認します。

工程管理のための帳票はＩＳＯの審査でも点検しますが、ＩＳＯの点検よりも一歩踏み込んで点検することが重要です。ＩＳＯを導入している会社の人と話すと、決まって次のように言います。

「明日はＩＳＯの審査があるから、たまった帳票に判子を押さないといけなくて大変なんだ」

これでは、本末転倒です。

また、帳票の一覧表には帳票がどこに保管され、何年間保管しなくてはならないかを設定しておく必要があります。

◉すべての帳票が確実につけられているか点検する

新規原料を仕入れる前には、規格に関する打合せを充分に行います。その際、最終材料の規格を満たすために各工程の処理の基準を、まず決めます。

そして、基準が日々の加工工程で守られているかどうかを、帳票で確認できるか確認します。

帳票では、一覧表のとおりに運用できているかを点検します。

点検方法は、点検を実施した当日分と前日分の帳票が実際に記入されているかどうかを確認します。

ＩＳＯの審査前と同じように、点検前日になって帳票を整備していた点検先も実際にありました。

また、点検を実施すると、前日分までの帳票は確実につけられていて、問題を確認することはできなかったのに、当日分の帳票は現場が動いているのにまったくつけられていなかった事例もありました。

さらに、１年前や半年前の帳票を、１日分点検してみる方法もあります。

帳票は現場で毎日記入されていることが、何よりも重要なのです。

日報などの帳票類管理規定

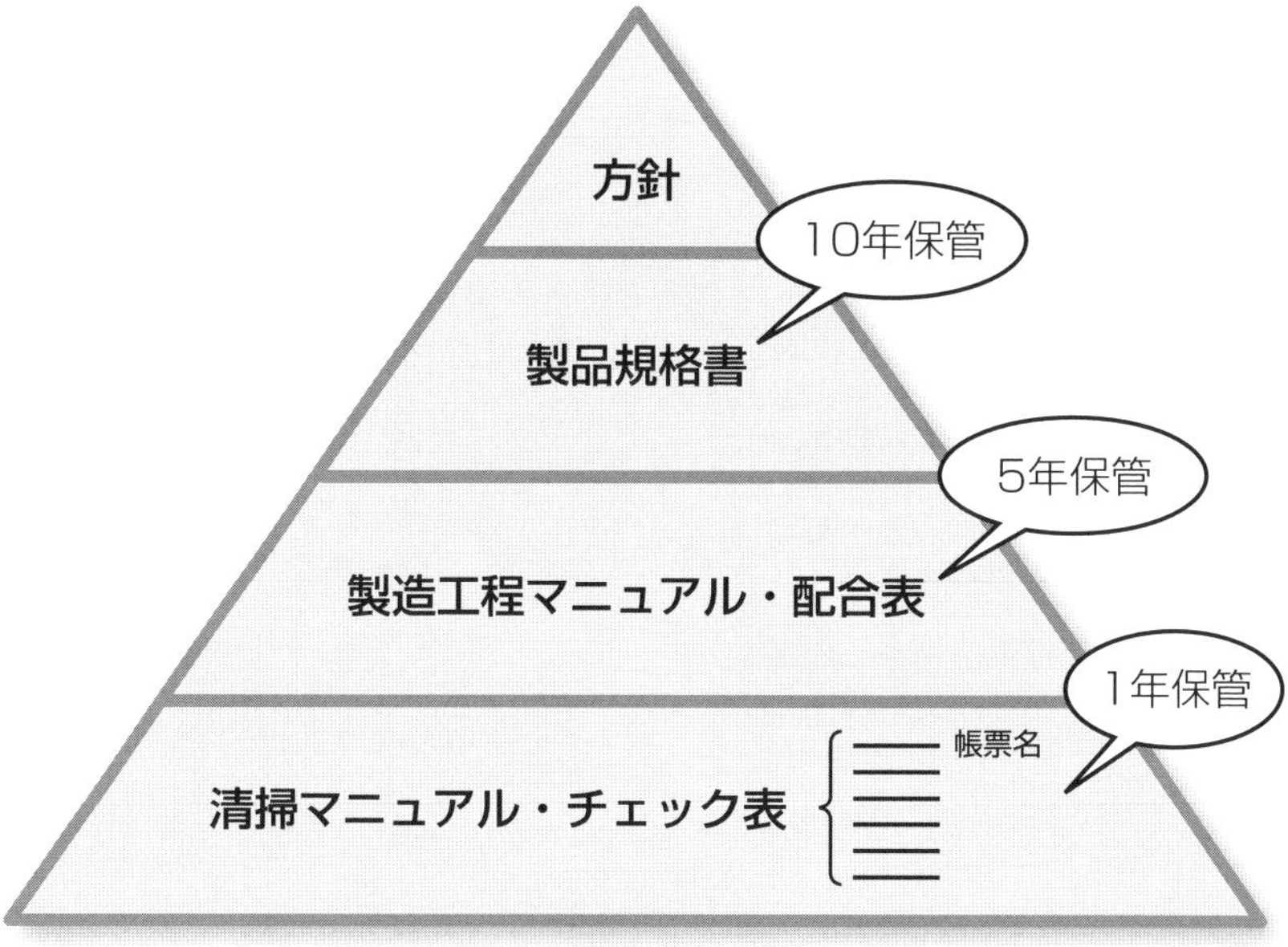

すべての帳票が一覧表になっていること

点検のポイント

❶ 帳票の一覧表が作成されているか
❷ 当日分も含め、すべての帳票が記載されているか
❸ 異常値の処置が明確になっているか

評価の内容	評価	点検のポイント		
		❶	❷	❸
まったく問題がない	5			
ほとんど問題がない	4			
まあまあできている	3			
ほとんどできていない	2			
まったくできていない	1			

合計　　　点

50 防虫防鼠《ぼうそ》の管理状況

◉防虫防鼠の担当者を確認する

防虫の点検で一番大切なことは、担当者が誰かということです。

防虫防鼠担当者がペスト業者にすべてを丸投げしてしまっていて、点検先では何も管理してないケースがよくあります。

また、捕虫機の捕虫紙に虫がたくさんついたまま放置されている作業場は、誰もペスト管理をしていないことの証明になります。

まず、毎月の防虫防鼠の記録を確認します。記録に毎月の捕虫紙に捕獲されている虫の数、虫の種類が同定されているかどうか、ネズミやゴキブリなどの生息状況の確認がされているかどうかを点検します。

そして、生息調査の結果から、どんな手を打って、結果として捕獲数が減ったかどうかまで担当者が把握しているかを確認します。

◉現場で実際の状況を点検する

次に、作業場の状況を点検します。作業場に鳥が飛んでいたり、ハエが飛んでいるのは論外です。

点検先の入荷場からスズメが侵入して、作業場の中を飛び回っている状況なのに、作業者は問題にせず、原料の入荷作業を続けていた仕入れ先を点検したこともあります。

鳥の糞にはサルモネラ菌などが含まれているため、作業場内に糞が落ちてしまうと、製品が汚染されることになります。したがって、鳥が作業場内に糞を落とす前に、作業を中断してでも鳥を外に出す処置をとることが大切なのです。

スズメなどの小さな鳥が入ってきた場合は、作業場内を暗くして、明るい外に逃げていくように仕向けます。

トンボ取りの網でスズメを捕まえるのは難しいものです。逃げ場のないところに入り込んだときは、ネズミを捕まえる粘着シートをスズメがとまるところに敷き詰めて、捕まるのを待つのがいい方法です。

作業場の中にハエやゴキブリ、ネズミの形跡があるかどうかを点検してください。

防虫防鼠の管理状況

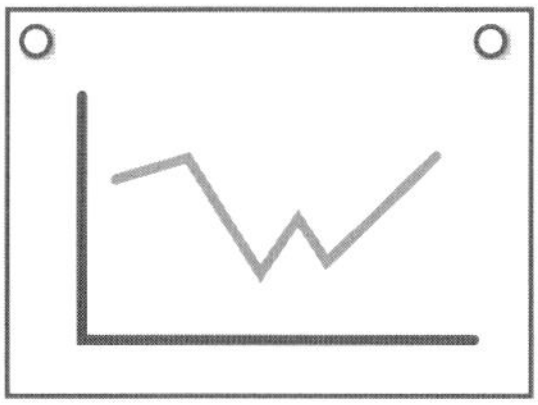

毎月の変化がまとめられているか確認する

現場にペストの形跡がないか

鳥が飛んでいる

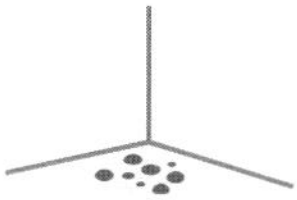

動物の糞が落ちていないか

ネズミが走り回った黒い跡（ラットサイン）

点検のポイント

❶ 防虫防鼠の担当者が明確になっているか
❷ 毎月の記録がまとめられているか
❸ 作業現場に鳥、ゴキブリ、ネズミの生息の跡がないか

評価の内容	評価	点検のポイント		
		❶	❷	❸
まったく問題がない	5			
ほとんど問題がない	4			
まあまあできている	3			
ほとんどできていない	2			
まったくできていない	1			

合計　　　　点

51 作業標準マニュアル、製造マニュアル

◉工程ごと、アイテムごとにマニュアルが必要

点検先から仕入れているすべての材料のアイテムごとに作業標準マニュアルか、仕入れ先の工程ごとのマニュアルが必要になります。

これらのマニュアルの点検は、すべての製品、すべての工程についてマニュアルがそろっているかを確認します。さらに、マニュアル自体の点検は、作成者と承認者が別の人間になっているかを確認します。

点検時は、まずマニュアルの承認者に質問をします。

「殺菌温度と時間は75℃で25分になっていますが、この温度、時間の設定を決めた理由はなぜですか」

作成者に質問するのではなく、必ず承認した人に質問をしてください。

また加熱温度など、危害管理に関することは絶対に質問する必要があります。

あるいは、「25分以上加熱を行うと生産量が確保できないので」という答えが返ってくることがあるかもしれません。しかし、これでは回答になっていません。

殺菌温度、時間などは品質の裏づけが、必ず必要な事項です。裏づけのデータには細菌検査結果だけでなく、官能検査や理化学検査が必要となります。

◉マニュアルが更新されているか

取引を続けていると、クレームや作業性の改善などで、細かいマニュアルの変更が発生します。

たとえば、殺菌時間が75℃×25分間では殺菌ムラが発生し、一部の商品で殺菌不良が発生したとします。そこで、殺菌時間を30分に変更したところ、殺菌ムラがなくなったため、殺菌時間を30分に変更しました。

そこで、仕入れ先に点検に行ったときには、マニュアルの殺菌時間が30分に変更になっているかどうかの確認を行います。そして、マニュアルの殺菌時間が変更になっていた場合、現場の帳票の殺菌時間も変更になっているかどうかを点検します。

マニュアルだけを変更して、帳票などが変更になっていない例はよく見かけます。このようなことがないよう充分に注意してください。

作業標準マニュアル

◉マニュアルの承認者に質問を行う

点検のポイント

❶ 仕入れ品のすべてのマニュアルがそろっているか
❷ 作業の変更が更新されているか
❸ マニュアルと帳票に整合性があるか

評価の内容	評価	点検のポイント		
		❶	❷	❸
まったく問題がない	5			
ほとんど問題がない	4			
まあまあできている	3			
ほとんどできていない	2			
まったくできていない	1			

合計　　　点

52 製品検査の状況

◉製品検査の頻度を確認する

製品検査については、仕入れている食材の製品検査の頻度を確認します。

検査には製造ロットごと、毎日、毎週、毎月といろいろな検査単位がありますが、検査頻度は、仕入れをはじめる前に明確に決めておく必要があります。

点検は、仕入れをはじめるときに決めた頻度で検査が行われているか、を確認します。

また、仕入れを開始し、初めて点検に行くときは細菌検査、理化学検査、官能検査を含めて、すべての検査を行っているところを点検します。

細菌検査の一般生菌数の検査でも、さまざまな方法があります。検査結果の数値の打合せだけでなく、検査方法のすり合わせも必ず必要になります。

北海道の偽装挽き肉工場では、実際には細菌検査を行っていないのに、「サルモネラ菌陰性」という結果を報告していたと報道されていました。

本当に細菌検査を行っているかどうかは、検査室のインキュベーター（孵卵器）を開けてみて、シャーレが本当に入っているかどうかを確認することで点検することができます。

◉細菌検査の異常値が出たときの対応は？

次に、細菌検査の結果が、決められた数値より悪かったとき、どのような手を打っているかを確認します。

基準より悪い結果が出たとき、どんな書類に記入して、誰が誰に報告をして、どんな対策を行っているかの記録があるかを確認します。

大切な点検ポイントは、菌数が高かった製品の処置はどうしたのか、菌数が高かったことに対してどんな手を打ってきたのか、手を打った結果として最終的に製品がよくなったかどうかを確認します。

細菌検査を行っているのに、まったく対応が取られていない場合もあります。

そのような場合は、細菌検査とは対応策を取るために行われていることを、しっかりと指導することが必要になります。

製品検査の状況

- 本当に検査が行われているか
- 検査方法は合っているか
- 検査結果に対応を取っているか

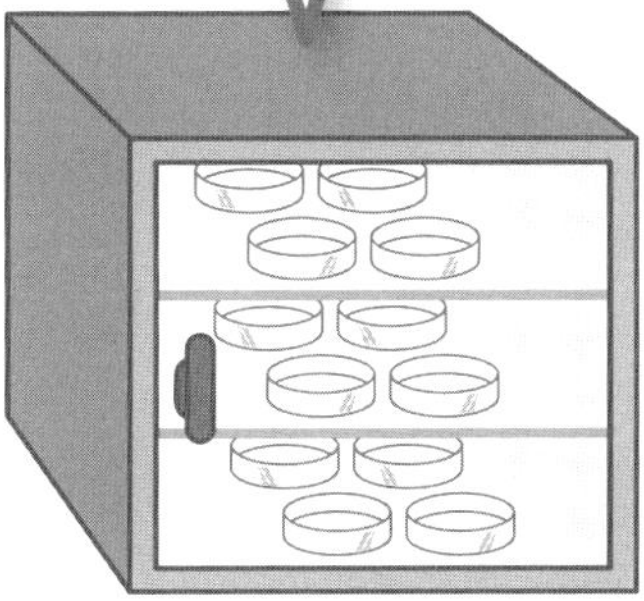

インキュベーター(孵卵器)

点検のポイント

❶ 検査が決められた頻度で行われているか
❷ 検査の結果に対して対応が取られているか
❸ 検査の方法は適切か

評価の内容	評価	点検のポイント		
		❶	❷	❸
まったく問題がない	5			
ほとんど問題がない	4			
まあまあできている	3			
ほとんどできていない	2			
まったくできていない	1			

合計 ［　　　　］点

53

従業員教育の計画と実施状況

◉1年間の教育計画を確認する

点検先の1年間の教育計画を文書で確認します。

1年間の教育計画の確認とは、新入社員の教育計画から階層別教育まで、社内教育、社外教育を含めて、どのような計画が立てられているかの確認です。

教育の中でもっとも重要なのは、採用時教育になります。なぜなら、採用時はもっとも教育効果が高いときであることと、衛生教育などは家庭の考え方と異なる要素があるため、採用時にきちんと教育が行われているかどうかを確認します。

点検方法は、まず教育資料を確認します。教育資料の中の点検先の方針と、家庭とは違って衛生的に作業をしなければならないことが書かれているか、内容は充分かを確認します。

そして、もし理不尽なことを上司に言われたときはどうしたらいいかが書かれているかも確認します。

点検先全体で不正が行われている場合もありますから、第三者機関へのホットラインの設定がされていて、ホットラインの連絡先、どんな場合に連絡すべきか、連絡しても処罰がないことが採用時に教育されているかどうかを確認します。

また、採用者全員が教育を受けているかどうかも確認します。タイムカードや出勤簿などで働いている作業者全員の名前を確認して、すべての従業員が採用時教育を受けているかどうかを、教育時の記録と照らし合わせて確認を取ります。

◉1年に1回は従業員教育が必要

1年に1回は、全従業員に対して教育が必要です。なぜなら、食品に関する法律は毎年変更があるからです。

食品の安全性に関する事故が起こるたびに、日本の法律は厳しくなっていきます。昨年まではよかったことでも、今年は行ってはならないことになる場合もあります。自動車免許で言えば、携帯電話を手に持って話しながら運転していると、違反切符が切られるようになったのと同じです。法律の改正点を全従業員に教育するように指導してください。

従業員教育の計画と実施状況

採用時教育

- 教育資料の確認
- 受講者全員の名簿があるか
- 第三者機関へのホットラインの説明があるか

従業員全員が年1回以上教育を受けているか

点検のポイント

❶ 教育計画が文書にまとめられているか
❷ 新入社員教育が全員に施されていて、その記録があるか
❸ 全従業員の教育が年1回以上されているか

評価の内容	評価	点検のポイント		
		❶	❷	❸
まったく問題がない	5			
ほとんど問題がない	4			
まあまあできている	3			
ほとんどできていない	2			
まったくできていない	1			

合計 ＿＿＿＿ 点

54 製品事故発生時の対応マニュアル

◉製品事故が起きた場合のマニュアルを確認

点検先の食材などで事故が起きた場合、どのように対応するのかがマニュアルにまとめられているかどうかを点検します。

マニュアルに必要な項目は、事故の第一報を受けてから解決、歯止めまでの対応と外部の報道機関、材料の納入先への連絡がどのようになされるかが決まっているかを点検します。

さらに、重要な点検項目として、対応窓口が誰になっていて、日常どんな教育を受けているかも確認します。

特に、外部の報道機関などへの対応は、一瞬の間違いが繰り返し報道される可能性があるため、充分な注意が必要となります。

以前にあった「私は寝ていないんだ」発言のように、報道機関とのやり取りでは、一瞬の発言ミスが会社の存続さえ決めることになります。

したがって、事故発生時の対応担当者が、日頃からマニュアルを作成していることが非常に大切になります。

◉従業員、近隣への配慮が考えられているか

次に、マニュアルの中に事故発生時に近隣や従業員への配慮がなされているかを確認します。

大きな食品事故が起こるとテレビの中継車が何台も点検先に集まってきて、交通渋滞などが発生します。その結果、近隣へ迷惑をかけることが予想されます。

また、通勤途中の従業員に対するインタビューも行われます。その際、日頃から充分な教育を行っていないと問題が起きます。

「床に落ちた製品も拾って使っています。3秒ルールというのがあって、床に落ちても3秒以内なら使用してもいいとパート仲間うちでは、いつも話しています」

「ネズミが作業場を50匹以上走りまわっていて、責任者に話しても何の対応もしてくれません」

こんな従業員の声が、繰り返しテレビ画面から流れる事態になりかねません。こうなってしまうと、テレビ画面から流れている仕入れ先の原料の使用を続けることは不可能になります。

製品事故発生時の対応マニュアル

◉マニュアルに必要なこと

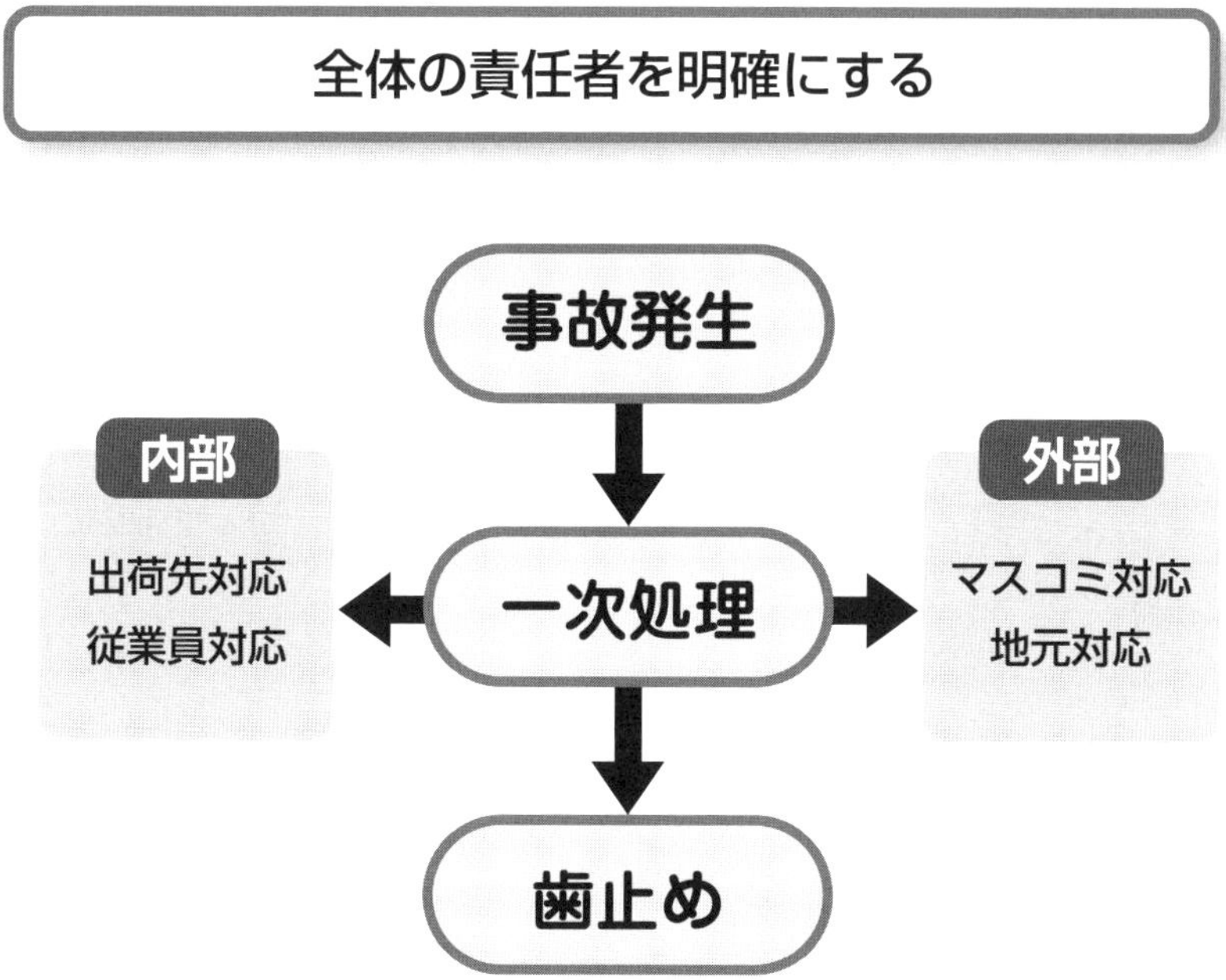

点検のポイント

❶ 事故対応マニュアルが文書でまとめられているか
❷ 第一報から解決までの窓口が明確になっているか
❸ 日頃からマスコミ対応の部署があるか

評価の内容	評価	点検のポイント		
		❶	❷	❸
まったく問題がない	5			
ほとんど問題がない	4			
まあまあできている	3			
ほとんどできていない	2			
まったくできていない	1			

合計　　　　点

55 過去のクレームデータ

◉原料クレーム、製品クレームの双方を確認する

「私どもに供給している原材料以外でのクレームとしては何がありますか」

「クレーム全体をまとめた資料を見せていただけますか」

自社が仕入れている材料以外も含めて、このように質問をして、点検先でのすべてのクレームを確認します。

その際、クレームは、出荷した製品と、使用した原料に由来する双方のクレームを確認します。もちろん、点検先からすべての得意先に出荷されたものを含みます。

もし、「守秘義務があるため見せられません」と言われた場合は、入荷してきている原料物の異常記録を確認します。

そして、点検先の仕入れ原料クレームの一覧表ができているかどうかも確認をします。層別に分析ができているか、発生ごとの対応がどのようになっているかも同時に確認します。

具体的には、クレーム件数を出荷単位で割って1ppm（100万分の1）以下であることが必要になります。1ppmを超える場合は、クレームを減らすためにどんな対策を取っているかを具体的に確認をします。

「鮭をほぐした身に骨が混入していた」

「殻をむいたゆで卵の表面に卵の殻がついていた」

どちらもよく聞くクレームです。

「魚だから骨がついていても仕方がないよ」

「卵の殻がついていたって、カルシウムだと思って食べてくれればいいのに」

点検先の担当者が、たとえ冗談でもこのように言ったとしたら、クレームに対して前向きな仕入れ先ではないと判断してください。

◉レベルが向上しているかの確認

次に、過去5年間のクレームの発牛率を確認します。

「そんなデータは取っていないよ」

このように言われるかもしれませんが、過去5年間のクレームデータを確認して、出荷数量で割ったとき、クレーム発生率が減ってきているかどうかを点検します。

過去のクレームデータ

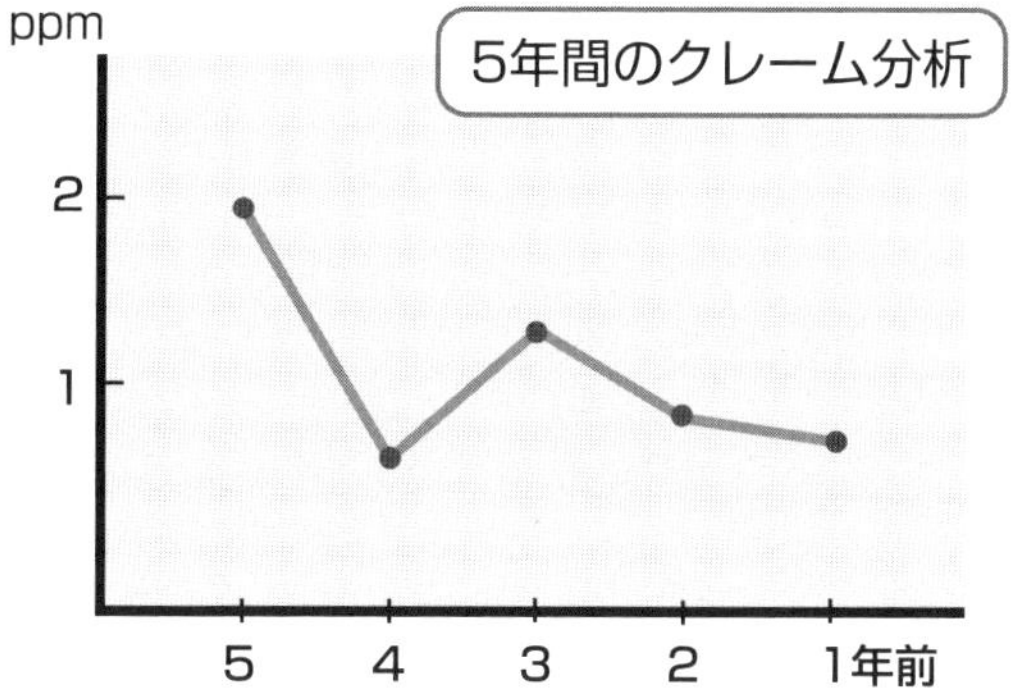

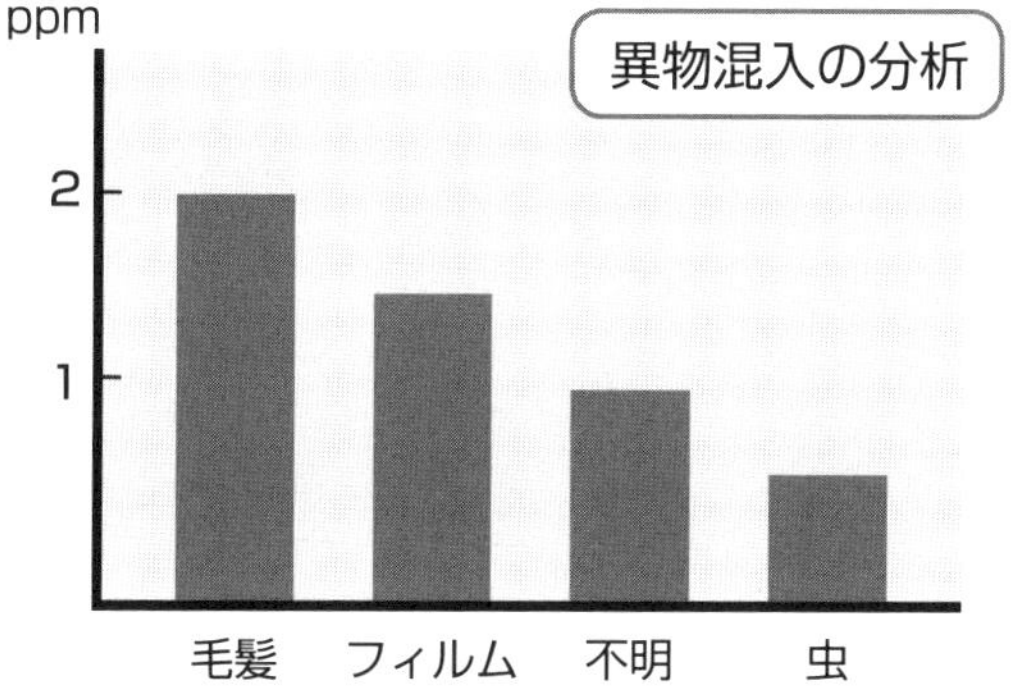

点検のポイント

❶ 点検先のすべてのクレームを確認する
❷ 点検先の原料由来のクレームを確認する
❸ 過去５年間のクレームを確認する

評価の内容	評価	点検のポイント		
		❶	❷	❸
まったく問題がない	5			
ほとんど問題がない	4			
まあまあできている	3			
ほとんどできていない	2			
まったくできていない	1			

合計　　　　点

COLUMN 5

アニマルウエルフェアとは？

●動物が幸せに一生を終えているかを調査する

前述のように、アニマルウエルフェア（Animal Welfare）を直訳すると、動物の幸せ、幸福、福利、厚生と訳すことができます。機械のように扱われてしまう動物の一生を、幸せに過ごしてもらうためにはどうしたらいいかを考えることが、アニマルウエルフェアという発想になります。

たとえば卵を産む鶏であれば、卵を産む環境、卵を産み終わってから肉用に処理されるまでの環境が、鶏にとって幸せかどうか、ということです。

ヒヨコは孵化して１週間くらいのとき、くちばしを焼き切ります。これは、鶏が 10 羽いると、１番から 10 番まで順位づけがされてしまいます。そして、その群れでもっとも弱いヒヨコの尻をつついて死なせてしまうからです。

そこで、尻つつきを行っても死んでしまわないように、ヒヨコのうちにくちばしを焼き切って、平らにしてしまうのです。しかし、本来の姿を変えることは、動物にとって幸せかどうかを考えなくてはなりません。

●どのぐらいの広さがあれば幸せなのか

採卵鶏は通常、ケージ（金網でできたとりかご）の中で飼育されます。では、ケージの広さがどの程度あれば幸せな生活と言えるのでしょうか。

私は、ケージで飼うこと自体、動物にとって不幸せであると考えます。

本来は、田舎の家のように、囲いのない広い庭で自由に卵を産んでいた鶏が、飼育の効率性からケージ飼いになり、広さも経済効率だけを優先して決められています。

通常は、60㎝× 40㎝のケージに７羽程度が飼育されています。この大きさが、日本の標準的なケージの大きさになります。

ＥＵ（欧州連合）では、2012 年までは採卵種の鶏を飼う場合、１羽当たり 750㎠以上の大きさが必要となりました。これは、日本のサイズの倍の大きさです。

さらに、2012 年以降は従来型のケージは使用禁止となっています。

6章

品質管理の状況

56

品質管理部門の状況

◉独立した品質管理組織があるかどうか

仕入れ先によっては、品質管理部門がまったくない点検先もあります。

左図のタイヤが転がるとき、1輪車であれば倒れやすくなりますが、タイヤを2つにして2輪車にすれば倒れにくくなります。品質管理部門にも、これと同じことが言えます。

品質管理部門は、売上の小さな仕入れ先では軽視されがちで、組織自体がない場合もあります。しかし、どんな小さな規模の仕入れ先でも、絶対に必要な組織と言っても過言ではありません。

入社したばかりで、1日4時間勤務の人を品質管理担当として紹介される場合がありますが、その際は品質管理担当の人の1週間、1日4時間の業務内容とそれを記した帳票を確認します。

点検があるときだけ品質管理担当と称して、日常は会計、仕入れなどの業務を行っている仕入れ先もありました。そのため、業務実態までの監査が必要です。

また、品質管理業務は出荷している製品の細菌検査だけをすればいいという考え方がありますが、タイヤが倒れないような社内監査業務が行われることが重要です。社内監査のための品質管理業務の教育が、どのようになされているかについて聞き取り調査をします。

◉派遣社員の品質管理の場合も監査する

派遣社員に品質管理を任せているという表現をする場合もあります。その際は具体的に、出荷している材料の細菌検査を任せているのか、作業場の目視検査、帳票の監査までを任せているのか確認を行います。

さらに、品質管理の派遣社員が作業場に月に何回来て、どんな作業を何時間しているか、現場で気がついた点をどんな帳票に残して現場と調整しているかについて点検します。

品質管理の派遣社員が定期的に、たとえば毎週月曜日、毎月25日などと決められてきている場合は、帳票などが点検日に合わせて後から記載されている場合があるため、注意が必要です。

品質管理部門の状況

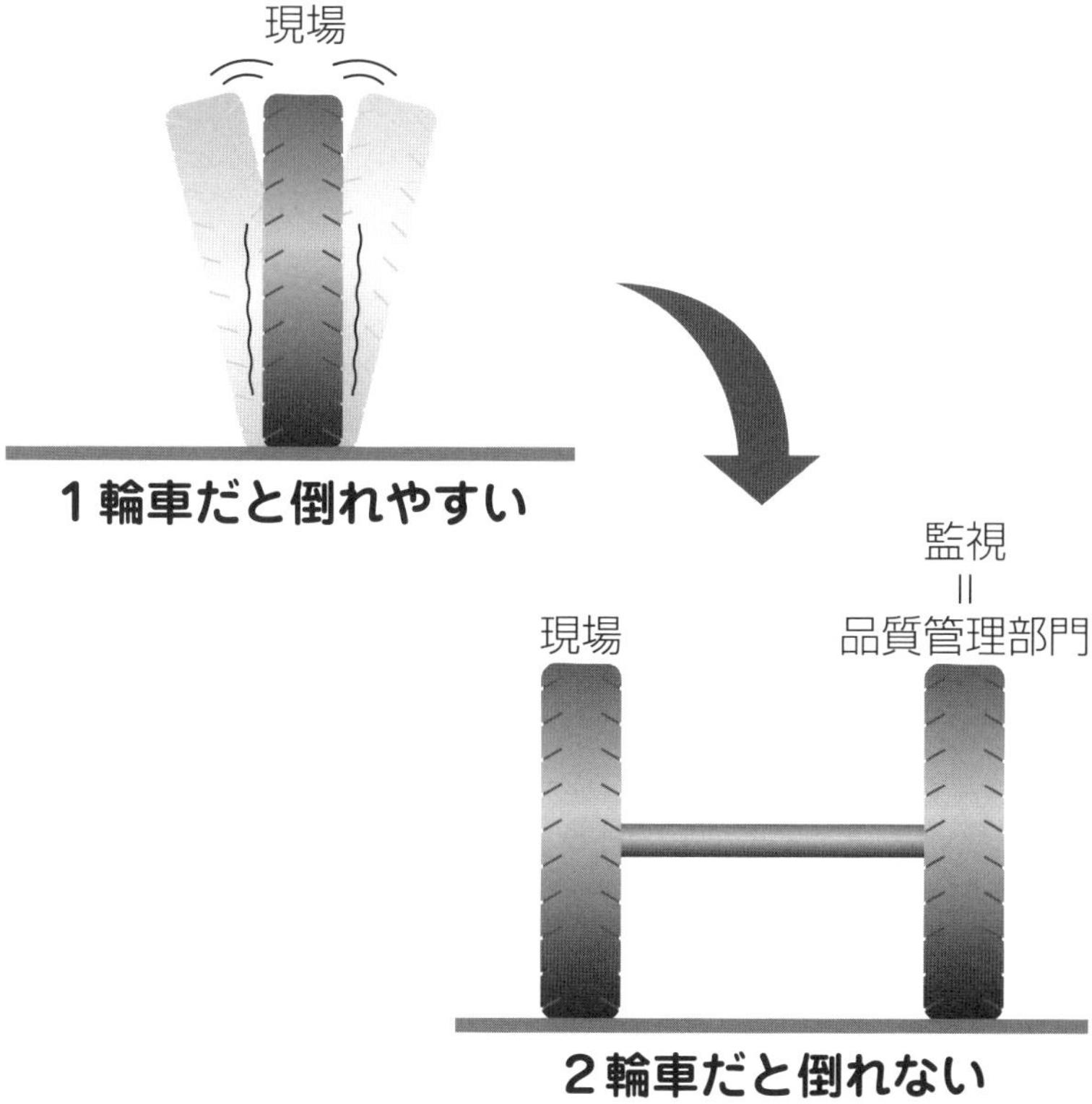

点検のポイント

❶ 独立した品質管理の組織があるか
❷ 品質管理の担当者が、本当に品質管理の仕事をしているか
❸ 品質管理の担当者が派遣社員の場合、点検方法に問題はないか

評価の内容	評価	点検のポイント		
		❶	❷	❸
まったく問題がない	5			
ほとんど問題がない	4			
まあまあできている	3			
ほとんどできていない	2			
まったくできていない	1			

合計 ＿＿＿ 点

57 品質管理部門の位置づけ

◉組織図上の位置づけを確認する

仕入れ先において、組織図上で品質管理がどう位置づけられているかを確認します。上司は誰か、部下がいるのかどうか、部下を含めての業務内容はどうなっているのか、などを確認するのです。

点検先が独立した法人の場合は、製造の責任者が社長で、品質管理の責任者も社長という場合があります。組織のピラミッドの頂点が製造責任者の場合は、責任者の倫理観がすべてを支配してしまいがちです。

そこで、品質管理の人が作業場の品質について疑問を持ったときはどうするか定めてあるかを点検します。

「何があっても、社長の言うことを聞かないとクビになってしまうので、聞かなくてはならないのです」

品質管理の責任者が、このように答えるようであれば問題があります。

外部機関へのホットラインのようなものが設置され、社長が暴走したときにチェックする機能があるかどうかも点検しましょう。

◉日常の報告状況を確認する

次に、毎日の作業場の問題点を品質管理担当が点検したとき、誰に報告し、報告したことがどのように処理されているかを点検します。

「毎日点検していますが、特に問題ありませんので報告はしていません」

このように言われたら、次の質問をしてみます。

「作業場で発見した異物混入に対して、仕入れ先にどのように連絡していますか」

「私どもからのクレームに対してはどのような点検をして、誰に報告していますか」

作業中にまったく異物が見つからないことも、原料を使用していてクレームがまったく発生しないこともあり得ません。ですから、この質問で品質管理の人が毎日どのように活動していて、どのように報告しているかを確認することができます。

また、報告のレポートに対してきちんと対策が取られているかどうかも確認します。

品質管理の位置づけ

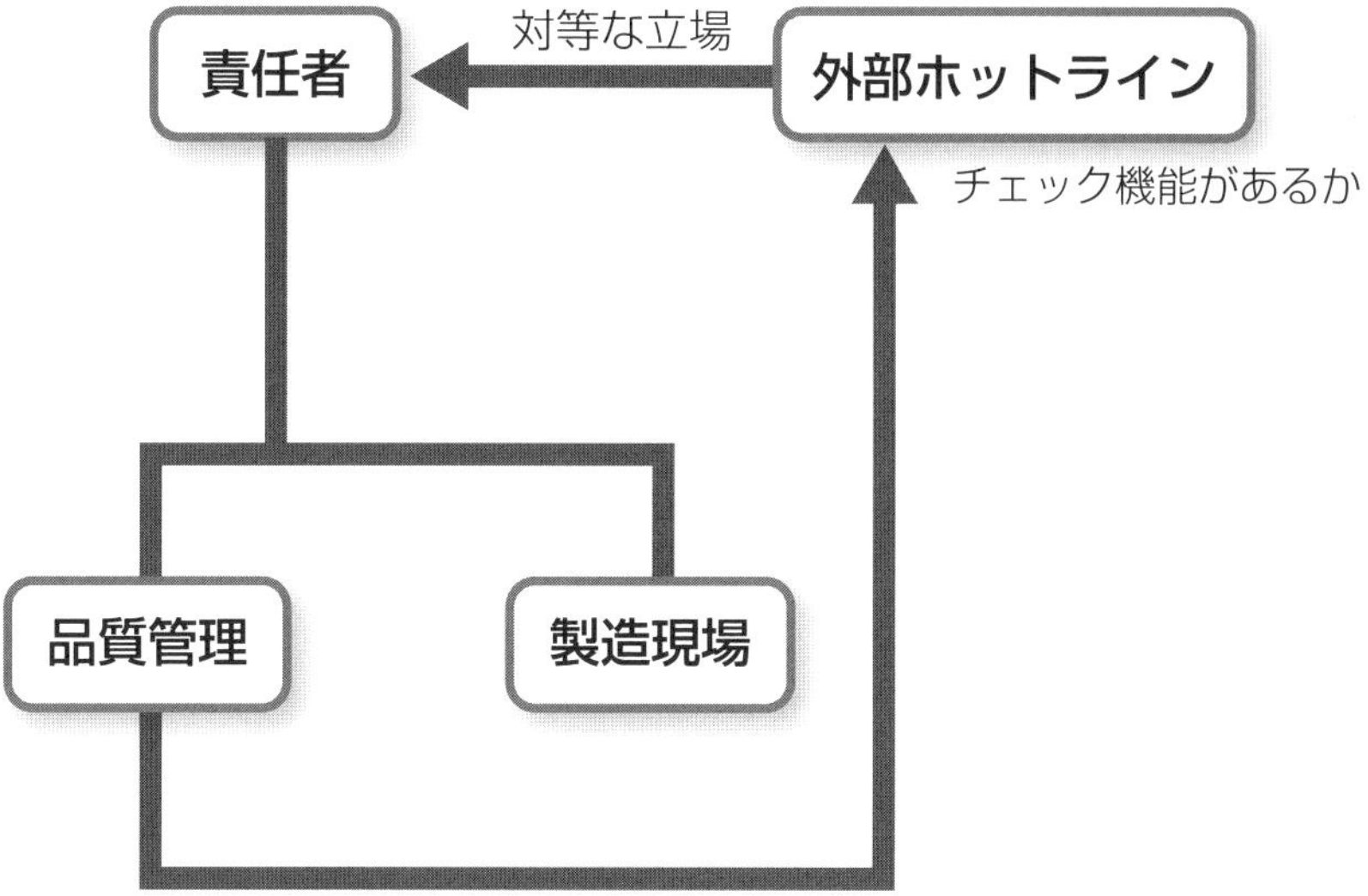

点検のポイント

❶ 組織図の位置づけを確認する
❷ 外部機関へのホットラインがあるか確認する
❸ 日常の問題点の処理方法を確認する

評価の内容	評価	点検のポイント		
		❶	❷	❸
まったく問題がない	5			
ほとんど問題がない	4			
まあまあできている	3			
ほとんどできていない	2			
まったくできていない	1			

合計　　　　点

58 検査室が設置されているか

◉検査が本当に行われているか

「検査を行う検体は、どこに置いてありますか」

この質問をすれば、仕入れ先が細菌検査を本当に行っているかどうかがわかります。

細菌検査は、検体を賞味期限まで保管して検査を行うため、検体の保管がなければ細菌検査を行うことはできないからです。

検査には細菌検査、官能検査、理化学検査が含まれます。商品設計時に、出荷前に検査する項目が決められていますから、決められた検査が実際に検査室で行われているかどうかの確認を行います。

北海道の牛肉偽装コロッケ事件では、実際には行われていないサルモネラ検査を行ったことにして、陰性であると安全証明を納入先に対して発行していました。

また、点検先内に検査室がある場合は、検査室の検査精度の点検がどのようにして行われているかを確認します。

そして、同じ検体を仕入れ先と同時に外部検査機関などで検査を実施し、同じ検査結果が出るかどうかを確認する必要があります。

◉検査が正しく行われているか

「いつも菌が出てしまう」、あるいは「まったく菌が出ない」という検査結果を聞くことがあります。

細菌検査を行っていて菌がまったく出ないということで確認したところ、培地をシャーレに流す温度が高すぎて細菌が死んでしまっていたことがあります。

逆に、細菌を希釈する希釈水の殺菌が不充分であれば、本来無菌でなければならない希釈水から細菌が検体に入ってしまい、すべての検査で悪い結果が検出されてしまいます。

そこで、検査室の検査が正しく行われているか、また、検査機械をどのように校正しているかを確認します。

毎日の校正は、すべての検査機械で実施する必要があります。官能検査を行う官能検査員においても毎日体調管理を万全にして、閾値《いきち》（味をやっと感じる濃度）の食塩水などによる校正が必要になります。

料金受取人払郵便

神田局
承認

7635

差出有効期間
2024年４月30
日まで

郵便はがき

1 0 1-8 7 9 6

5 1 1

(受取人)
東京都千代田区
神田神保町1－41

同文舘出版株式会社
愛読者係行

毎度ご愛読をいただき厚く御礼申し上げます。お客様より収集させていただいた個人情報は、出版企画の参考にさせていただきます。厳重に管理し、お客様の承諾を得た範囲を超えて使用いたしません。メールにて新刊案内ご希望の方は、Ｅメールをご記入のうえ、「メール配信希望」の「有」に○印を付けて下さい。

図書目録希望	有	無	メール配信希望	有	無

フリガナ お名前		性　別 男・女	年　齢 才
ご住所	〒 TEL　　　(　　　)　　　　Ｅメール		
ご職業	1.会社員　2.団体職員　3.公務員　4.自営　5.自由業　6.教師　7.学生 8.主婦　9.その他(　　　　　　　　　)		
勤務先分類	1.建設　2.製造　3.小売　4.銀行・各種金融　5.証券　6.保険　7.不動産　8.運輸・倉庫 9.情報・通信　10.サービス　11.官公庁　12.農林水産　13.その他(　　　　　　)		
職　種	1.労務　2.人事　3.庶務　4.秘書　5.経理　6.調査　7.企画　8.技術 9.生産管理　10.製造　11.宣伝　12.営業販売　13.その他(　　　　　　)		

愛読者カード

書名

◆　お買上げいただいた日　　　　年　　　月　　　日頃

◆　お買上げいただいた書店名　（　　　　　　　　　　）

◆　よく読まれる新聞・雑誌　（　　　　　　　　　　）

◆　本書をなにでお知りになりましたか。

1．新聞・雑誌の広告・書評で　（紙・誌名　　　　　　　　）

2．書店で見て　3．会社・学校のテキスト　4．人のすすめで

5．図書目録を見て　6．その他（　　　　　　　　　　）

◆　本書に対するご意見

◆　ご感想

- 内容　　良い　普通　不満　その他（　　　　　　）
- 価格　　安い　普通　高い　その他（　　　　　　）
- 装丁　　良い　普通　悪い　その他（　　　　　　）

◆　どんなテーマの出版をご希望ですか

<書籍のご注文について>

直接小社にご注文の方はお電話にてお申し込みください。宅急便の代金着払いにて発送いたします。1回のお買い上げ金額が税込2,500円未満の場合は送料は税込500円、税込2,500円以上の場合は送料無料。送料のほかに1回のご注文につき300円の代引手数料がかかります。商品到着時に宅配業者へお支払いください。

同文舘出版　営業部　TEL：03－3294－1801

検査室が設置されているか

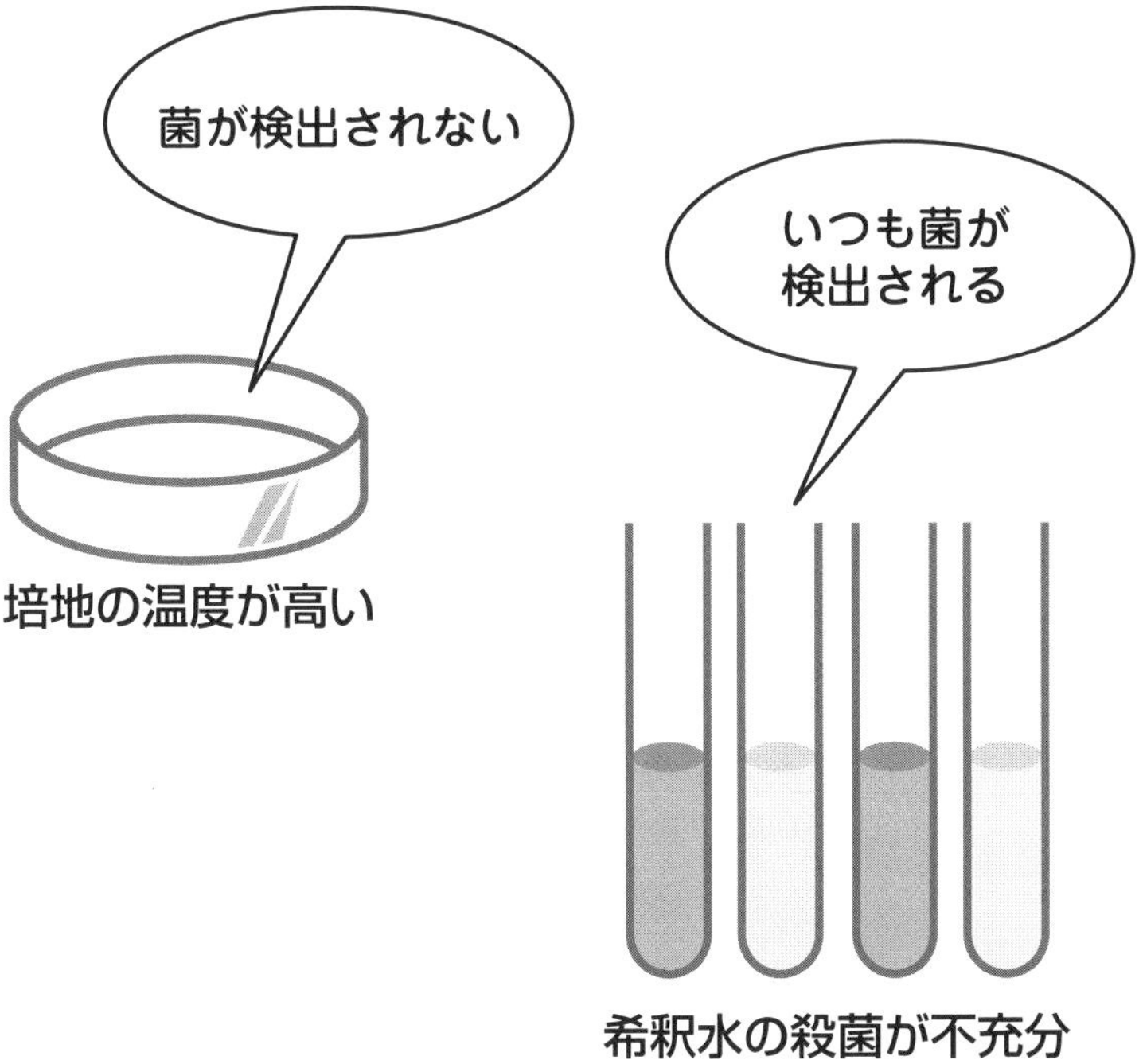
菌が検出されない
培地の温度が高い
いつも菌が
検出される
希釈水の殺菌が不充分

点検のポイント

❶ 検査を本当に行っているか
❷ 検査が正確に行われているか
❸ 検査機械の校正が行われているか

評価の内容	評価	点検のポイント		
		❶	❷	❸
まったく問題がない	5			
ほとんど問題がない	4			
まあまあできている	3			
ほとんどできていない	2			
まったくできていない	1			

合計　　　点

59 製品検査、原料検査、工程検査の実施状況

◉検査の基準値を満たしているか監査する

検査については、材料を仕入れる際に打ち合わせたとおりの検査が行われているかどうかを監査します。この検査には、細菌検査だけでなく、官能検査、理化学検査も含まれます。

また、製品検査は最終の材料になってからの検査だけでなく、中間品、仕掛品の検査がされているかどうかも確認します。

たとえ納入時に約束した検査頻度が、「月に1回検査して報告をしてください」というものであっても、検査頻度はその約束以上に自主的な検査が必要です。

仕入れ先が使用している原料については、原料の産地や、原料の仕入れ先が変更されたときなどに、実際にそれらが使用される前に検査が行われているかどうかを確認します。

たとえば凍結鶏肉では、タイ産の鶏肉とブラジル産の鶏肉でから揚げをつくったとき、味も食感もまったく別物になった経験があります。

このように凍結鶏肉という同じ食材であっても、産地によってまったく別物になってしまう事例もあるため、ロットが異なったときに原料の検査が行われているかの点検が必要です。

◉工程検査は細菌検査だけではない

食中毒の要因には、物理的危害、化学的危害、生物的危害などがあります。工程検査では、この3種類の危害についての検査が行われていることが重要になります。

たとえば、野菜サラダにガラス片が混入し、お客様が口を切ってしまうという事故が発生したとします。

しかしこれは、混入するようなガラス製品がないかどうかを、日常の工程検査で行っていれば防げた事故ということになります。

また、細菌検査の拭き取り検査を行うときに、物理的危害や化学的危害があるかどうか、もしあった場合はどのような記録を残しているかを確認し、点検を行います。

そして、検査結果は記録が残され、問題があったときには対応状況が記載されている必要があります。

製品検査、原料検査、工程検査

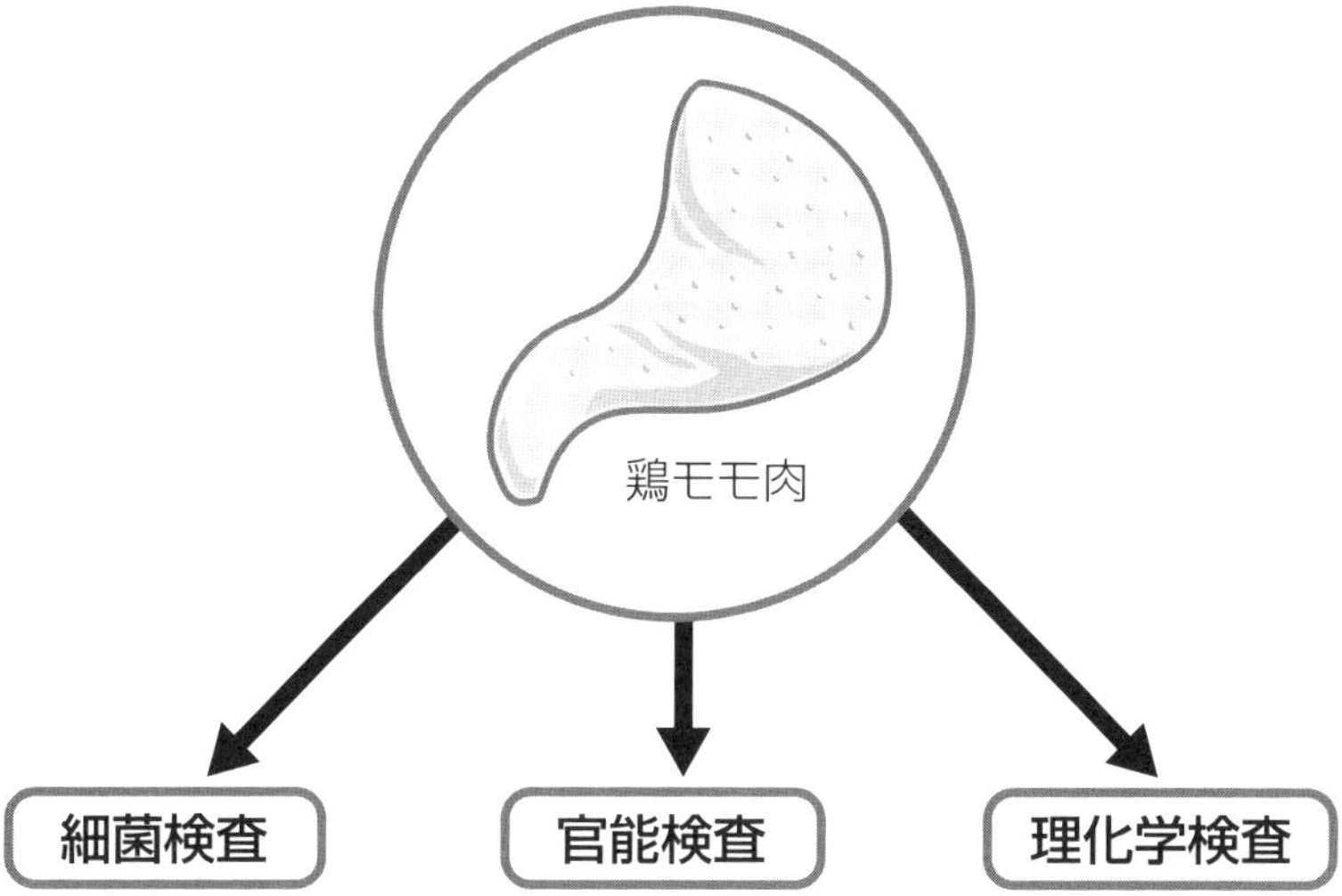

充分な頻度で検査が行われているか

点検のポイント

❶ 細菌検査、理化学検査、官能検査が実施されているか
❷ 充分な頻度で検査が実施されているか
❸ 異常時は記録が残されているか

評価の内容	評価	点検のポイント		
		❶	❷	❸
まったく問題がない	5			
ほとんど問題がない	4			
まあまあできている	3			
ほとんどできていない	2			
まったくできていない	1			

合計　　　　点

60 品質管理の検査結果の解析状況

◉現場が動くように解析しているかを監査する

ＩＳＯの審査では、品質管理の検査結果を単純にグラフ化しているだけでも合格してしまいます。ＩＳＯの審査を通るためだけであれば、検査結果の単純なグラフ化で充分ですが、せっかく経費をかけて検査した結果を作業場での改善に活かすために、どのように解析されているかを点検します。

たとえば細菌検査結果の分析では、細菌結果の数値を対数を取ることで非常にわかりやすいグラフを書くことができます。

また、検査した結果を表で表わした場合、左図のようにグラフ化した場合は作業場に対する訴え方が異なってくるため、検査した結果が適切にまとめられているかどうかを点検します。

◉異常値に対して手が打たれているか

検査結果のグラフ化を行い、毎日グラフに記録していると、異常値が出る場合があります。そこで、異常値に対して、具体的にどのような手を打ったかの確認が必要です。

細菌検査で大腸菌群が検査結果に出た場合、加熱後の商品であれば二次汚染の可能性があるため、加熱後の拭き取り検査などがなされているかを点検します。

大腸菌群が加熱後に検出されているのに、加熱前の原料を検査してもまったく意味がないからです。

また、二次汚染の可能性があるため、作業者のエプロンを毎日使い捨てのエプロンに交換するようにしたと、グラフに記載があったとします。

しかし、本当に毎日エプロンを交換しているかどうか、毎日仕入れ先に確認にくるわけにはいきません。

そこで、エプロンの仕入れ数量と現在の在庫枚数を調査し、仕入れから現在までの使用枚数が理論的に正しいかどうか確認することで、記載の歯止めがきいているか点検を行うことができます。

たとえ点検時に、グラフに手を打ったという記入があっても、本当に行っているかどうかという、さらに一歩進んだ点検が必要なのです。

品質管理の検査結果の解析状況

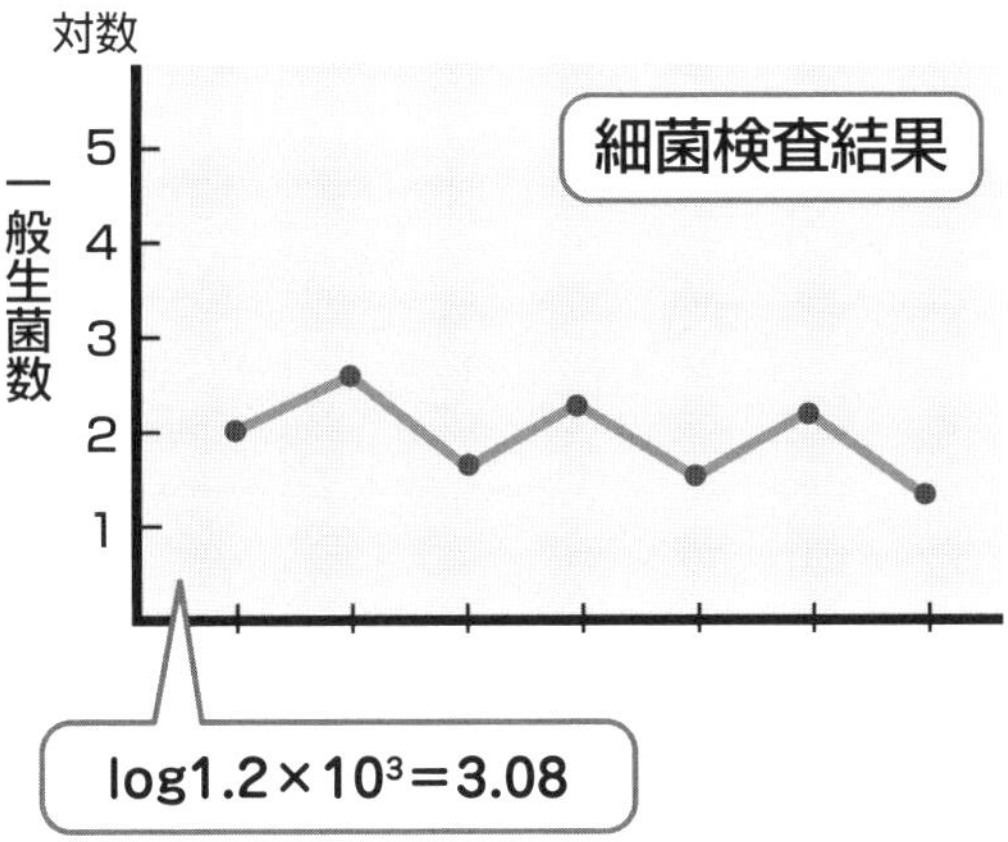

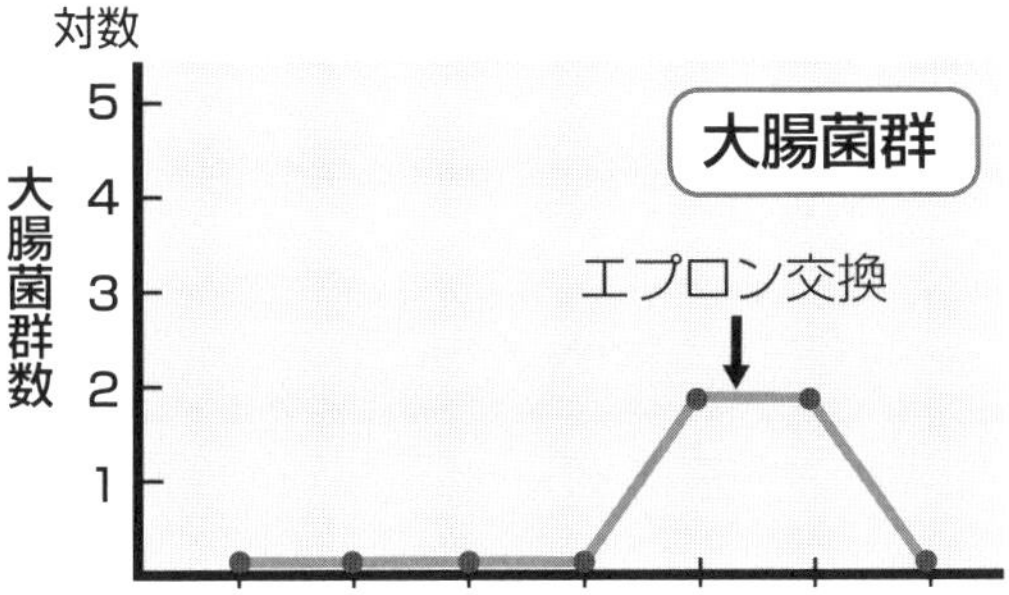

点検のポイント

❶ 検査結果がわかりやすくまとめられているか
❷ 異常値への対応が記載されているか
❸ 対応策が本当に実施されているか

評価の内容	評価	点検のポイント		
		❶	❷	❸
まったく問題がない	5			
ほとんど問題がない	4			
まあまあできている	3			
ほとんどできていない	2			
まったくできていない	1			

合計 　　　　点

61 品質管理の結果の改善状況

◉改善の提案が現場に反映しているか確認する

エプロンの使用に関して、毎日同じエプロンを洗浄して使用していた作業場で大腸菌群が検出され、使い捨てのエプロンを使用することになったとします。

その場合、エプロンの使用に関して現場に本当に伝わっているか、確認・点検を行います。つまり、現場の作業者に聞き取り調査を行うのです。

「エプロンの使い方が変わったのを知っていますか」

「いつからエプロンの使用を変更しましたか」

この2つの質問で、本当に実行しているかどうかを把握することができます。

そして、エプロンの使い方の現場表示が変更になっているか、新人の教育資料の内容が変更になっているか確認します。

さらに、資材担当者に質問してみましょう。

「エプロンは毎日何枚使用するつもりで仕入れを行っていますか」

「1週間に1枚の予定で仕入れをしています」

こんな答えが返ってくるようであれば、きちんと伝わっていないことが確認できます。

◉帳票・マニュアルへの反映を確認

検査データにおいて一般生菌数が高く、その対応策として加熱する時間を25分から30分に変更したケースを考えてみます。

記録上は、細菌数が落ちていて問題はないのですが、本当に加熱時間を変更しているかの点検が必要です。

具体的には、加熱工程のマニュアルが修正されて、現場に配布されているかどうかを点検します。現場の加熱工程の帳票を点検し、さらに加熱時間を変更した日の前後1週間の帳票を点検して、加熱時間が本当に延びているかどうかを確認します。

そして、加熱時間を変更したことで製品に影響がなかったかを、官能検査、細菌検査で確認を行っているかも同時に点検します。

また、出荷先に仕様書変更の連絡を行い、その承認をもらっているかどうかの確認も必要です。

品質管理の結果の改善状況

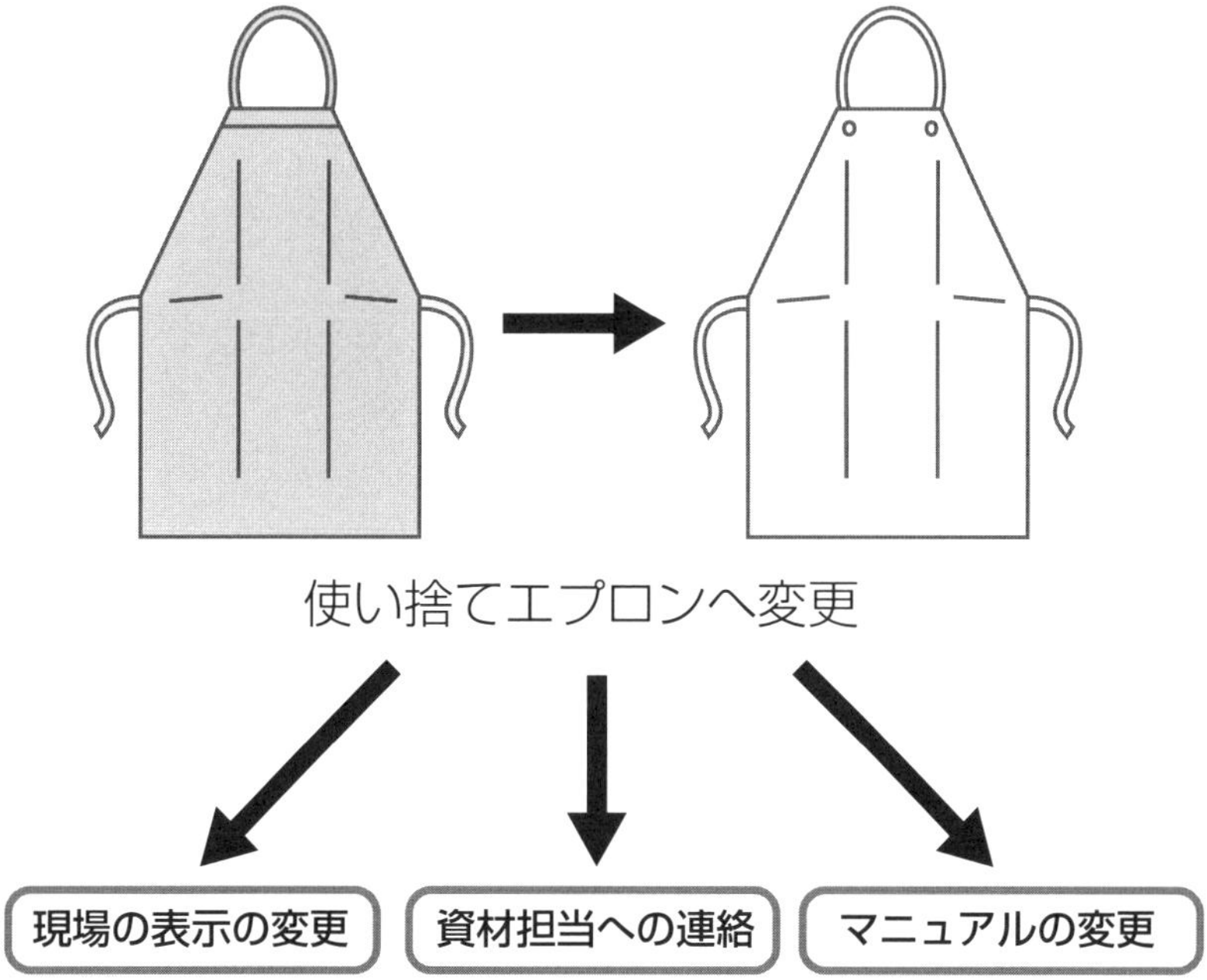

点検のポイント

❶ 現場で使用している表示が変更になっているか
❷ 資材を仕入れている部署まで伝わっているか
❸ 出荷先に連絡し承認をもらっているか

評価の内容	評価	点検のポイント		
		❶	❷	❸
まったく問題がない	5			
ほとんど問題がない	4			
まあまあできている	3			
ほとんどできていない	2			
まったくできていない	1			

合計　　　　点

62

品質管理基準の状況

◉工程ごとに矛盾がないかを確認する

検査は点検先から仕入れている食材のうち、一番古くから仕入れている商品と一番最近仕入れを開始した商品で点検を実施します。

仕入れている食材が少ない場合は、すべての商品に関して点検を行います。

その際、仕入れを開始したときに交わした商品規格書の品質に関する基準と、実際に現場で行っている品質基準に差異がないかの確認が必要です。

たとえば殺菌加熱時間などは、さまざまな商品を同じ加熱機械で殺菌加熱するために、現場で数種類の商品の殺菌加熱時間を合わせて、同じ時間で処理してしまう場合があります。

つまり、商品Ａ＝５分、Ｂ＝７分、Ｃ＝６分と設定してある商品を、すべて６分で加熱処理していることもあるため、日報上で確認をする際、同じ時間で加熱処理していないかを確認します。

食材ごとの殺菌加熱時間は、意味があって設定されています。現場の勝手な判断で殺菌加熱時間を変更することは許されません。

点検中、加熱時間の変更に気がついた場合は、帳票をすべて見直して、いつから変更したのか、変更するときに誰の承認を得て変更したのかを確認します。

◉常に新しいデータに更新されているかを確認

次に、点検先の作業場で加熱工程、冷却工程などの工程ごとに、帳票が新商品の殺菌時間、冷却時間と整合がとれているかを点検します。

また実際の作業場では、アイテムごとのマニュアルで作業をするのではなく、工程ごとの一覧表で作業を行うため、一覧表が常に最新のものかどうかを点検します。

もし、点検先の作業者が、自分の手帳に書いてあるメモで作業をしている場合は要注意です。

品質管理基準が決められていない仕入れ先では、各作業者が自分自身のメモで作業を行っている場面を見かけます。メモはあくまでメモでしかないという指導が必要になります。

品質管理基準の状況

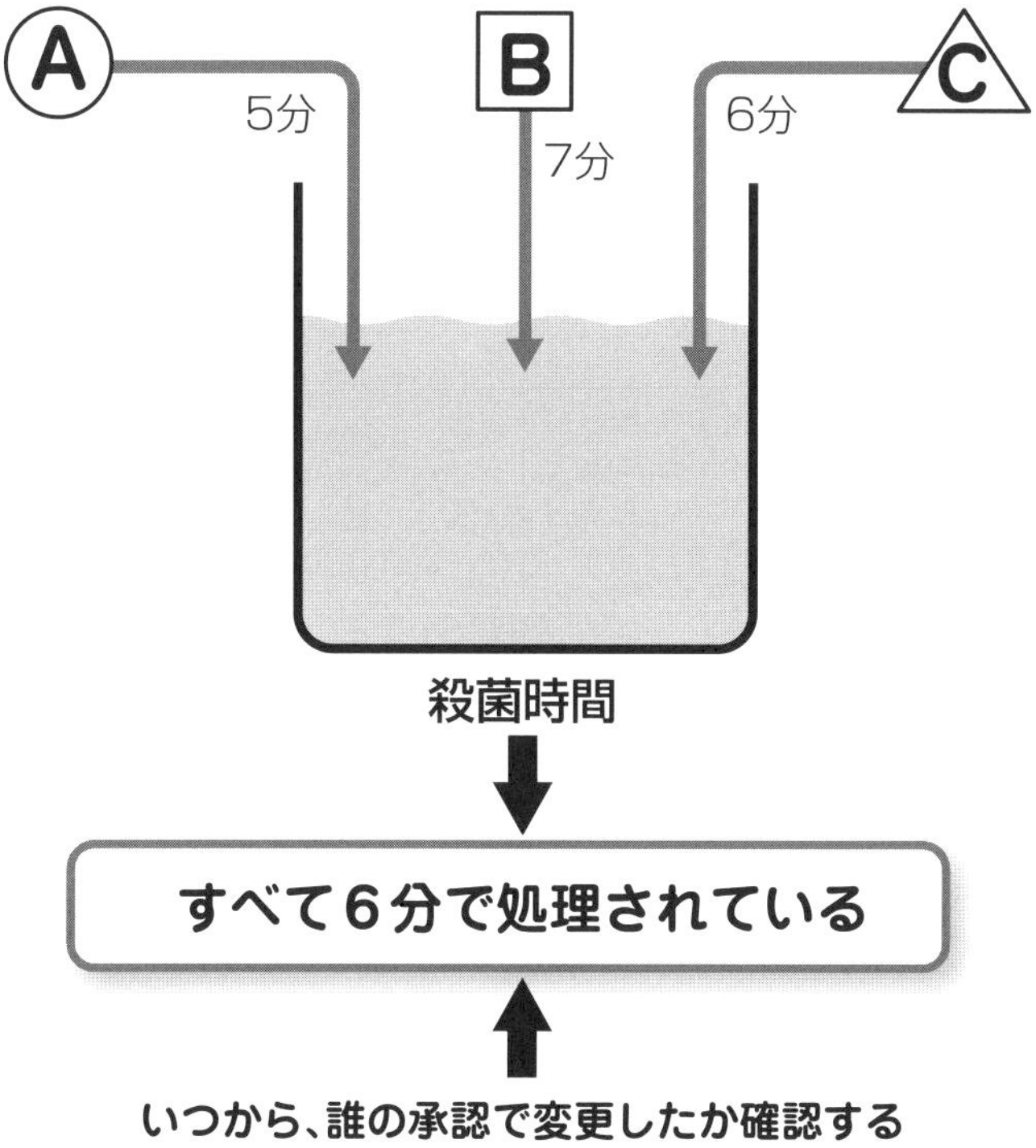

点検のポイント

❶ 食材の製造条件が仕入れ開始時と同じか
❷ 帳票と同じ条件になっているか
❸ 作業は帳票を見ながら行われているか

評価の内容	評価	点検のポイント		
		❶	❷	❸
まったく問題がない	5			
ほとんど問題がない	4			
まあまあできている	3			
ほとんどできていない	2			
まったくできていない	1			

合計　　　点

63 異物混入対策の状況

◉過去の経験が活かされているか

点検先で発生した、過去の異物混入のデータを確認します。

データから、全体の数字が増えているのか減っているのか、異物混入数は出荷単位当たり何ｐｐｍに該当するのか、また、分析がどのように行われているかを確認をするのです。

まず、出荷単位当たり何ｐｐｍの異物混入があるかを確認をします（ｐｐｍ＝１００万分の１。１００万パック製造して１パック不良品があれば１ｐｐｍになる）。危険異物の混入がたとえ1回であっても、確実な対策が取られているかが重要になります。

たとえば、現場に持ち込んだ温度計のガラス部分が割れて混入した経験がある場合は、作業場に持ち込む測定器はすべてガラス製品を使用しないようになっているかどうかを確認します。

また、作業着のボタンが取れて混入した経験のある作業場では、作業着がボタンのないものになっているかどうかの確認が必要です。

◉異物混入が発生しないようなしくみを考えているか

次に、異物混入防止に対するハードルが毎年上がっているかどうかを確認します。

毛髪の混入が続いている仕入れ先であれば、髪の毛がつきにくい構造や材質の作業着に変更しているか、帽子を変更しているかの確認が必要になります。

また、毛髪混入のクレームが起きるたびに鏡の数が増えているかどうかを確認します。

忘れがちなのは、作業着は消耗品ということです。古い毛羽立った作業着は、髪の毛がついてもとれにくくなります。

たとえば、これまでは破れるまで使用していた作業着を、2年に1回必ず交換するようにした。それでも髪の毛の混入がおさまらないため、毎年交換するようにした。なお改善されないので、50回洗濯したら交換することにしたといったように、常にハードルを上げるしくみを実行しているかを点検します。

異物混入対策の状況

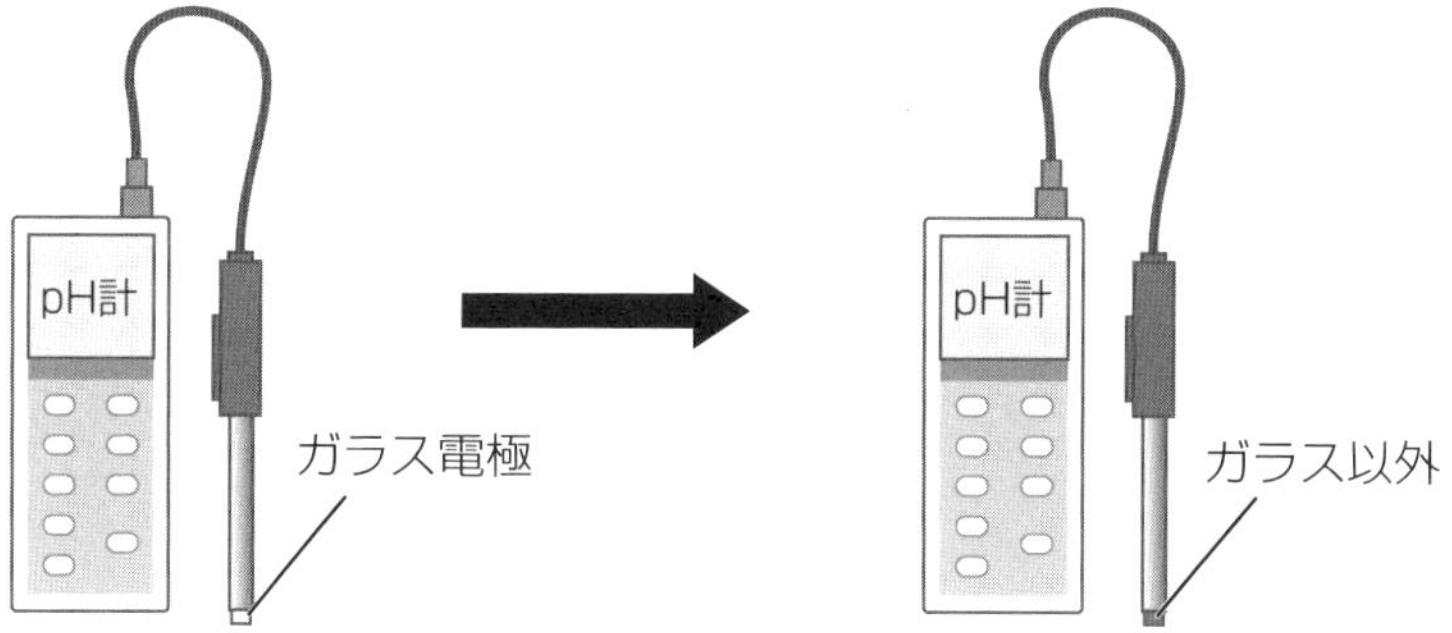

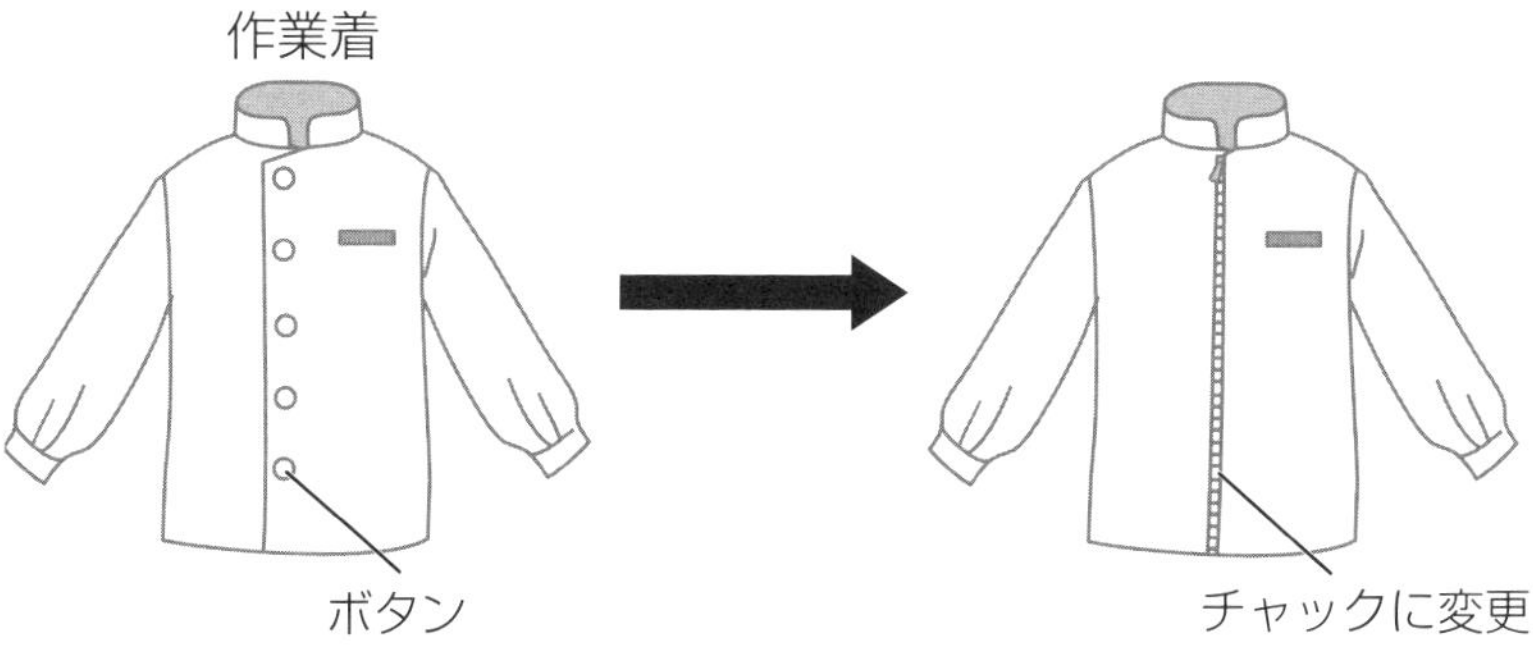

点検のポイント

❶ 異物混入のデータがまとめられているか
❷ 危険異物対策は取られているか
❸ 毛髪混入対策は充分か

評価の内容	評価	点検のポイント		
		❶	❷	❸
まったく問題がない	5			
ほとんど問題がない	4			
まあまあできている	3			
ほとんどできていない	2			
まったくできていない	1			

合計　　　　点

COLUMN 6

食品を取り扱う人のノロウイルス対策・基本の基本２

●ノロ対策は手洗いにはじまり手洗いに終わる

ノロウイルス対策は手洗いにはじまり、手洗いに終わると言って間違いありません。

手洗いの基本はまず手指の点検から入ります。指輪、時計、ミサンガなどの装飾品を身につけていないこと、爪は短く手入れされていること、手荒れがないこと、以上を確認した上で手洗いを実践します。

手洗いはまず、手を濡らし、手洗い洗剤をつけ細かい泡が立つまで30秒程度手で泡を立てます。洗剤をこする工程が30秒必要なのです。

手首、肘まで洗うことが必要になります。

手洗い洗剤を手で泡立てるとわかりますが、時間を経つにしたがって、泡が細かくなってメレンゲのように泡が立ってきます。

細かい泡になって初めて、手指からウイルスを取り除くことができるのです。

水で流し、ペーパータオル、エアージェットなどで水分を除去します。経費節減のために充分な水量が出ない手洗い設備があるので注意が必要です。

エアージェットは、フィルター内部など頻繁に清掃を行わないとせっかく洗った手を汚染することがありますので、ノロウイルスの流行の時期は使い捨てのペーパータオルがおすすめです。

トイレから出るときには、トイレのノブ、電気のスイッチなどに触れることなく出ることのできる設備が必要です。

●手で触れるところの清掃を徹底する

ノロウイルスにかかった人が出勤してきたという前提で考えてください。

たとえ下痢などの症状がなくても保菌者はいます。出勤してきてから、作業者が手で触れるところの清掃を徹底します。

ノロウイルスに有効なのは塩素ですので、200ｐｐｍ程度の塩素で消毒したタオルで徹底的に拭き上げます。

スイングドアなどを使用している場合は、手の触れるところにステンレスの板を張り付けると毎日拭き上げても腐食などが起きません。しかし、鉄の成分でできているドアなどは塩素で拭き上げると、腐食が発生してしまいます。

電話、ＦＡＸ、コピー、電気のスイッチ、設備のスイッチなども徹底的に拭き上げます。塩素を使用すると腐食してしまいますので、アルコールなどを使用してとにかくきれいにします。

共用のパソコンなどのキーボードなども拭き上げます。

手の触れるところがきれいになっているかどうかで、工場のノロウイルス対策がわかると思います。

●下痢などの症状が出た場合

ノロウイルスにかかった場合は、病院に行って水分を充分に取って静養しているしか対応はありません。

ただし、家庭内感染を防ぐ必要があります。

トイレが２つ以上ある家庭では、下痢の症状のある人と他の人とで使用するトイレを分けます。

嘔吐物などでシーツ、タオルなどが汚れた場合は、洗濯機に入れる前に下洗いを行ってから洗濯機に入れます。また通常の洗濯物とは区別して洗濯を行います。

このときに脱水まで終わってから、塩素系の漂白剤を入れて再度洗濯することが、家庭内感染を防ぐのに有効です。

便、嘔吐物などを処理する場合は、使い捨ての手袋を使用することが有効です。

手袋がなかったら、ビニール袋に手を入れて直接手に触れないことが必要になります。

嘔吐が突然発生しても対応ができるように、ビニール袋、使い捨て手袋、ペーパータオル、塩素系洗剤などを日常的に準備しておくことが必要です。

7章

設備、作業者の状況

64 作業場は充分な面積を有しているか

◉作業場の第一印象が重要

作業場では、点検先のものの流れに沿って点検を実施します。入荷してきた原材料が左図のように、パレットの上にまたパレットを載せて、うずたかく積まれているようなら、材料の保管スペースが充分でないと言えます。温度管理が必要な原材料が冷蔵庫に入りきっていない場合は、充分な広さの冷蔵庫とは言えません。

また、作業場内を台車やパレットなどが移動できる通路が確保されているかどうかで、作業場の広さが確保できているかの判断を行います。

「垂直水平」という考え方もあります。これは、すべての設備機械などが垂直、水平に置かれているかどうかという点検方法です。

私としては、人が本能的に歩く道筋で通ることができるかどうかが、充分な広さの目安になると考えます。たとえば、隣のラインに行くのに遠回りをしなくてはならない場合は、日頃から従業員がラインの途中の、本来またいではならないラインをまたいで作業している可能性があります。

◉従業員のスペースも確認する

次に、従業員が出勤してから帰るまで充分なスペースがあるかを確認します。駐車場が足りているか、ロッカーが足りているか、トイレが足りているか、食堂が足りているかなどを点検するのです。

駐車場のスペースが足りないため、一番遅く出勤してきた人は車を止める場所がなく、歩道に車を乗り上げて止めている点検先もありました。

駐車場が足りない場合は、近くの駐車場などを借りる必要があります。駐車違反で罰金を払わなくてはならないような作業場では、働く人を募集しても集まらなくなります。また、下駄箱の数が不足していると、本来置いてはならないところに外履きを置くようになります。

下駄箱や駐車場を、従業員一人ひとりに場所を割り振っている作業場もありますが、各自の場所を決めず、早く出勤した人から使用することにすれば、場所が足りる場合もあります。

作業場は充分な面積を有しているか

パレットの上にダンボールを
載せて、さらにパレットを載せている

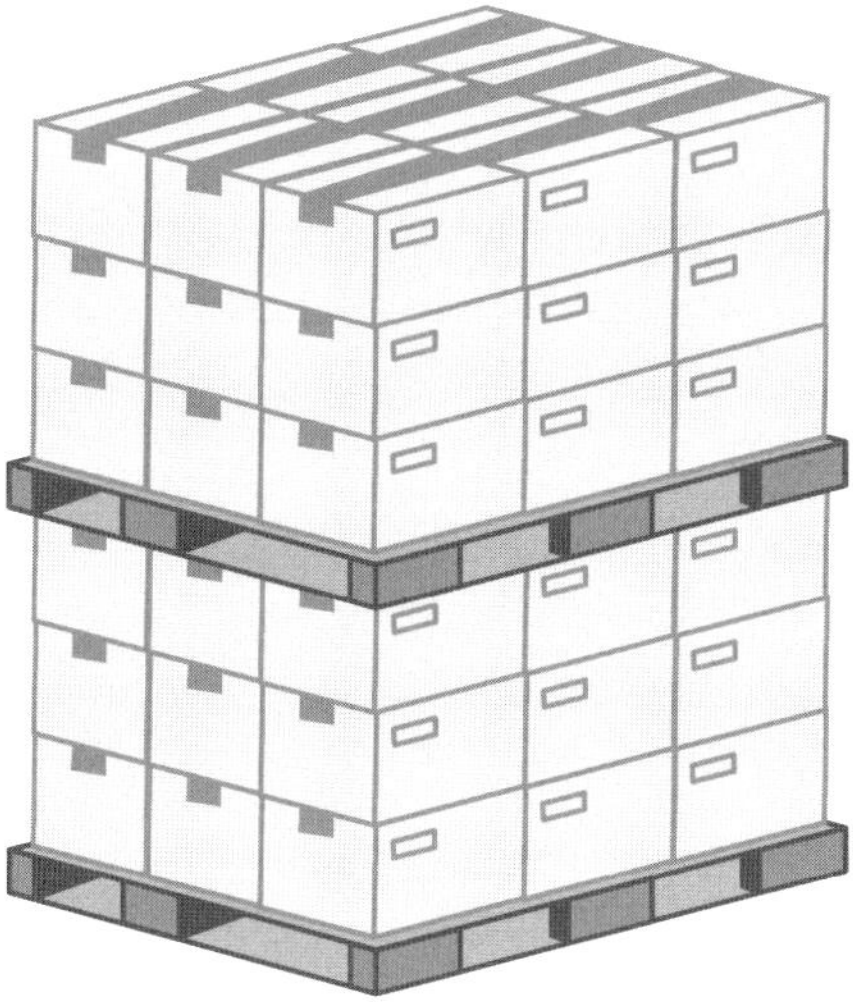

材料の保管スペースが充分ではない

点検のポイント

❶ 原料が適切に保管されているか
❷ 温度管理が必要な材料が素早く保管されているか
❸ 駐車場、トイレなどの数は足りているか

評価の内容	評価	点検のポイント		
		❶	❷	❸
まったく問題がない	5			
ほとんど問題がない	4			
まあまあできている	3			
ほとんどできていない	2			
まったくできていない	1			

合計　　　点

65 作業場は整理整頓されているか

●仕入れ先の点検の基本中の基本

整理整頓の確認は、仕入れ先の点検で基本中の基本になります。整理整頓のできていない工場は、何もできないと判断していいでしょう。

整理整頓ができているかを点検するには、まず使用する原料が保管されている原料庫を確認してください。必要な原料を取り出すとき、その原料が「先入れ先出し」になっているかを見ます。そして、原料庫を見渡したときに原料名、日付が容易に確認できるようになっているかを点検します。

次に、出荷の場所を点検します。出荷先ごとに貼るラベルや伝票などが、出荷される順番に並べられているかを確認します。

あるいは、作業場内を点検しているときに探し物をしている人がいるようであれば、整理ができていないことになります。レンタルビデオ屋でＤＶＤやＣＤを探すとき、あいうえお順にきちんと並んでいると見つけやすいはずです。こうした状態が、整理整頓ができている状態です。

また、事務所を窓越しに覗いてみてください。机の上に書類がうずたかく積まれていれば、必要な書類をすぐに取り出すことはできませんから、整理ができていないということです。

●使用しないものは現場にないこと

１週間以上使用していない原料や包装材料などは、見ただけでわかるはずです。

点検先に使用していない包装材料などがあれば、質問してみてください。

「この包装材料は何に使っていますか」

「今度使います」、あるいは「先週まで使用していました」などという答えが返ってくれば、整理整頓ができていないことになります。

そして、作業に使用する備品も点検します。先が折れて使用していない包丁、埃まみれのざるなどがあれば、整頓ができていません。作業台、番重、パレットなども１週間以上使用していないものがあれば不可とします。

作業場は整理整頓されているか

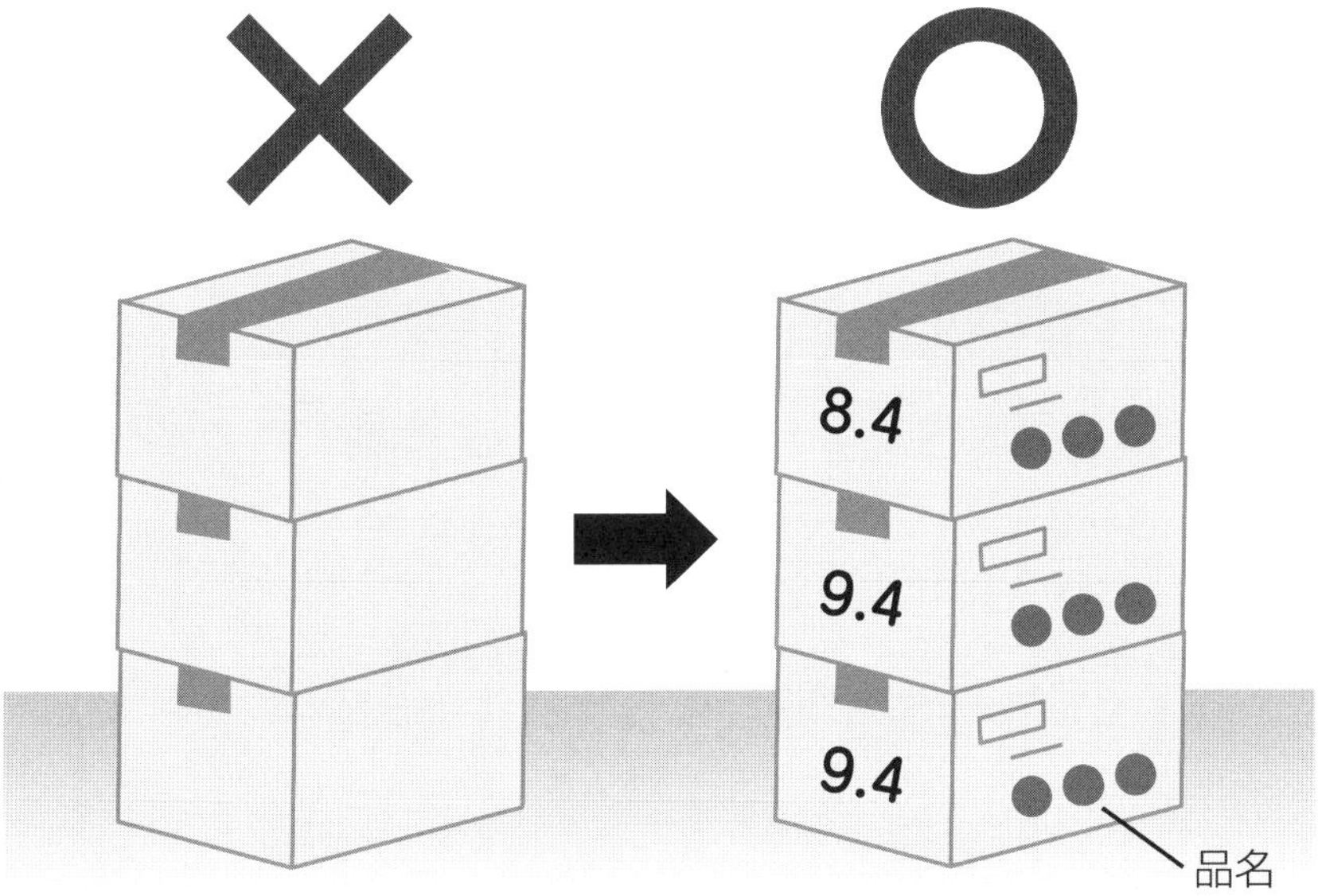

製造日、品名が見えないように積んである

製造日、品名が見えるように積んであり、「先入れ先出し」ができるようになっている

点検のポイント

❶ 原料保管庫が整理整頓されているか
❷ 出荷場のラベルが整理整頓されているか
❸ 使用していない設備などが現場に放置されていないか

評価の内容	評価	点検のポイント		
		❶	❷	❸
まったく問題がない	5			
ほとんど問題がない	4			
まあまあできている	3			
ほとんどできていない	2			
まったくできていない	1			

合計　　　　点

66 機械器具の周辺に充分な間隔があるか

◉タイヤ交換ができるかどうか点検する

生産設備を車と考えてみましょう。駐車場に止めた車を動かす前には、タイヤが4本ともパンクしていないか、空気圧は充分かという点検が必要です。

同じように、生産設備にも不具合がないかどうかの点検が必要になります。

左図のような駐車場では、助手席側のタイヤの点検を行うことができません。また、駐車場に止めているときに助手席側のタイヤがパンクしてしまったら、タイヤ交換を行うスペースもありません。

こうした、車の場合で言えば、タイヤ交換もできないような場所に生産設備を設置していないかを点検するのです。

そして生産設備は毎日充分な掃除が必要ですから、清掃のための空間があるかどうかを点検します。タイヤ交換のスペースまでは必要ないにしても、車に乗る前にすべての窓ガラスを拭くことができるスペースがあるかという点検を実施するわけです。

◉掃除のできないスペースはペストのすみかとなる

あなたの家の壁に平面テレビが掛かっているとしたら、そのテレビの裏側を掃除できますか。

「掃除なんてしたことないよ」という声が聞こえてきそうです。

絵画や写真の額であれば、よほど大きな額でないかぎり、持ち上げて埃を払えば掃除が可能ですが、平面テレビは、ちょっと持ち上げて掃除する、というわけにはいきません。

同様に、作業場で壁際に設置してある生産設備の裏側が掃除できるようになっているかを点検してください。

作業スペースを確保するために、壁際に生産設備をくっつけて設置している例がよくありますが、裏側がまったく掃除できない状態になっていることがあります。

掃除のできないスペースは、ゴキブリなどのペストにとっては絶好のすみかになります。長い棒などの先に粘着テープを巻いて生産設備の下に入れてみてください。きっと、驚くほどのゴミが出てくるはずです。

機械器具の周辺に点検整備、清掃作業に充分な間隔はあるか

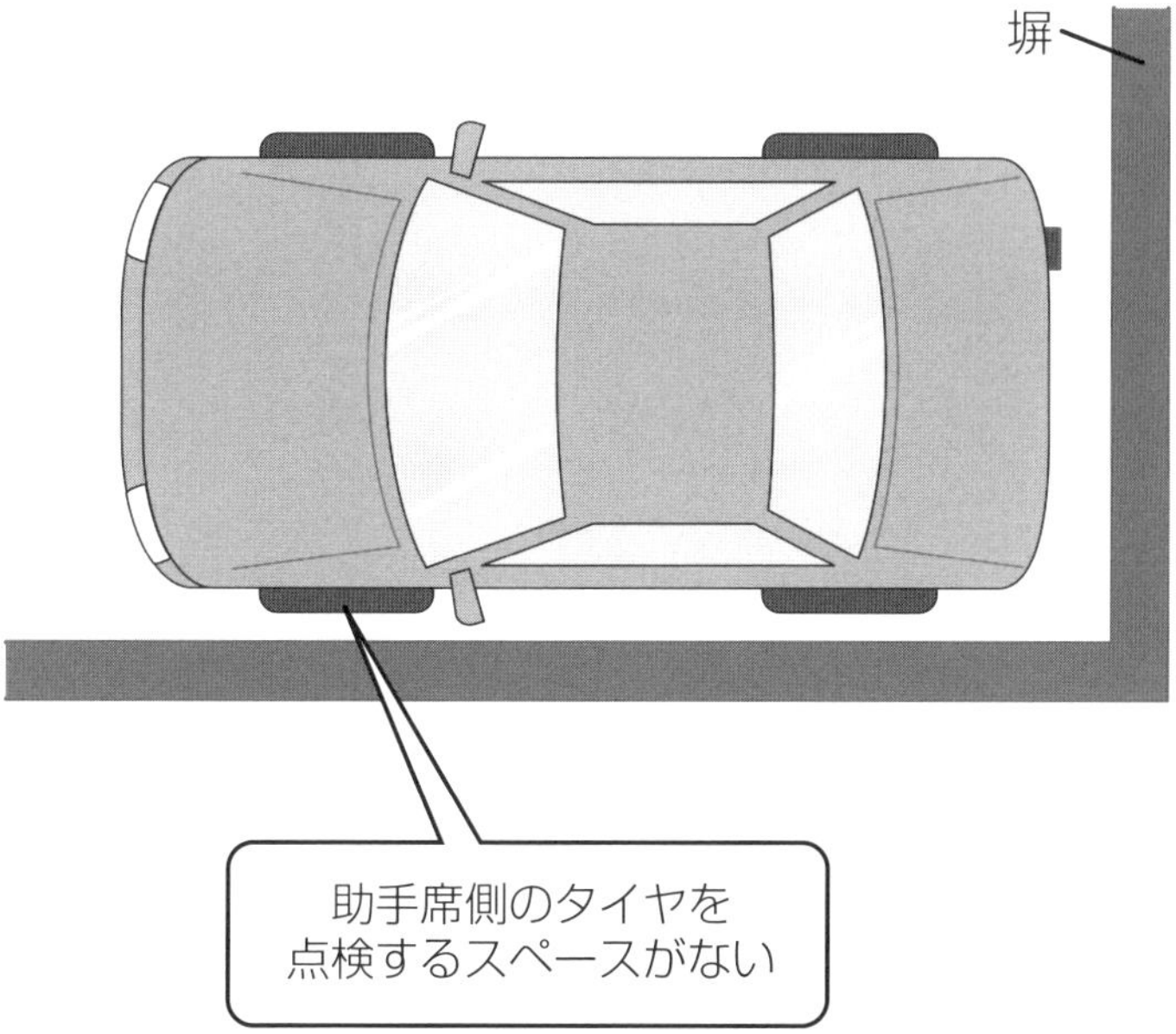
塀
助手席側のタイヤを
点検するスペースがない

点検のポイント

❶ 設備の周辺に点検できる空間があるか
❷ 壁につけられた設備の背面を掃除できるか
❸ 床の隙間にゴミはたまっていないか

評価の内容	評価	点検のポイント		
		❶	❷	❸
まったく問題がない	5			
ほとんど問題がない	4			
まあまあできている	3			
ほとんどできていない	2			
まったくできていない	1			

合計　　　点

67 作業場と原料保管庫は完全に区画されているか

◉どんな作業場でも区画が必要

野菜加工場などに点検に行くと、体育館のようなところで作業している場合があります。

ニンジンを袋に詰めるような簡単な加工場でも、畑から運んできたニンジンと袋に詰めたニンジンでは衛生度が変化しています。また、畑から直接運んできたニンジンの容器には、虫などが付着している可能性があります。したがって、原料保管庫がなく、作業場の中に畑からとってきたニンジンを置いて作業していると、畑の虫がニンジンについて納入されることになります。

畑の中のレタスに青虫がついていると、農薬を使用していない安全なレタスという印象を受けますが、スーパーで陳列されているレタスに青虫がついていると、衛生的ではないスーパーと思われてしまいます。

さらに、外食時に出されたレタスサラダに生きている青虫がついていれば、とんでもない店だと評価されてしまうはずです。

このように同じレタスでも、加工度が異なると求められる衛生度が異なるのです。異物混入防止のために、衛生度の変化する加工場では、原料保管庫と作業場には区画が必要になります。

◉空調まで区画されているか点検する

一見区画されているように見える原料保管庫でも、空調設備が作業場と共用の場合もあります。

その際は、ついたての上が防虫ネットなどによって、虫が原料保管庫から作業場に行かないような工夫がされていれば問題はありませんが、昆虫が自由に飛び回れるような構造になっている場合は、指導を行います。

簡単な網戸を設置するだけで問題が解決することもあるため、点検と同時に指導を行うといいでしょう。

また、原料保管庫の床面の汚れが作業場に引き込まれていないかを点検します。

原料が積まれているパレットが農家から直接搬入されている場合があります。これもパレットが非常に汚い場合は、作業場専用のパレットの上に重ねて作業場に持ち込むようにすると、異物混入を防止できます。

作業場と原料保管庫は完全に区画されているか

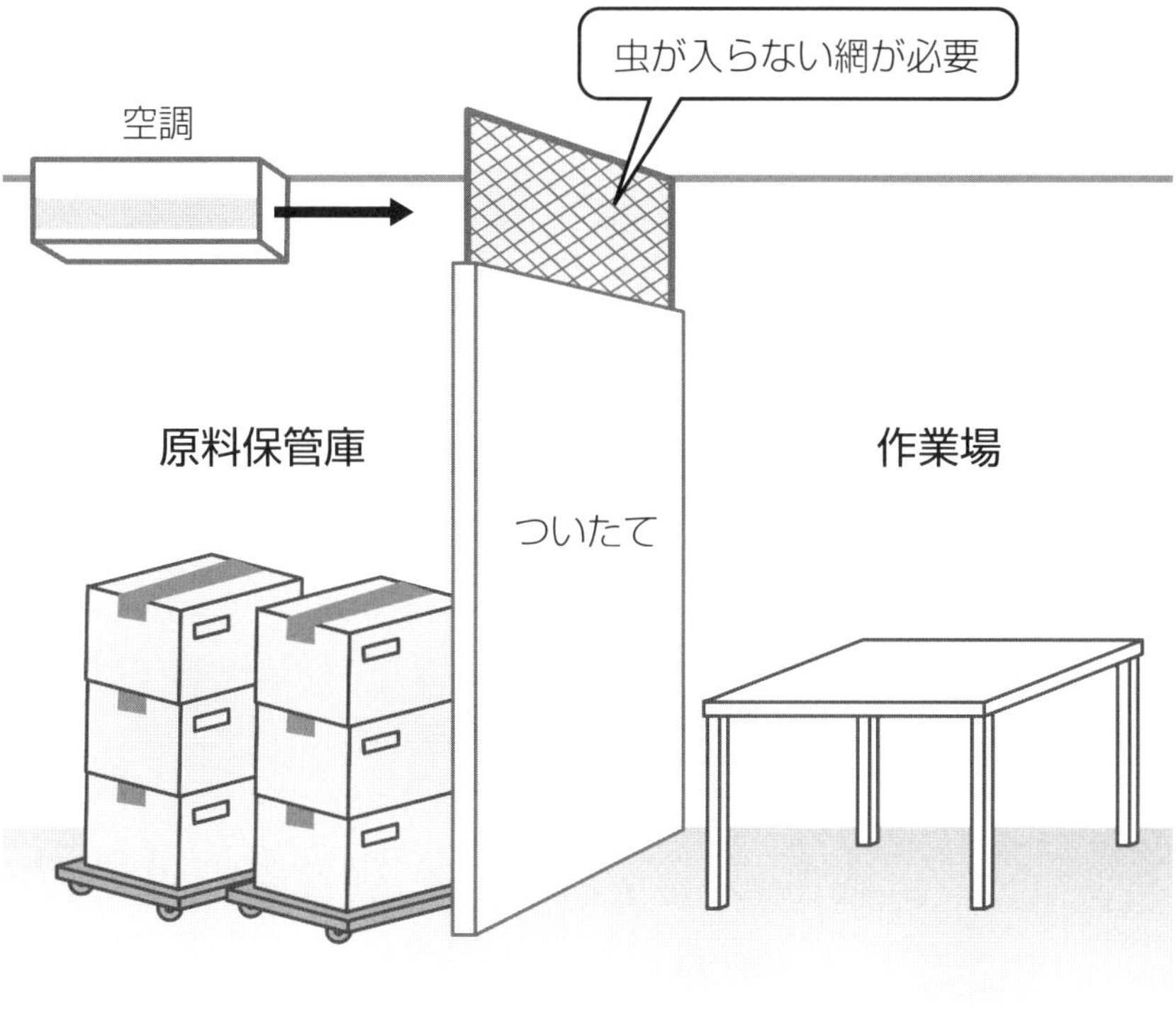

点検のポイント

❶ 原料保管庫と作業場は区画区分されているか
❷ 飛翔昆虫が飛び回れない環境になっているか
❸ パレットなどの交差汚染がないか

評価の内容	評価	点検のポイント		
		❶	❷	❸
まったく問題がない	5			
ほとんど問題がない	4			
まあまあできている	3			
ほとんどできていない	2			
まったくできていない	1			

合計　　　点

68

製造の流れは交差していないか

◉理論的に矛盾がないかを図面と比較する

仕入れ先のものの流れを図面上で確認したところ、問題はありませんでした。しかし、実際に現場で確認を行うと、製造の流れが逆流していることがあります。

野菜処理で考えてみましょう。レタスを洗ってレタスサラダ用に加工して出荷する作業場とします。

原料保管庫に畑から入荷したレタスが入っています。左図のようにレタスの芯を抜いて洗浄、殺菌をして袋詰めを行い、サラダ用のレタスとして出荷します。

最後の出荷のとき、原材料が入っているのと同じ冷蔵庫に入れていたとします。袋詰めまで行っているので、問題なしと考えがちですが、納品先では袋の表面を殺菌せずに冷蔵庫に保管して使用するのが一般的です。

したがって、出荷するレタスの袋の表面に農家の泥がついていれば問題になります。冷蔵庫の中では、空気が流れていることを忘れてはいけません。

また、材料を入れている容器でも汚染が起きることがあります。生卵を鶏舎から運んで来た容器を、そのまま洗浄した卵を載せるのに使用している場合があります。せっかく生卵の表面を洗浄しても、洗浄後の卵を載せる容器が洗われていなければ、汚染されたままになってしまいます。

◉改善策が考えられているか確認する

左図のように冷蔵庫がひとつしかないという、構造上大きな欠陥がある仕入れ先もあります。そこで、今日出荷するものをどのように安全に納品する工夫をしているかを確認する必要があります。

レタスサラダの例であれば、「来年に出荷専用の冷蔵庫を建てます。それまでは申し訳ありません」という回答であれば、今日の出荷分のレタスは土に汚れたものを出荷するしかなくなってしまいます。

「殺菌が終わって袋詰めして配送用の番重に入れられたレタスは二次汚染を防ぐために、さらに大きな袋に入れてから冷蔵庫で保管をし、入荷先の冷蔵庫に保管するときに外側のビニール袋をはずして入荷しています」ということなら、汚染を防いでいることになります。

製造の流れは交差していないか

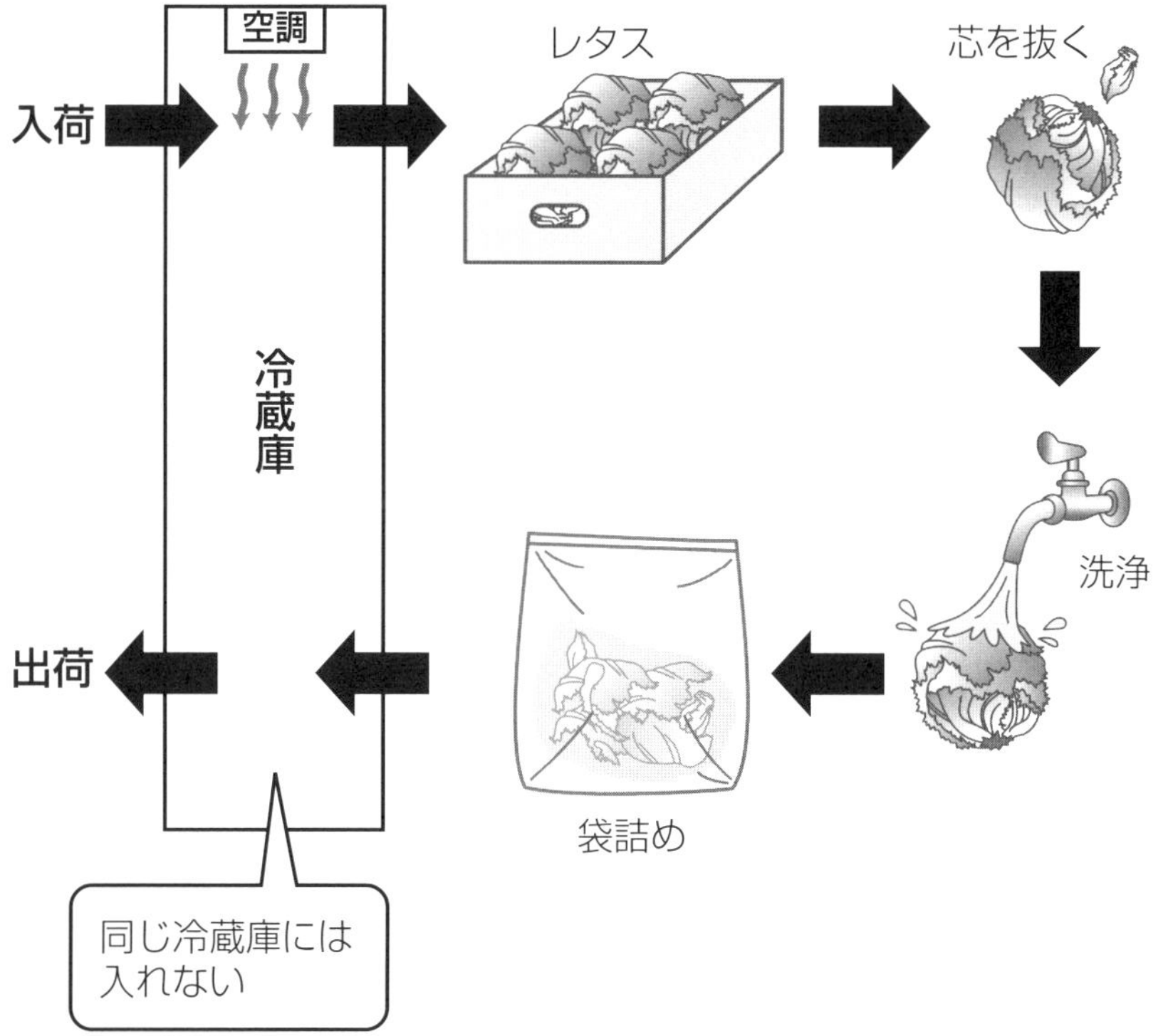

点検のポイント

❶ ものの流れが逆流していないか
❷ 論理的に正しい処置を行っているか
❸ 今日出荷するものは安全かどうか

評価の内容	評価	点検のポイント		
		❶	❷	❸
まったく問題がない	5			
ほとんど問題がない	4			
まあまあできている	3			
ほとんどできていない	2			
まったくできていない	1			

合計　　　点

69 空調設備は完備しているか

◉加工度が進むと空調が必要になる

夏など外が暑いとき、町の魚屋さんがよく外のまな板の上で刺身をつくっています。魚屋さんは昔からそうやって仕事をしているため、空調など必要ないと考えています。

その魚屋さんが、町内会の集まりのため、50人前の刺身の注文を受けました。刺身は５人分ずつ10皿という内容です。刺身の種類は７種類にし、魚屋さんは空調のない真夏の店先で50人前の刺身をつくりました。

いつものように、１皿ずつ刺身の盛り合わせをつくって冷蔵庫に入れていけばよかったのですが、その日は冷蔵庫に入れずに作業をしてしまいました。

結果は、みなさん予想できることと思います。

また、魚市場に行くと、マグロが冷蔵設備のない床に転がっています。

しかし、マグロをさばいた後のマグロの柵《さく》は、冷蔵庫に入れる必要があります。

このように大量に加工するときは、冷蔵設備のある部屋で作業を行うことが必要なのです。

◉商品の温度変化を確認する

空調など必要ないと言う仕入れ先もあると思います。

刺身の例が一番理解しやすいと思いますが、氷の中に入っていた鯛をさばいて刺身にし、できた刺身が８℃以下のままパックされ、冷蔵庫に入れることができれば、空調設備を設置する必要はないでしょう。

ただし、普通の作業場では加工度が増すと空調設備が必要になります。

たとえば、スイカを丸ごとダンボールに詰めている作業場に空調は必要ありません。しかし、スイカをカットして食べやすい大きさに切っている工程では、スイカに細菌が付着すると菌数が増えるため、空調設備を設置する必要が出てきます。

その際も、カットする前のスイカを充分に冷やし込んで、カット後のスイカも８℃以下のままパックし、冷蔵庫に保管することができれば、空調設備は必要なくなります。

空調設備は完備しているか

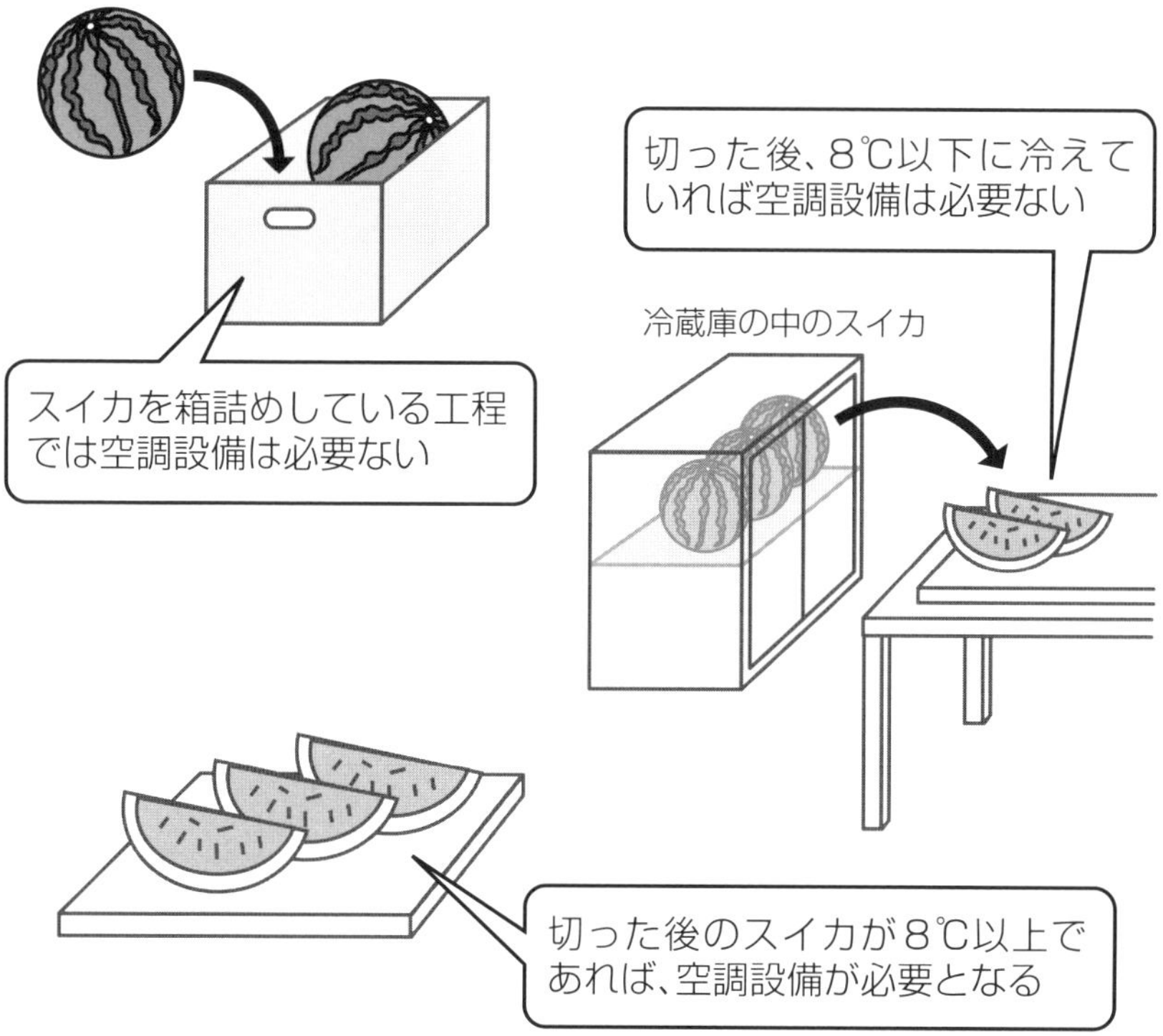
切った後、8℃以下に冷えていれば空調設備は必要ない
冷蔵庫の中のスイカ
スイカを箱詰めしている工程では空調設備は必要ない
切った後のスイカが8℃以上であれば、空調設備が必要となる

点検のポイント

❶ 加工した後の商品が腐敗するものかどうか
❷ 加工した後、品温が上がっているかどうか
❸ 細菌だけでなく変色する商品かどうか

評価の内容	評価	点検のポイント		
		❶	❷	❸
まったく問題がない	5			
ほとんど問題がない	4			
まあまあできている	3			
ほとんどできていない	2			
まったくできていない	1			

合計 　　　　点

70 換気口に昆虫などの侵入を防ぐ網がついているか

◉換気口を止めて点検する

大きな工場になると換気口は集中ダクトになっていますが、小さな作業場では各部屋に吸排気の設備がついています。設備といっても、排気に関しては単純な換気扇がついている程度の場合もあります。

点検の際は、必ず換気扇の回転を止めて確認します。まず、換気扇を止めたときにダンパーが落ちて外からの空気が入り込まない構造になっているかどうかを確認します。

強風が吹いたときにダンパーが開いてしまって、外の空気が逆流して入ってくるような構造になっていないか、という確認も必要です。

常に換気扇を回しているのであれば問題ありませんが、作業が終了して帰るときに換気扇を止めると、ダンパーが開いたままで外部の空気が逆流し、朝の作業場は虫だらけになっている場合もあります。

そして、従業員の休憩室、食堂、更衣室などにも換気扇はついているため、すべて確認が必要になります。

◉吸気フィルターは実際に目で確認する

次に、吸気フィルターの交換実績を帳票などで点検します。

帳票上では吸気フィルターの交換実績があった点検先でも、実際にフィルターの点検を行ったところ、フィルターがついていないことがありました。理由を聞くと、フィルターをつけると吸気量が不足するし、フィルターの価格も高いため取りつけていないとのことでした。

吸気フィルターは虫などの侵入を防ぐとともに埃なども防ぐため、必ず決められたメッシュのフィルターが必要です。フィルターの点検記録と落下菌の検査結果を確認して、落下菌の菌数が増える前にフィルターの交換が行われているかを点検します。

また、吸気フィルターではなく、簡単な網戸状のものが設置してある場合もあります。網戸状のものは、定期的に清掃を行わないとすぐに虫がついてしまって吸気量が足りなくなります。そのため、点検時は目で見て確認する必要があります。

換気口に昆虫などの侵入を防ぐ網などがついているか

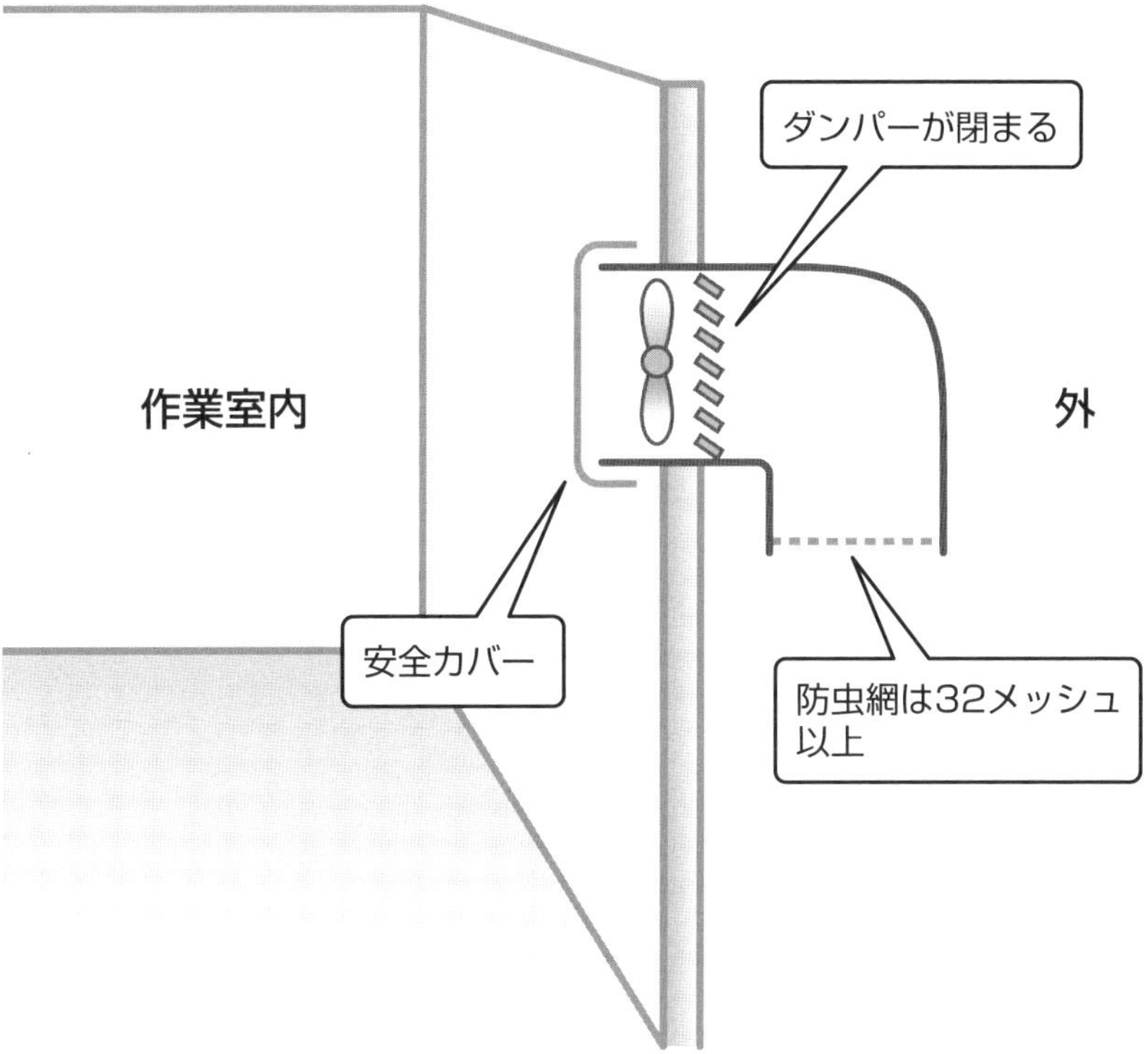

点検のポイント

❶ 吸排気の設備をすべて点検する
❷ 換気扇はダンパーが稼働するか必ず点検する
❸ 吸気フィルターは決められたものが設置されているか

評価の内容	評価	点検のポイント		
		❶	❷	❸
まったく問題がない	5			
ほとんど問題がない	4			
まあまあできている	3			
ほとんどできていない	2			
まったくできていない	1			

合計 点

71 床、壁、天井は清掃ができているか

◉非常に簡単な点検

床や壁、天井の点検は簡単にできます。床面がきれいか、天井がきれいか、壁がきれいかなどは、非常にシンプルで簡単な点検です。

特に床面がきれいかどうかは、日常の清掃を真剣にしているかどうかの指標となります。

廊下などの共用の床面は汚れがちですので、注意が必要です。廊下に排水溝がない点検先もあり、廊下を清掃していない場合もあります。

また、台車などに使用しているキャスターは、黒いゴム製のキャスターを使用していると、油でゴムが溶けてしまって床面が非常に汚くなります。キャスターの黒いタイヤの筋が床につくと、中性洗剤の洗浄では落ちなくなってしまいます。

中性洗剤で落ちない汚れも、アルカリ洗剤を使用すると簡単に落ちる場合があります。黒い汚れの一部にアルカリ洗剤を垂らして、10分程度放置し、ブラシなどでこすると落とすことができます。

点検では、一部でも黒い汚れを落とすことができれば、床が汚いと判断します。とにかく落ちない汚れはないと思って、点検することが重要なのです。

◉清掃道具、洗剤を確認する

次に、床面、天井、壁を清掃する道具を確認します。包装室などで質問をしてみてください。

「包装室の天井を清掃する道具を見せてください。清掃道具は包装室専用になっていますか」

この質問に対して、どのような清掃道具が出てくるかを確認をします。天井まで届くほうき状の埃を取る道具があるかどうか、包装室の天井を清掃する道具と加熱室などの天井を清掃する道具が共用されていないかを点検します。

同時に、清掃道具の保管場所も確認し、保管場所に本来あるべき本数、道具の内容が適切かどうかを確認します。また、清掃道具が劣化していないかも確認します。ブラシ類は、裏側から見てブラシの毛がはみ出して見えるように広がっていれば交換時期です。

床、壁、天井は清掃ができているか

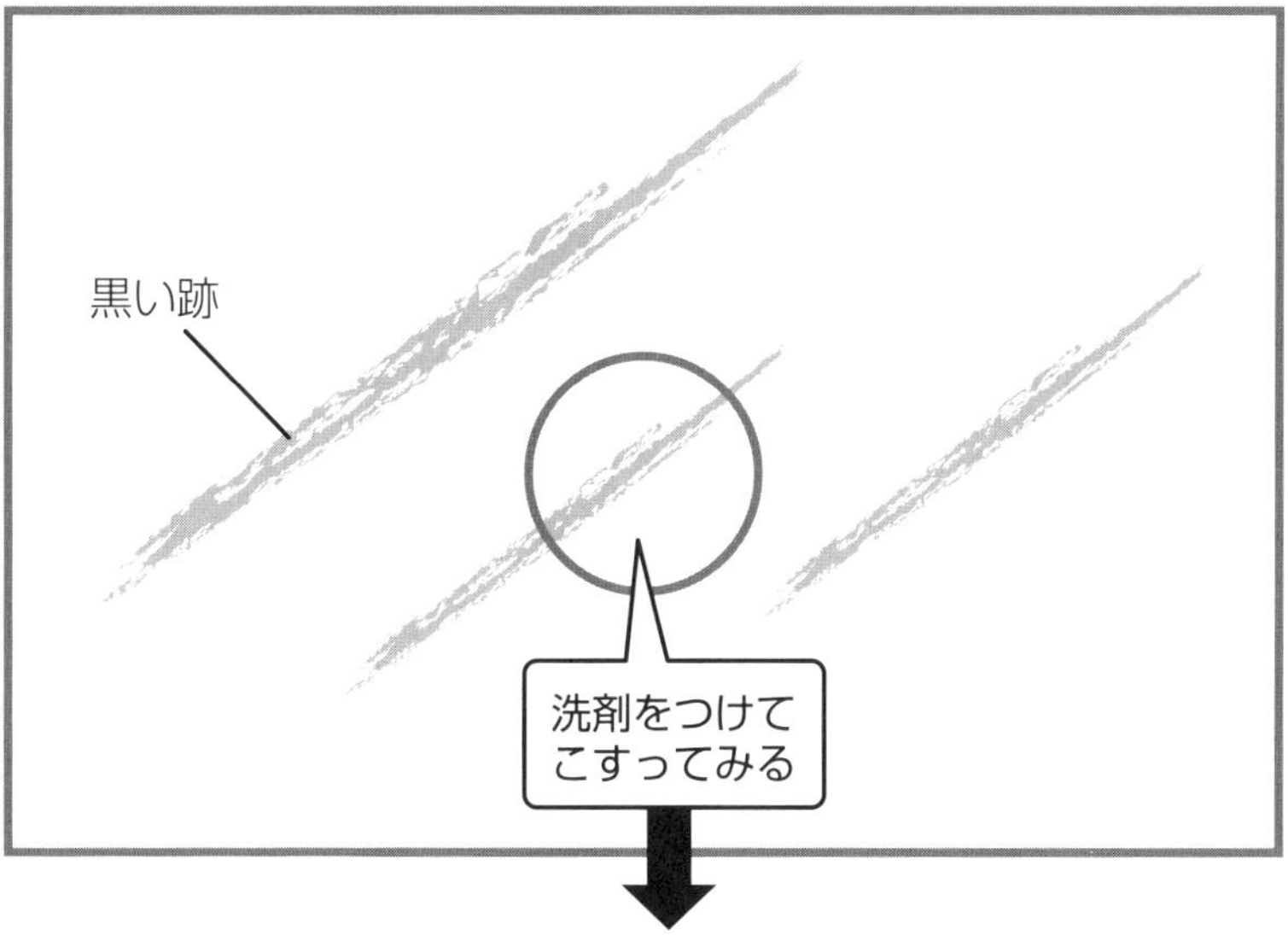

一部でも汚れが落ちたら汚いとする

点検のポイント

❶ 床面の汚いところをこすってみる
❷ 清掃道具を点検する
❸ 使用している洗剤を確認する

評価の内容	評価	点検のポイント		
		❶	❷	❸
まったく問題がない	5			
ほとんど問題がない	4			
まあまあできている	3			
ほとんどできていない	2			
まったくできていない	1			

合計　　　　点

72 排水口はネズミ、昆虫の侵入を防ぐようになっているか

◉5㎜の隙間があれば侵入可能

ネズミは、5㎜の隙間があれば侵入してきます。5㎜以上の隙間があれば、排水管の中も泳いで作業場の中に侵入してくるのです。

左図のように、手洗い用の設備の排水管の中に5㎜以下のメッシュを入れて、ネズミが泳いで入ってこないようにしておくことが必要です。そして、排水管本体にも5㎜以下のメッシュが必要となります。

また、排水枡を開けてみて、排水管につながる前に5㎜以下のメッシュでふさがれているかどうかを確認します。

排水管は、異物を取り除くためにスクリーン室などを通じて下水本管か排水処理設備につながっていますが、排水管の出口にもメッシュがついているかどうかの確認が必要です。

◉虫にはトラップと清掃が重要

排水口から作業場に侵入してくる虫は、非常に小さなユスリカやチョウバエなどの飛翔昆虫です。

これらは排水管の中に侵入し、配管の内部の残渣がこびりついた場所に卵を産みつけて2週間前後で孵化し、作業室内の大量発生につながります。

作業室内に形だけ設置してある手洗い設備は、常に使用していないと、配管自体が発生源になってしまう場合もあります。

最近の作業室内はドライ化と言って、水を流して清掃することが少なくなってきました。衛生面でドライ化は必要なことですが、左図のように排水管の中を流れる水が少なくなると、排水管の上部に卵を産みつけてしまいます。

つまり、排水管や排水枡自体が虫の発生源になってしまうのです。

工場内の排水管の本管は年に1回、高圧洗浄機を使用して内部にこびりついている食物残渣を取り除く必要があります。

その際、高圧洗浄に耐えられる材質で排水管ができているかどうかのチェックが必要です。

排水口はネズミ、昆虫の侵入を防ぐようになっているか

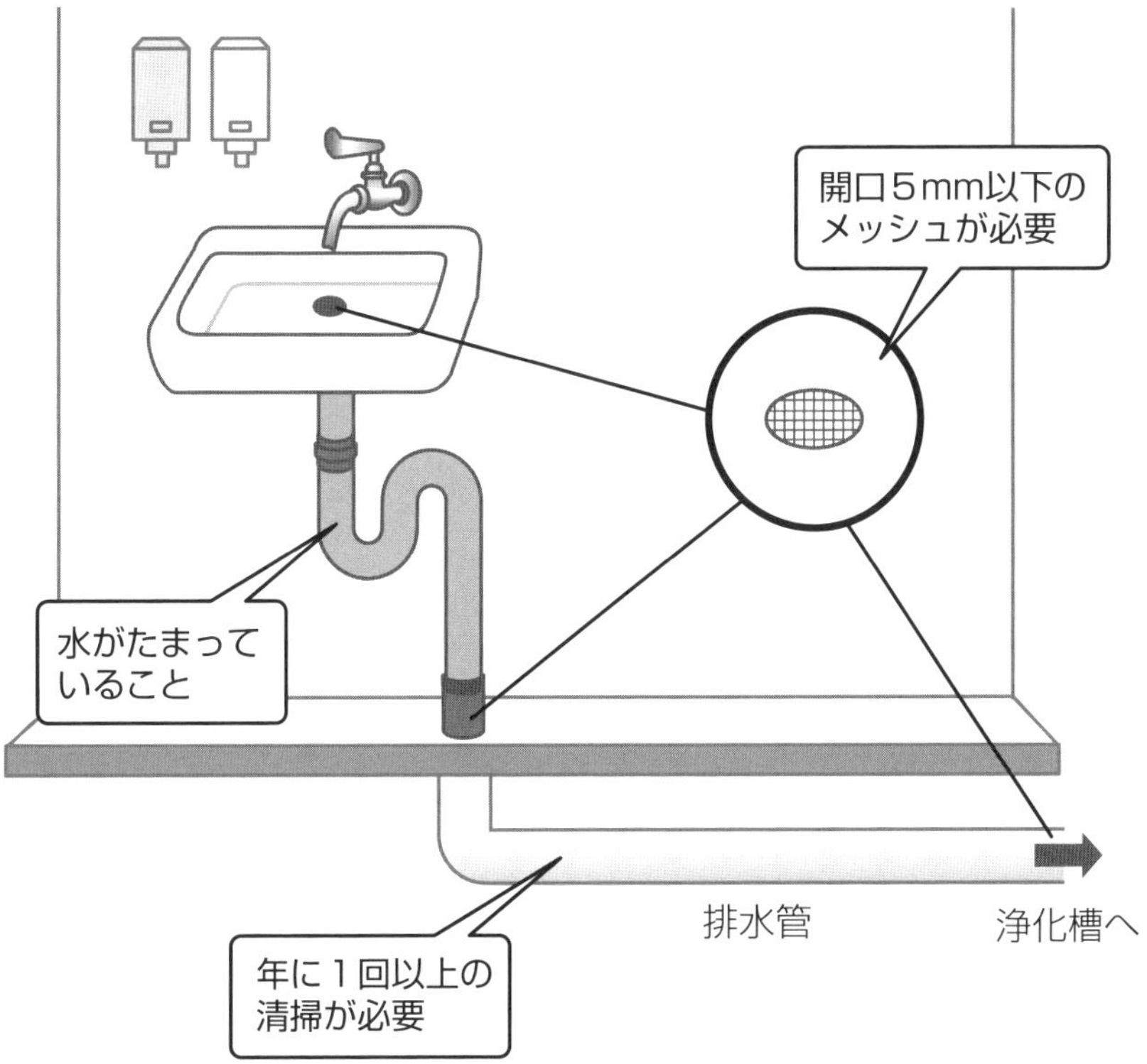
開口5mm以下の
メッシュが必要
水がたまって
いること
排水管
浄化槽へ
年に1回以上の
清掃が必要

点検のポイント

❶ 排水管に5mm 以下のメッシュが入っているか
❷ 排水管はきれいか
❸ 排水管の清掃は年に1回以上行っているか

評価の内容	評価	点検のポイント		
		❶	❷	❸
まったく問題がない	5			
ほとんど問題がない	4			
まあまあできている	3			
ほとんどできていない	2			
まったくできていない	1			

合計　　　　点

73

室内の明るさは充分か

◉商品を扱うには６００ルクスでは不充分

作業室内の明るさの基準に関しては、さまざまな法律があります。ところが、労働基準監督署などで定めている明るさでは、食品を扱う作業場としては不充分な場合があります。

１０００ルクスあると目がちかちかしてまぶしくなりますが、髪の毛などの異物を見つける工程では最低８００ルクスは必要です。

明るさの点検時には照度計が必要です。照度計を忘れた場合は、新聞を現場に持ち込んで読んでもらうことで判断します。なぜなら、細かい異物を発見するためには、新聞が読めるだけの明るさが必要になるからです。

点検を行う際に注意が必要なのは、照度を測定するときは、実際の作業者を作業する場所に立たせて測定を実施する、ということです。

作業者がいないときは照度が充分であっても、作業者が立ったときに照明と作業台の間に作業者が入ってしまって手元が暗くなってしまう場合があります。

コンベアで包装作業を行っている工程では、特に作業者一人ひとりの手元が明るくなっているかどうかの点検も行います。

◉照度が不足しているときは蛍光灯の交換頻度を確認

点検の結果、照度不足のときは、いつ蛍光灯を交換したかを質問します。

蛍光灯は明るく点灯していても、ある一定以上の時間が経つと照度が落ちてきます。したがって、24時間稼動なら半年に1回、通常の作業場でも1年に1回の交換が必要になります。

蛍光灯を交換しても明るくならない場合は、照明器具の清掃を実施します。照明器具の反射板をきれいに拭き上げるだけで照度が上がった例があります。

また、蛍光灯に反射板を増設して、蛍光灯から出る光をすべて必要なところに集中することで照度がアップした例もあります。ＬＥＤ照明は従来の照度計で、正しく反応しない場合があります。今はＬＥＤ専用の照度計の準備が必要になってきています。

室内の明るさは充分か

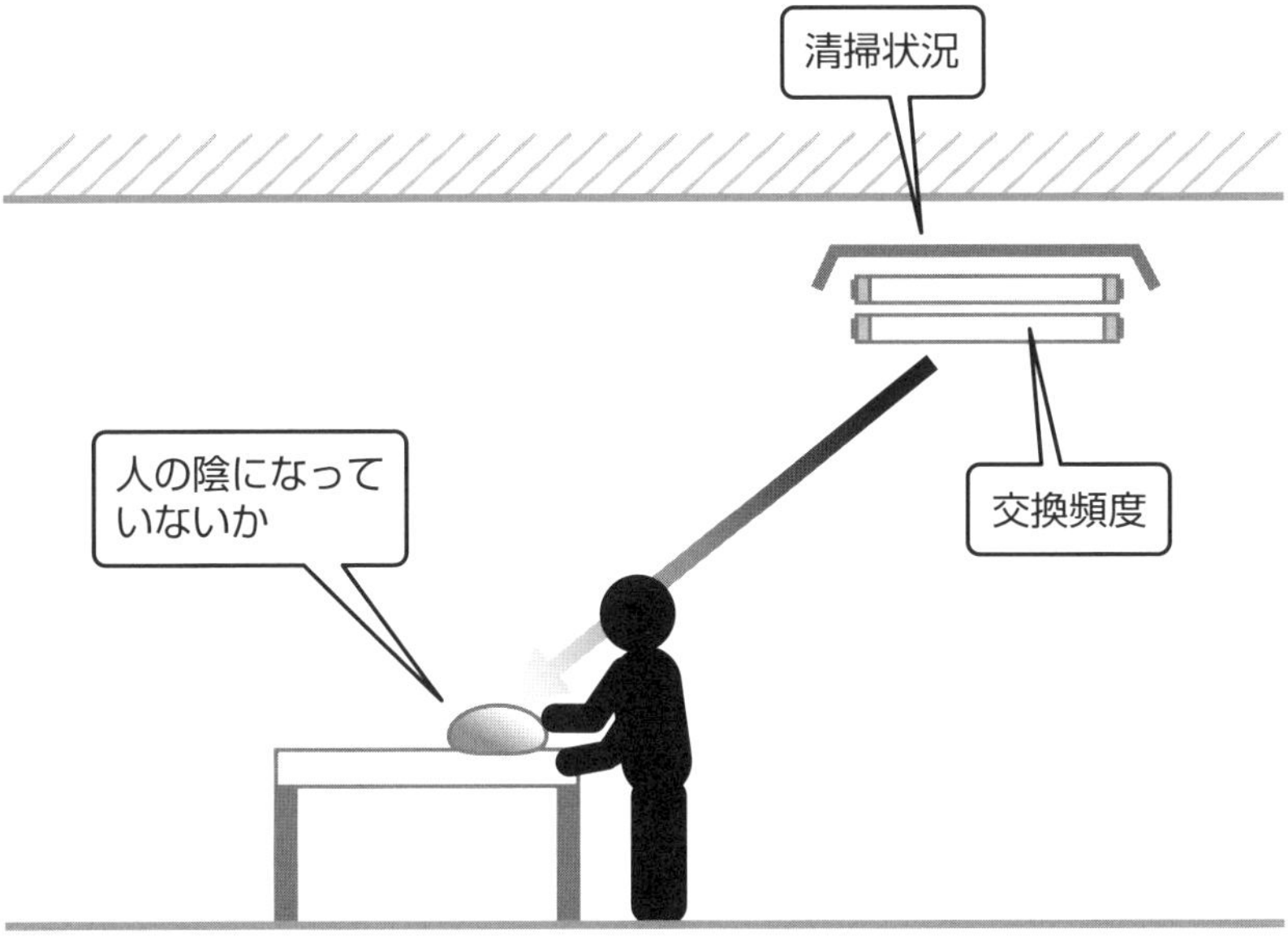

点検のポイント

❶ 照度計を持参して測定する
❷ 作業者を立たせた状態で点検を行う
❸ 単純に照明器具を増やすのではない方法を指導する

評価の内容	評価	点検のポイント		
		❶	❷	❸
まったく問題がない	5			
ほとんど問題がない	4			
まあまあできている	3			
ほとんどできていない	2			
まったくできていない	1			

合計 　　点

74 照明器具は破損防止措置があるか

●ガラス片の異物混入はもっとも避けるべき

物理的危害である異物混入の中でも、ガラス片の混入はもっとも避けるべき危害です。したがって、作業場内からはガラスを排除しなければなりません。

従業員の入場口に全身を見るために鏡が設置してある場合も少なくありませんが、たとえ鏡であっても作業室内にあってはならないのです。どうしても、ガラス製品を使用しなくてはならない場合は、鏡などはフィルムを貼って、万が一破損しても、ガラス片が製品に混入しないような対策が取られていることが重要です。

また、照明器具に使用する蛍光灯などは、蛍光管がむき出しの照明器具ではなく、左図のようなカバーがついた照明器具を設置しておく必要があります。

照明器具で蛍光灯の破損を防げない場合は、蛍光灯自体にフィルムがかかっている破損防止タイプのものを使用しているかを点検します。

●蛍光灯以外のガラス製品がないかを点検

現場で使用している温度計が破損してサラダに入ってしまい、製品を回収した事例が実際にあります。現場には、たとえ検査用具でも、ガラス製品を持ち込むことは避けなければなりません。

私も以前は、拭き取り検査で大腸菌群の検査をＢＧＬＢ培地で行っていました。

その簡易方法として、試験管の中にダーラム管を入れて綿棒で拭き取り検査を行って、直接試験管の中に綿棒を入れていたのです。

拭き取り検査の綿棒はガラスでできています。私も品質管理担当になって間もないころ、現場で試験管を割ったことがあります。

日本の品質管理では、試験管を割るのは本人の不注意と考えてしまいます。ところが、アメリカ式の品質管理では、たとえ新人が初めての拭き取り検査の際でもガラスを割ることがないように、最初からガラスの器具を使わせないのです。

現在は、日本式の品質管理でもガラスの持ち込みは禁止となっています。

照明器具は破損防止措置があるか

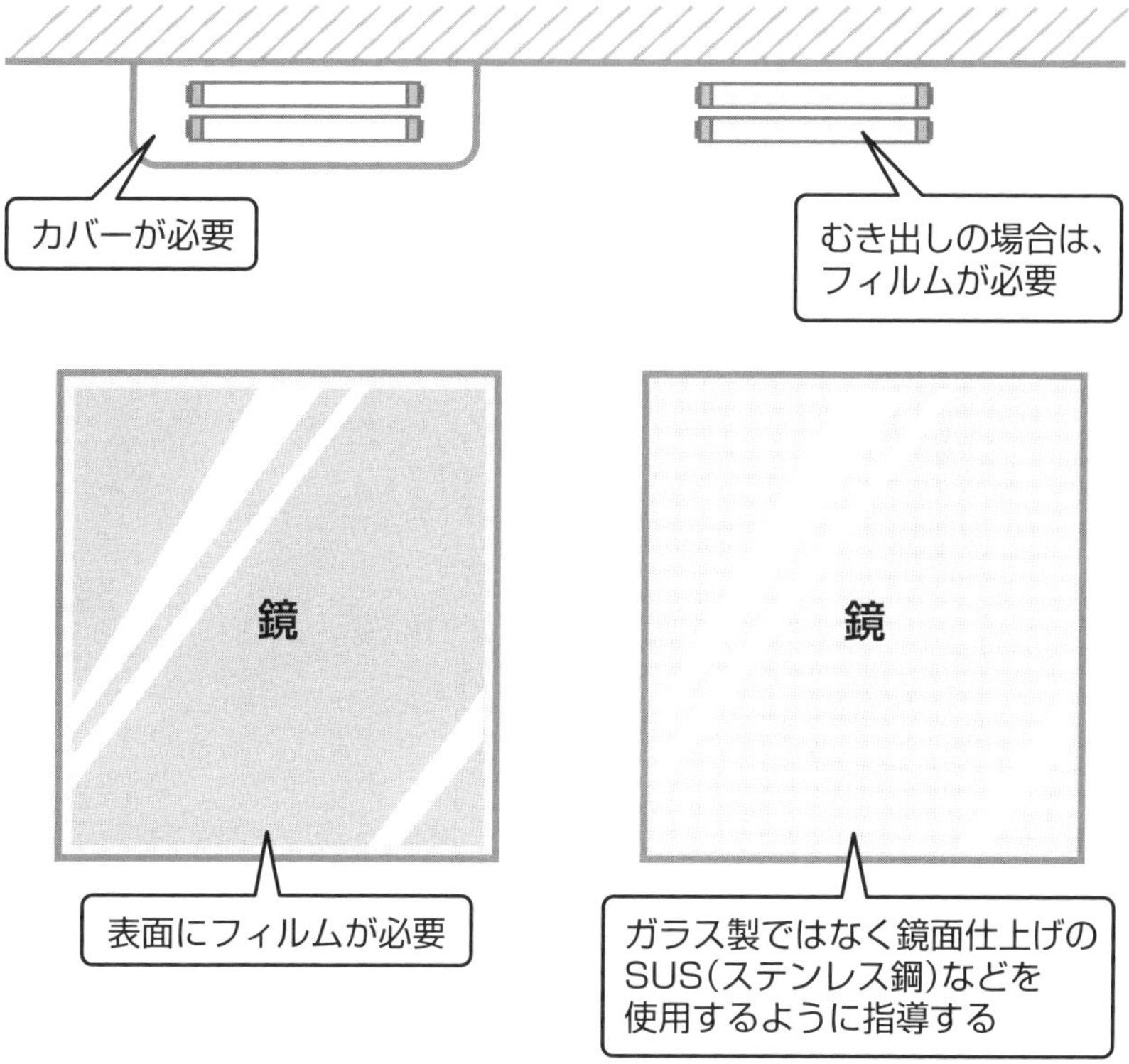
カバーが必要
むき出しの場合は、フィルムが必要
鏡
鏡
表面にフィルムが必要
ガラス製ではなく鏡面仕上げのSUS(ステンレス鋼)などを使用するように指導する

点検のポイント

❶ ガラス製品は現場には一切ないか
❷ 現場で使用する検査器具にガラス製のものはないか
❸ ガラス製品は、割れても飛び散らないカバーがついているか

評価の内容	評価	点検のポイント		
		❶	❷	❸
まったく問題がない	5			
ほとんど問題がない	4			
まあまあできている	3			
ほとんどできていない	2			
まったくできていない	1			

合計　　　　点

75 給水給湯設備は充分にあるか

◉お湯が充分に使えるか、点検を実施

手洗い設備、設備機械を洗う設備、壁を洗うための設備など、これらすべての洗浄設備について、お湯が出るかどうかの点検を実施します。

これは、作業場全体の洗浄が行われている時間に点検することが必要です。

すべての洗浄を行っているときに途中で給湯設備の能力が足りなくなって、お湯が出なくなることがないかを確認するためです。

小さな作業場では、シンクごとに湯沸かし器がついている場合もあります。

そのときは、湯沸かし器を連続運転して、作業者が洗浄を行う際に充分な水量が湯沸かし器から出ているかどうかの点検を実施します。

仕入れ先の点検の時間が洗浄時間と合わない場合は、作業者に聞き取り確認をします。

まず、一番油汚れがつきそうな設備を使用している作業者に質問をします。

「毎日、この設備の洗浄はお湯で行っていますか」

「はい。いつもお湯で洗浄しています」との答えが返ってくれば問題はないでしょう。

また、設備機械を洗浄するときに使用する、洗浄水をかけるホースからお湯が出るような構造になっているかも点検します。

◉冷却水が充分にあるか点検を行う

レタスやきゅうりなどを洗浄するときには、水で洗浄した後、冷やし込む必要があります。生産設備の中にも使用前に冷やし込んで使用する設備があります。

そうした設備については、冷却水の量が充分にあるかどうかを点検します。

冷却水の点検は理論値で計算しますが、1回に使用する冷却水の量と冷却水をつくる機械の能力が合っているかを計算します。

しかし、冷却水を使用するすべての作業を同時に行うと冷却水が不足する場合があります。そのため、作業時間を考慮しながら点検を実施することが大切です。

給水、給湯設備は充分にあるか

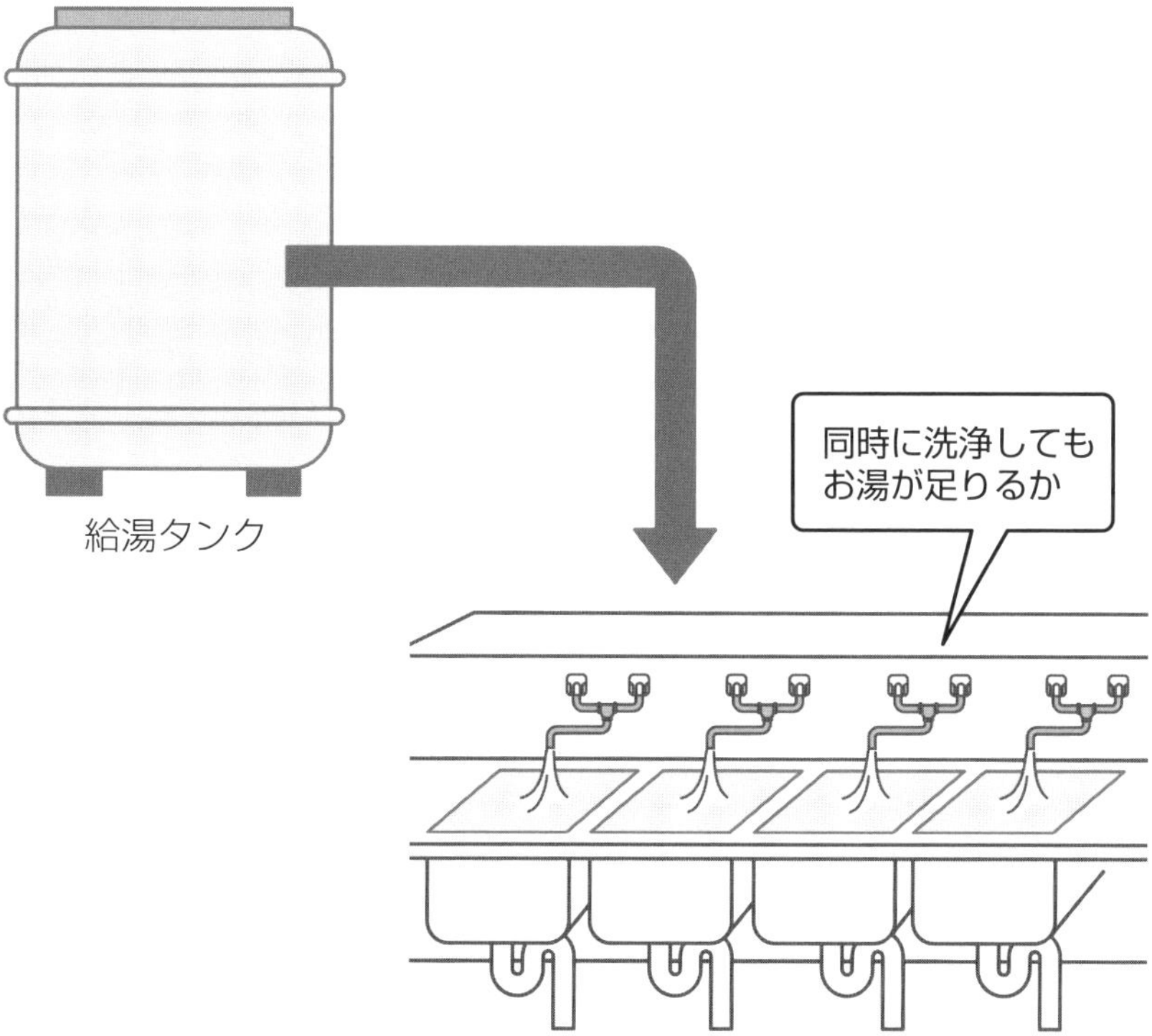
給湯タンク
同時に洗浄しても
お湯が足りるか

点検のポイント

❶ 給湯量が充分あるか
❷ 冷却水の量が充分あるか
❸ 生産量と給湯量、冷却水の量が検討されているか

評価の内容	評価	点検のポイント		
		❶	❷	❸
まったく問題がない	5			
ほとんど問題がない	4			
まあまあできている	3			
ほとんどできていない	2			
まったくできていない	1			

合計　　　　点

76

作業着は清潔か

◉作業着の点検は基本中の基本

作業着の点検は、作業場点検での基本中の基本です。

作業場の点検を、予告点検で実施したにもかかわらず、作業者の作業着が汚い場合は、原料を仕入れる価値のない作業場と判断してもいいでしょう。

私自身が工場を管理していたとき、納品先の点検の人がくるとわかっている場合は、点検者が工場に到着する1時間前には作業着をすべて着替えるほど気をつかっていました。

もちろん、抜き打ちに点検にきたときでも常にきれいな作業着を着ていられるように、日頃から管理されていることが大切です。

作業着が汚い場合は、いくつか質問を行います。

「作業着の洗濯はどこで行っていますか」

もし、作業着の洗濯を作業者が自宅でしている場合は、洗濯上の注意点を確認します。

家庭で洗濯を実施している場合は、下着などと同じ洗濯機で洗濯をしているため、決してきれいとは言えないからです。

「1人何枚、作業着を支給していますか」と確認したところ、1枚という作業場もありました。

1枚の作業着を毎日洗濯するのは、事実上不可能と言えます。

◉作業着は消耗品

作業着は洗濯を重ねると毛羽立ってきます。作業着が毛羽立ってくると毛髪などの異物が作業着について、製品への異物混入の可能性が高くなってきます。

そこで、洗濯を何回行ったら作業着を交換するか、交換の基準があるかどうかの確認を行います。

そして、帽子の交換頻度も確認します。帽子などは洗濯せずに、一度支給された帽子を破れるまで使用している場合がありますから要注意です。

作業靴は表面に汚れがないか、靴に穴が開いていないか、靴の裏がすり減っていないかを点検します。

また、下駄箱の靴の裏と触れるところにサビなどがないかも点検します。

作業着は清潔か

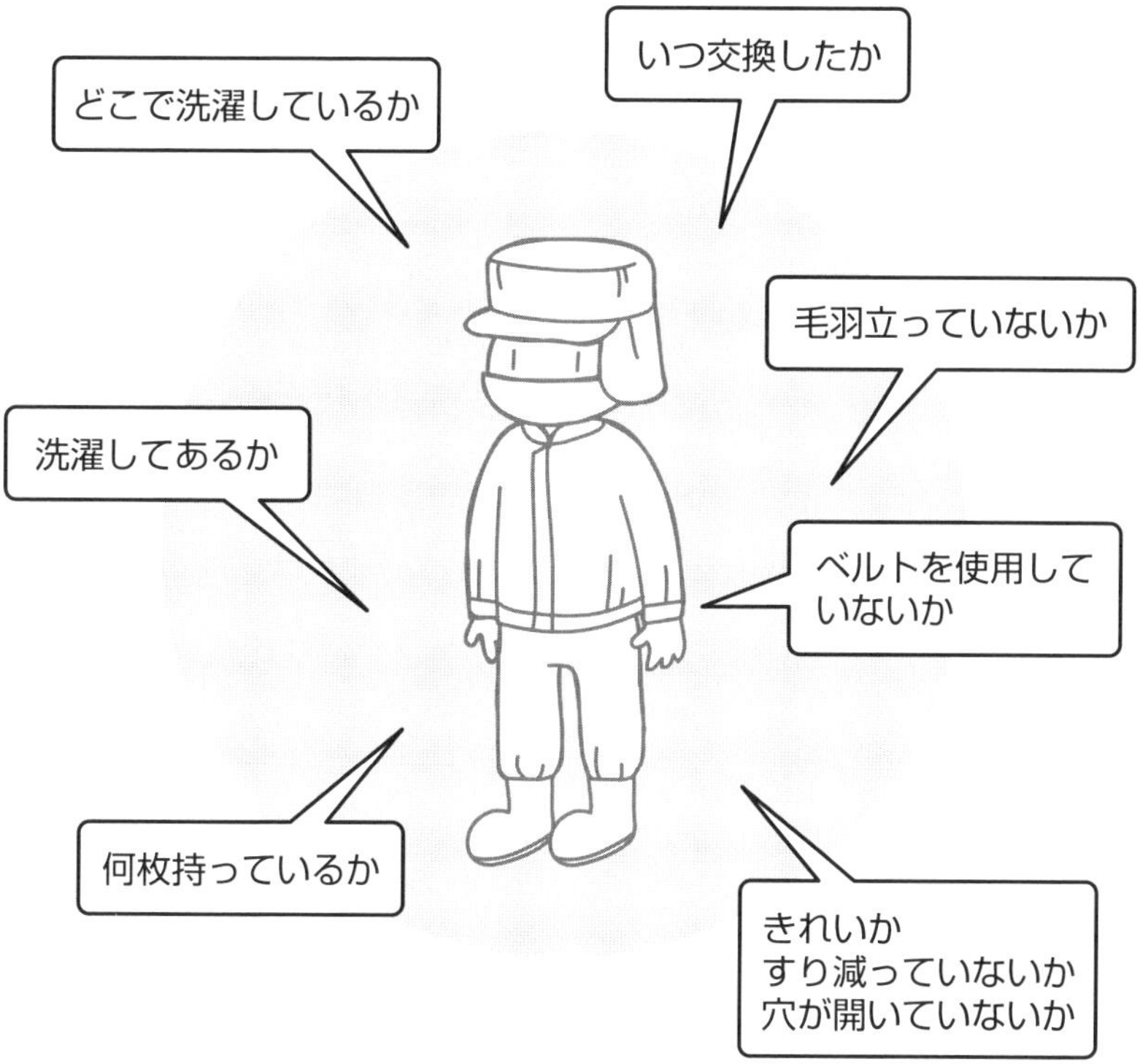
どこで洗濯しているか
いつ交換したか
毛羽立っていないか
洗濯してあるか
ベルトを使用していないか
何枚持っているか
きれいか
すり減っていないか
穴が開いていないか

点検のポイント

❶ 作業着がきれいか
❷ 作業着が毛羽立っていないか
❸ 靴はきれいか

評価の内容	評価	点検のポイント		
		❶	❷	❸
まったく問題がない	5			
ほとんど問題がない	4			
まあまあできている	3			
ほとんどできていない	2			
まったくできていない	1			

合計　　　　点

77 作業者はネットや帽子を着用しているか

◉食品を扱う作業者はすべて帽子を着用する

生野菜や生魚を扱う人の中には、食品工場でしているような帽子を着用していない場合があります。

頭皮には非常に多くの細菌が付着しています。また、髪の毛が落ちる場合もあるため、帽子はすべての作業者が着用する必要があります。

衛生度によって、帽子の種類は変わります。箱に入った商品を移動するなど、直接原材料に触れる機会のない人は野球帽のような帽子で充分です。帽子が必要ないと言う人もいますが、作業中は必ず帽子をかぶることが必要になります。

フォークリフトなどを運転する場合はヘルメットを着用しますが、ヘルメットを着用する場合は、髪の毛が落ちないようにネットなどを着用した上にヘルメットをつけているかどうかの確認を行います。

◉衛生度が進むとネットも必要

帽子の下にネットを着用して、髪の毛の混入を防止することが必要な作業場もあります。

たとえば、惣菜に使用するカットレタスなどは作業中に髪の毛が混入してしまうと、最終商品の加工時に取り除くことができず、お客様のところまで髪の毛が運ばれてしまいます。

したがって、髪の毛の混入を防止するために帽子やネットなどを着用している場合は、作業者の帽子の縁から髪の毛がはみ出ていないかを確認します。

帽子、ネットを着用しても髪の毛がはみ出る場合は、さらにヘアバンドをかぶって、髪の毛のはみ出しを防止している作業場もあります。

点検では、作業中の作業者の背後から帽子や作業着に髪の毛が付着していないかどうか、目視で確認を行います。

また、帽子にマジックテープがついてマスクなどをとめている場合や、帽子の大きさを調整するようになっている場合は、マジックテープの部分を点検します。マジックテープには髪の毛がついたままになりやすいため、注意が必要になります。

作業者はネットや帽子を着用しているか

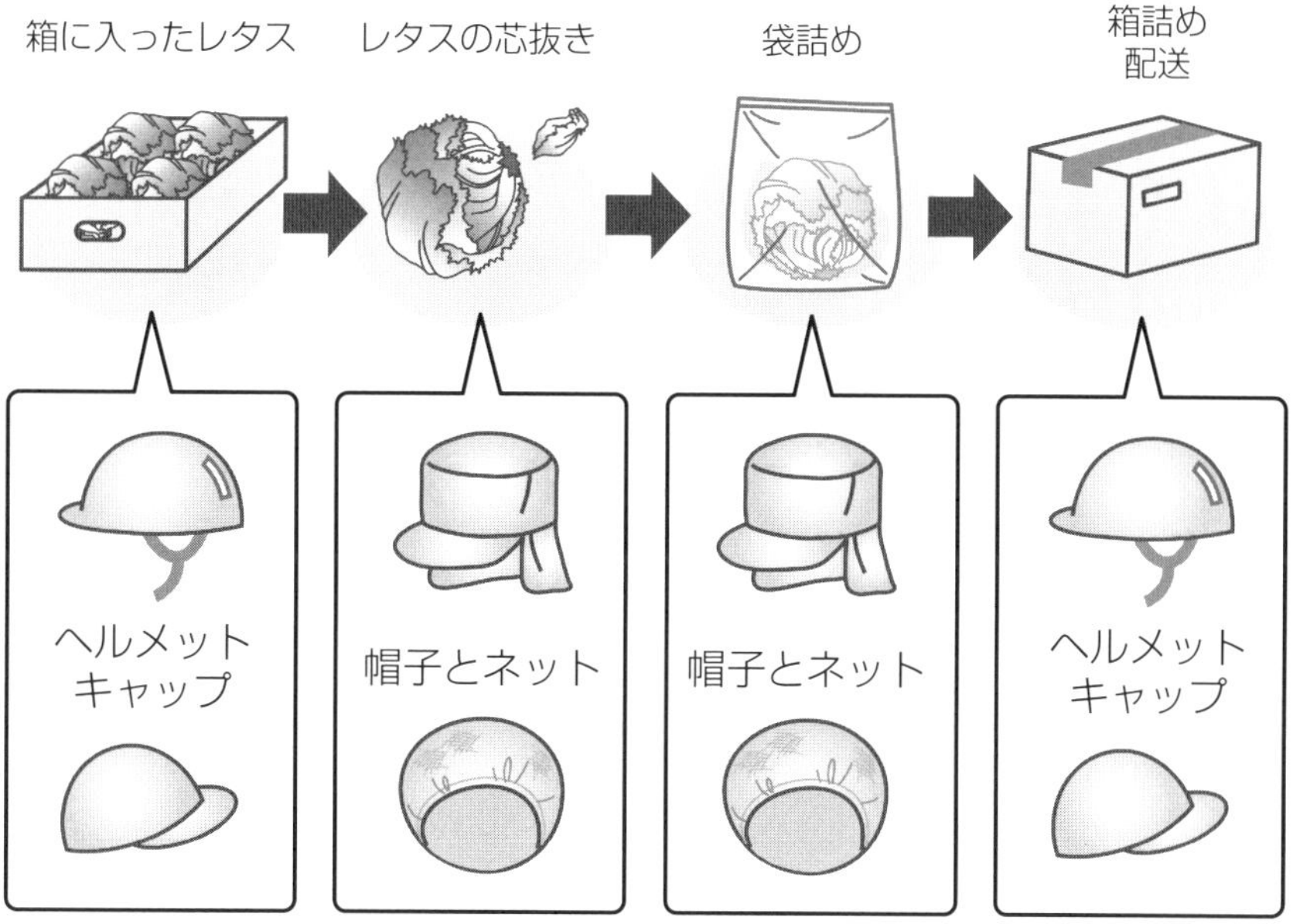

作業工程によって帽子の種類が異なる
必ず帽子をかぶること

点検のポイント

❶ 必ず帽子をかぶって作業しているか
❷ ネットが必要な作業では、ネットを着用しているか
❸ 髪の毛がはみ出ていないか

評価の内容	評価	点検のポイント		
		❶	❷	❸
まったく問題がない	5			
ほとんど問題がない	4			
まあまあできている	3			
ほとんどできていない	2			
まったくできていない	1			

合計　　　　点

78 装飾品、救急バンソウコウを装着していないか

◉装飾品はすべて着用不可

結婚指輪をしたまま作業をしている風景を見ることがあります。

アメリカなどは、たとえ食品を取り扱う作業であっても、結婚指輪をはずすことはできないと主張する人もいます。

子どものときに小指に指輪をつけてもらい、そのままにしておかなければならないという国もあります。

指輪の上から手袋をはめれば、衛生的に問題はないのだからいいだろうと言う人もいます。確かに衛生的なことを考えれば、手袋をすれば問題はありません。

しかし、「結婚指輪はいいよ」と例外を認めると、「婚約指輪はいいですか」「恋人からもらった指輪でどうしてもはずせないのです」と、次から次へと例外の申請が従業員から出てきて、収拾がつかなくなります。

そこで、原料を取り扱う作業中は一切の装飾品をつけることは禁止、と明確に決めておくべきであり、そのとおりに実行されているかどうかを点検します。

◉カットバンの管理はできているか

また、切り傷のような小さなケガをした場合はカットバン（バンソウコウ）を使用します。

カットバンは作業中にはがれやすく、原料の中に入ってしまう可能性があります。実際、カットバンがサラダやチャーハンの中に入っていたというクレームは数多く発生しています。

カットバンの混入を防ぐ唯一の方法は、作業場専用の金属検出機で検出できるカットバンを着用しているかを確認することです。

作業場に入る前の個人衛生点検時にカットバンを使用している作業者は、作業場専用のカットバンに交換させます。専用カットバンは青色などで、カットバンの端をカットして、混入した場合に特定できるようにします。

そして、枚数管理はカットバン自体に連番を振り、誰が何番のカットバンを使用しているかを記録しておきます。

管理上、もっとも重要なのは、作業が終了した時点でカットバンがすべて回収されているかを確認することです。

救急バンソコウを着用しない

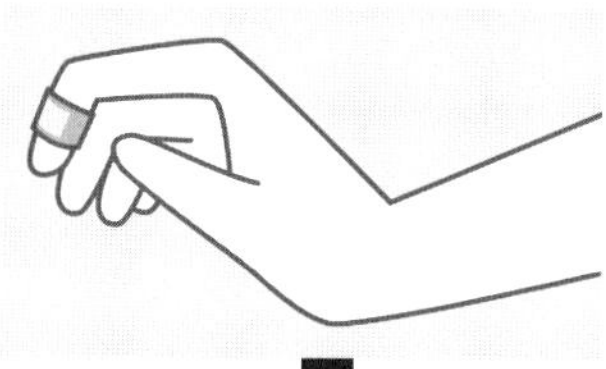

家からしてきたものは取る

↓

つけかえる

作業場の専用のカットバン

作業場で番号が振られて管理されたもの

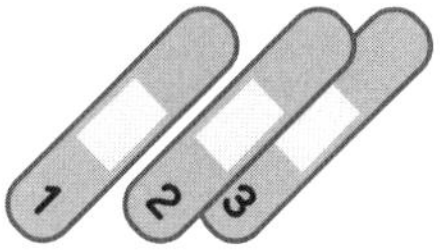

※金属検出機で反応するものを使用する

↓

作業終了時に回収する

↓

回収できない場合はロットを止める

↓

出荷しない

点検のポイント

❶ 装飾品禁止の服装規定はあるか
❷ 服装規定のとおり、作業者が実行しているか
❸ カットバンの管理ができているか

評価の内容	評価	点検のポイント		
		❶	❷	❸
まったく問題がない	5			
ほとんど問題がない	4			
まあまあできている	3			
ほとんどできていない	2			
まったくできていない	1			

合計 ＿＿ 点

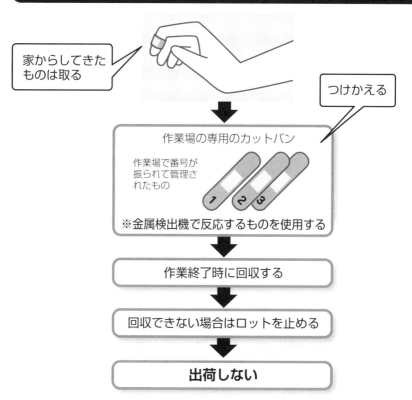

79 ポケットに不要物を入れていないか

◉個人の持ちものの持ち込みはすべて禁止

惣菜工場の厨房であった例です。作業者が持ち込んだ薬が惣菜の中に入ってしまい、苦みのある惣菜が販売されたことがあります。

一般的なものでも、体の中に入ってしまうと毒になるものがあります。たばこ、チョーク、薬などは人体に影響が出るため、作業場内への持ち込みを禁止しているかどうか、点検を実施します。

個人ロッカーが整備されていない作業場では、現金や車の鍵など、どうしても作業場に持ち込まなければ管理ができない場合があります。ロッカーの鍵などを含めて、作業場に持ち込む場合は、上着の内ポケットの中だけを認めるようにします。

点検先には、ズボンのポケット、上着のポケット、胸のポケットのない作業着を勧めてください。

現状、ポケットのある作業着を使用している点検先ではポケットの使用を禁止し、縫い合わせるように指導をします。

◉作業場で使用する筆記用具は統一する

作業場で使用する筆記用具については、シャープペンシルや鉛筆は芯の部分が折れて異物混入になるため、作業場内で使用していないか確認を行います。

帳票などを記入する場合の筆記用具はボールペンを使用して、芯が交換できないものを使うようにします。また、ダンボールに入荷日などを記入するのにマジックを使用するときは、ガラス製のマジックを使用していないかを確認します。

そして、帳票に記入するために使用するボールペンは、帳票を挟んであるバインダーなどに紐をつけて専用にしておく必要があります。

作業場の管理者は、電話、温度計、帳票などを持ち歩く必要があるため、ポケットを使用している場合があります。

この場合も、ウエストポーチかポシェットのようなものを使用し、ポケットの中には何もない状態にするように指導します。

ポケットに不要物を入れていないか

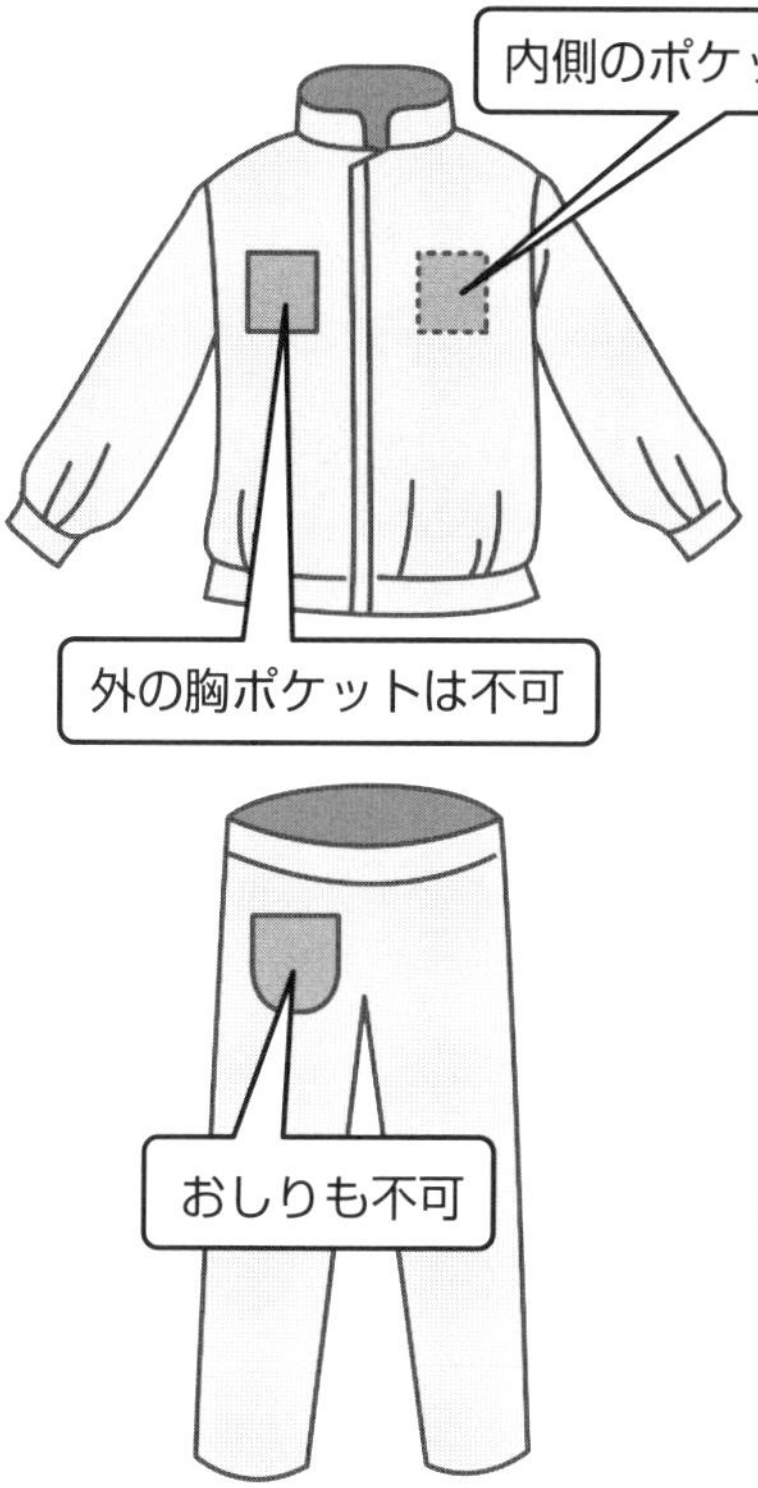
内側のポケットのみ可
外の胸ポケットは不可
おしりも不可

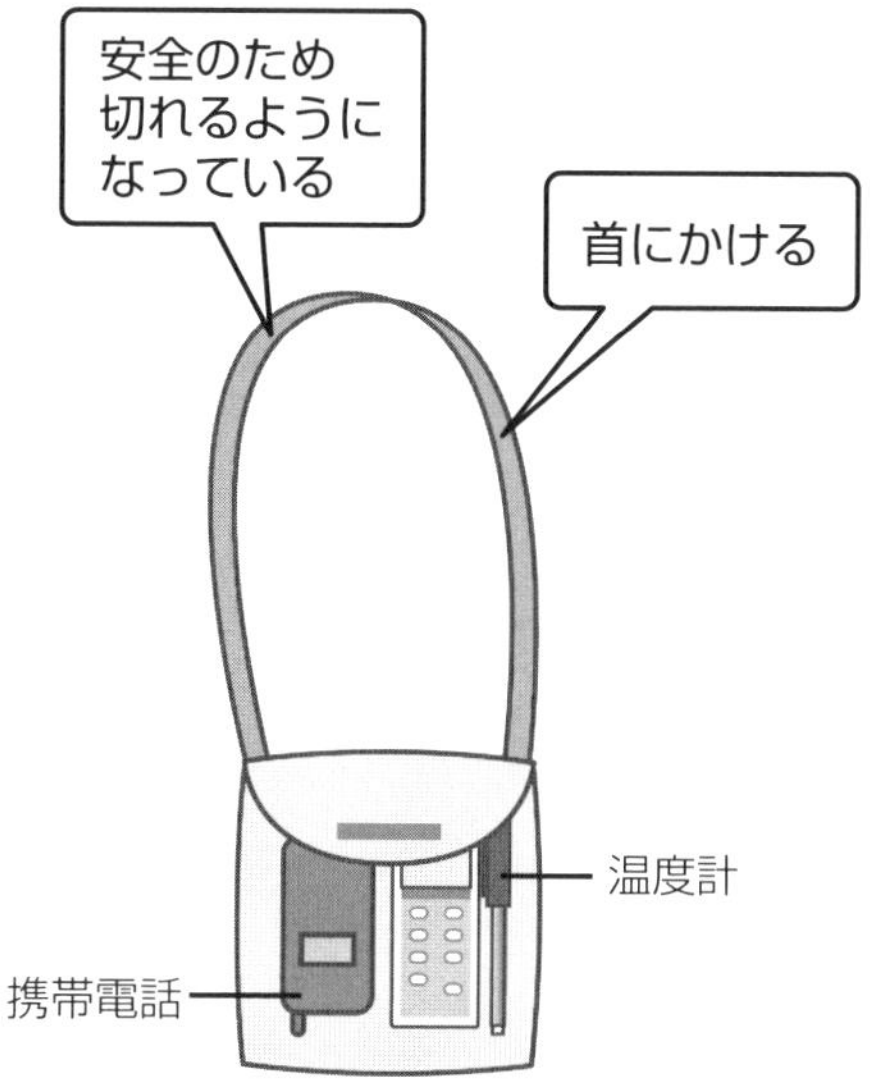

安全のため
切れるように

首にかける

社員が必要なものは
ポシェットに入れる

点検のポイント

❶ 個人の持ち物が持ち込まれていないか
❷ 作業者のポケットは、内側のみ使用されているか
❸ 必要な場合はポーチ（ポシェット）を使用しているか

評価の内容	評価	点検のポイント		
		❶	❷	❸
まったく問題がない	5			
ほとんど問題がない	4			
まあまあできている	3			
ほとんどできていない	2			
まったくできていない	1			

合計　　　　点

80 頭髪、手、指、爪は清潔か

◉髪の毛はまとめる

泥つきのジャガイモをダンボールに入れる作業場では、髪の毛は短くまとめておく必要があります。そして、髪の毛は、必ず帽子の中にまとめるように指導します。

これは、髪の毛が原材料に落ちることによる異物混入を防ぐためです。

作業場内はベルトコンベアなど、回転している設備があります。回転する設備に長い髪の毛が巻き込まれると大事故につながりかねません。アメリカの作業場では、首にかけたヒモなども、引っ張ると切れるタイプのものを使用しているほどです。

もちろん、首に巻いたネクタイも、作業場では使用禁止です。

男性の髪の毛も、肩より長い作業者がいる場合は、髪の毛をまとめて作業についているかどうかを確認します。

また、衛生度の高い作業場の場合は、作業者に対して毎日髪の毛を洗い、作業場にくる前に必ずブラッシングしてくるように指導しているか、確認します。

◉爪が短く切られているか確認

長い髪の毛をまとめているかどうか、爪を短く切っているかどうかは、作業場の事務員まで含めて指導してください。

作業場の責任者や事務の人は別というところもありますが、「私たちは、現場に絶対に入りません」という考え方であれば、それはそれで別の問題があるため、髪の毛や爪の管理は、点検先の従業員全体を含めていることを忘れてはいけません。

爪の長さは、手のひらのほうから手を見て、爪が見えてはならないと定義します。しかし、爪を短く切りすぎると深爪になってしまうため、やすりなどを使用して丁寧に管理してあることが必要です。

開発担当の女性の中には、爪を伸ばしている点検先がありますが、点検先のすべての人が個人衛生の点検対象になるということを確実に指導するようにします。

頭髪、手、指、爪は清潔か

首に長いヒモがない
ネクタイも不可

点検のポイント

❶ 髪の毛はしばってあるか
❷ 首にかけてあるヒモは安全なものか
❸ 爪は短く切られているか（事務所の人も含めて）

評価の内容	評価	点検のポイント		
		❶	❷	❸
まったく問題がない	5			
ほとんど問題がない	4			
まあまあできている	3			
ほとんどできていない	2			
まったくできていない	1			

合計　　　　点

81 手指に傷のある作業者の作業について

◉検便を受けていない人も作業してはならない

手指に傷のある人、検便結果が悪かった人、検便結果がまだ出ていない人、くしゃみが出る人、下痢をしている人、家族の中に下痢の症状がある人などは、いずれも作業場で働いてはいけません。

生野菜や生魚を取り扱っている点検先では、黄色ブドウ球菌のエンテロトキシンが混入してしまうと、加熱しても毒素は消えないため、手指に傷のある人は作業をすることはできません。

そして、直接製品に触れない作業、番重洗い、ダンボールづくり、伝票書きなどは、特別に許可を得て作業しているかどうかを点検します。

また、作業中に手指を包丁で切って、縫う治療が必要だと、労災になります。

労災になって作業場を休むと休業労災になるため、休まないように作業をさせている場合があります。しかし、ケガをしている人は、事務所での作業が基本になります。

◉手袋を着用すればＯＫか？

作業者数がかぎられている小さな点検先では、ケガがあっても、交代する作業者がいない場合があります。豚肉の半丸から骨をはずす作業にはケガがつきものです。

作業者は手を切らないように、包丁でも切れないプロテクト手袋を使用して作業をしています。しかし、それでも手を切ってしまう場合があります。

また、加熱する原料の場合、「手袋をきちんと着用すれば、ケガがあっても作業を行ってもいいのではないか」という議論があります。

これを例外的に認める場合には、作業場に入る前に手袋を着用し、作業場から出るときに外すことで、手袋からケガをしている部分がはみ出ないことを条件にしてください。

このような場合でも、入場時にはめている手袋の上にもう1枚手袋を重ねて着用し、作業場では二重にはめた手袋のほうを交換するようにします。

手指に傷のある作業者の作業について

例外規定 充分な注意が必要

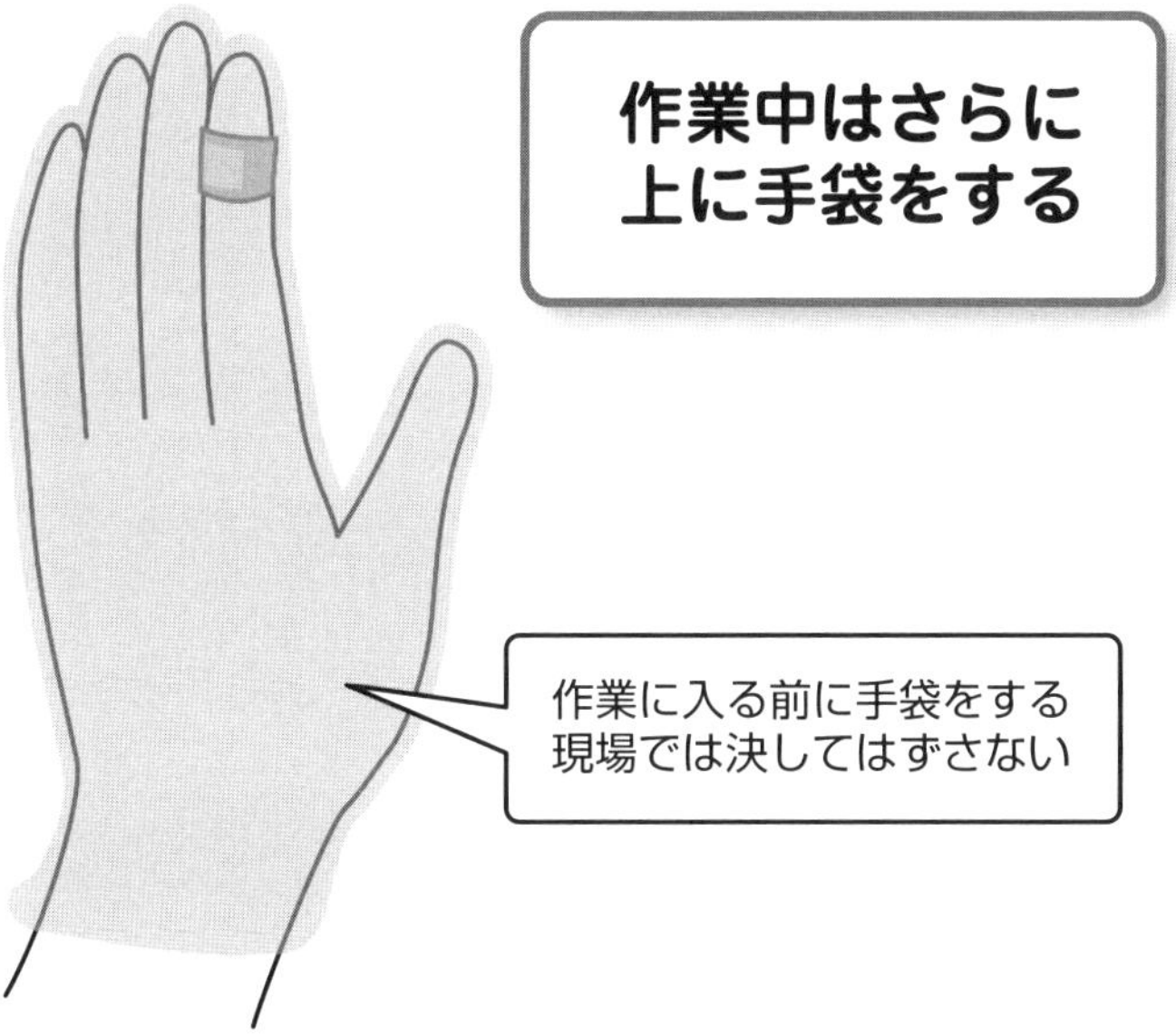
作業中はさらに
上に手袋をする
作業に入る前に手袋をする
現場では決してはずさない

点検のポイント

❶ 手指に傷のある人が現場で作業をしていないか
❷ 検便結果が陰性でない人が作業をしていないか
❸ ケガをした人の例外規定が守られているか

評価の内容	評価	点検のポイント		
		❶	❷	❸
まったく問題がない	5			
ほとんど問題がない	4			
まあまあできている	3			
ほとんどできていない	2			
まったくできていない	1			

合計 ＿＿＿ 点

82 毎日、個人衛生状況をチェックして記録しているか

◉作業場に入る前に点検を行っているか

作業場の衛生度にもよりますが、作業者がケガをしていないか、熱がないか、下痢をしていないかなどの個人衛生状況を、毎日確認しているかを点検します。

また、ボタンのついた作業着を使用している場合は、作業終了後にボタンが取れていないかの点検も必要です。

こうした個人衛生点検はおざなりにされやすく、しかも自己申告で行われているのをよく見かけますが、必ず点検者が点検を行うことが重要です。

手指に傷があるかどうかは、アルコールを噴霧して手をこすり合わせ、しみるところがあるかどうかで判断できます。

また、作業着の下に毛糸のセーターなど毛羽立ったものを着ていると、毛糸が異物混入の原因になってしまいます。

現場の作業者が、毛羽立った服を着用していないかどうか、点検をします。

◉外部の人にも例外なく点検を実施

入室点検簿に名前のない人は、作業場に入ることはできません。私たち点検者が入るときも、必ず入室点検をされるか、確認が必要です。

入室チェック時には、ここ1カ月以内に外国旅行に行ったことがあるかどうか、発熱していないか、下痢などの体調不良はないか、検便検査を受けているか、などを通常の入室点検簿に追加して、本人の申請で確認のサインをもらうようにします。

点検者が入室の際に個人衛生点検を受けるかどうかで、点検先のレベルが確認できます。そして、作業室に入るときに点検簿の人数を数えて、実際に作業している人の数を数えれば、毎日確実に点検を実施しているかどうかを確認することができます。

異物混入が多い工場では、改善策として、入室時の点検において眉毛を粘着テープで押さえて眉毛の混入を防いでいる事例があります。

毎日、個人衛生状況をチェックして記録しているか

• 健康状態(本人と家族)	
• 体温の測定	
• むし歯の治療	
• 服装	
• 爪の長さ	
• 手指の傷	
• 毛羽立ったセーターなどを着ていないか	
• 外国旅行に1カ月以内に行ったか	
• 検便を1カ月以内に受けて陰性だったか	

外部の人も必ず点検

点検のポイント

❶ 入室点検がされているか
❷ 入室点検の記録があるか
❸ 外部点検者も点検を受けるか

評価の内容	評価	点検のポイント		
		❶	❷	❸
まったく問題がない	5			
ほとんど問題がない	4			
まあまあできている	3			
ほとんどできていない	2			
まったくできていない	1			

合計　　　点

COLUMN 7

廃棄カツ問題を考える

●全体を監査していれば防げた

2016 年 1 月に有名カレーチェーンの冷凍食品を製造している工場で、生産設備の合成樹脂製の部品が破損し、異物混入の恐れがあるということでビーフカツを廃棄物処理業者に出したところ、その業者がスーパーなどに転売するという事件が発生しました。

カレーチェーンの従業員が、自社のビーフカツがスーパーの店頭で販売されていることに気づき、転売が発覚しました。

本来の廃棄物管理は、マニフェスト管理が必要です。廃棄物を出すときに重量などをマニフェストに記入してもらい、最終処理が終わった段階でマニフェストを回収し、保管することが必要です。

ここで大切なのは、書類上の確認だけではなく、廃棄物が業者の手で確実に処理されているかどうかということです。今回の事件では、問題を起こした廃棄物処理業者全体の監査を行っていませんでした。もし、入荷してきた廃棄物と処理した廃棄物の数量を確認していれば、大きな問題になる前に気づくことができたはずです。

廃棄した工場側にも問題があります。工場から商品を廃棄するときに、なぜダンボール、包装資材、製品と区分して廃棄しなかったのか、疑問です。さらに、ビーフカツを再利用できないように破壊して廃棄していれば、転売行為はできなかったはずです。

最終処理されるまで、すべての廃棄物を確認することは不可能です。過去にも廃棄物処理業者が、工場から出された包装資材などを山中に廃棄し、社名の入った包装資材の写真が新聞の一面を飾ったことがありました。今回のビーフカツ事件が初めてではないのです。

●異物が入らない工夫が必要

生産設備で破損する可能性のある部品は、ロットごとに確認が必要です。始業時、ロット切替え時と、定期的に確認することで、破損したとしても、被害を小さくすることができます。

たとえば、配管に必要なパッキンであれば、パッキンを使用しなくてもいい配管に変更できないか、パッキンが破損しても金属探知機で反応するものに変更できないか、といったことを常に検討することが必要です。今日できなくても、技術が進化して可能になっているかもしれないのです。

●廃棄する必要があったのか

食品製造会社が生産設備に使用している合成樹脂は、食べても健康被害が起きないものです。金属異物であっても、X 線検査機で反応しない小さなものは、歯を折るなどの健康被害は考えづらいものです。

小さな異物混入の可能性のある商品を、すべて市場から回収することが本当に必要かどうか疑問に思います。

「この商品は健康危害のない樹脂が入っている可能性があります」などと表示して販売するか、理解していただいた上で、転売を禁止して従業員販売するなどの、食べられるものを捨てない考え方が必要な時代になってきていると思います。

8章

帳票の管理状況

83 タイムテーブルは作成されているか

◉注文が来てから出荷するまでが明確になっているか

帳票に関しては、点検先にFAXや電話などで材料を発注してから納品されるまでの流れが、タイムテーブルとして1枚の紙にまとまっているかを確認をします。

その際に大切なのは、受注生産か見込み生産かを明確にすることです。

見込み生産の場合は、月間で生産計画をすり合わせておいて、お互いに無駄が出ないようにする必要があります。そして、見込み生産でも細かい数量の確定は、何日前の何時までに注文したらいいかを明確にしておきます。

一方、受注生産の場合は、毎日何時までに注文を行えば、翌日何時に納品が可能かを明確にします。そして、受注生産の場合、発注してからの生産、加工になるため、特に生鮮の原材料を使用する場合は、原材料の手配をどのように行っているかの確認が必要になります。

工業製品のように、粉を配合してできる商品ならいいのですが、農畜産物を使用する場合は原料手配をどのようにしているかを確認します。

◉ボトルネックが明確になるように打ち合わせる

次に、点検先の1日の能力、1時間当たりの能力を明確にします。そしてこのとき、仕入れ先のボトルネックを明確にします。

仕入れ先は、できもしない量の受汗に対して「問題ありません」と答える可能性があります。そこで、どこまでの量が生産できて、どこまでの量ができないかを明確にしてもらうのです。

たとえば、専用農場で当日産まれた卵のみを納品してもらうとします。鶏は毎日同じ数量の卵しか産みません。1万羽の鶏を飼育している鶏舎なら、すべての鶏が卵を産んでも1万個しか産まれません。

したがって、特売が入ったため2万個の卵が必要になっても、1万羽の鶏舎からは2万個の卵は出てきません。仕入れる原材料を縛れば縛るほど、数量の柔軟性がなくなるため、この場合のボトルネックは、鶏舎ということになります。

タイムテーブルは作成されているか

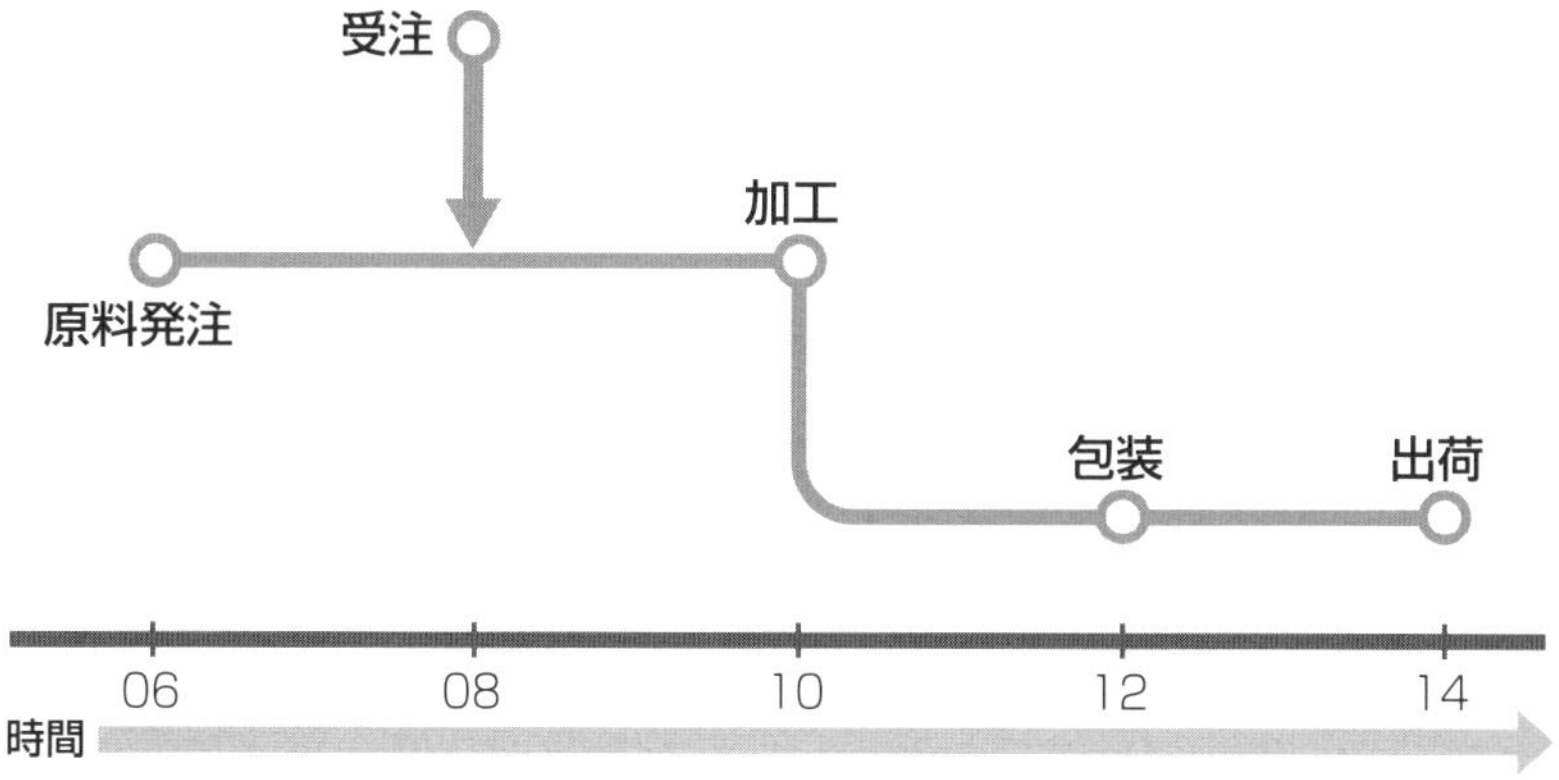

ボトルネックとは?

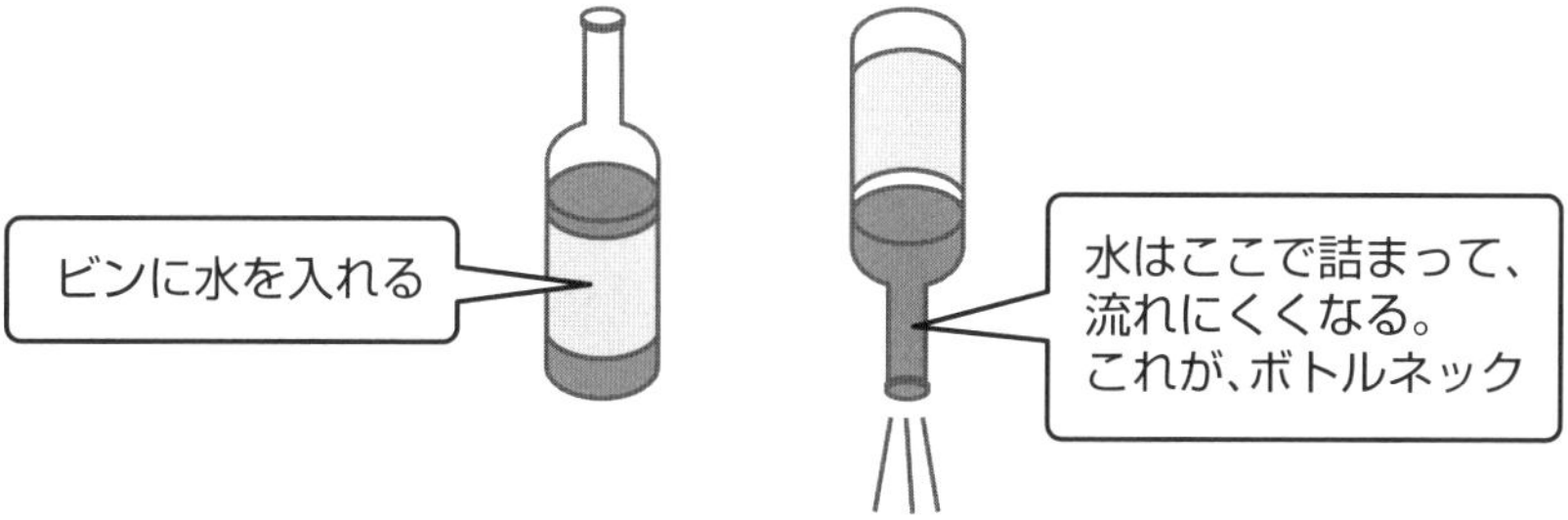

点検のポイント

❶ 受注生産か見込み生産かが明確になっているか
❷ 原料の手配はどのようにしているか
❸ ボトルネックが明確になっているか

評価の内容	評価	点検のポイント		
		❶	❷	❸
まったく問題がない	5			
ほとんど問題がない	4			
まあまあできている	3			
ほとんどできていない	2			
まったくできていない	1			

合計 ＿＿＿ 点

84 工程ごと、時間ごとに責任者を配置しているか

◉作業者全員がわかるように表示されているか

作業場に入る前に、その日、その時間の工程ごとの責任者、判断者が明確になっているかどうかを点検します。つまり、あなたが点検者として作業場を点検に行ったとき、対応する人がいるかどうか、ということです。

突然、あなたが訪問したとき、満足な対応ができなかったとすると、点検先の責任者の配置は不完全ということになります。

そして、特定の時間の責任者が明確になっており、責任者はどこまで判断できるのか、もし異常事態が発生した場合は誰に第一報を入れるのか、が明確になっているかを確認します。

たとえば、事務所の電話に出る人に「今の時点の責任者はどなたですか」と尋ねてみるといいでしょう。

◉異常があったときの対応はどうなっているか

突然点検を行ったとき、現場の原料で異物混入があったと仮定して、誰がどのように判断しているかを試してみます。

あなたの会社が仕入れ先から、産卵日当日の卵を割った液卵を購入しているとします。もし、産卵日当日の卵を運ぶトラックが配送中に交通事故にあって納品がなかったとしたら、どのような判断でどのように連絡がくるのかを質問をします。

あなたの会社では、仕入れた液卵を使用してマヨネーズをつくっているとしたら、製造はできなくなってしまい、作業者が遊んでしまうことになります。

何か問題があったとき、次の手を考える責任者がどのように配置されているかが大切になります。そこで、責任者の人に質問してみます。

「原料の液卵が入荷してきませんでした。どこに連絡をすればいいですか。リストを見せてください」

「連絡をしたら翌日2倍の注文になりました。卵の仕入れは、どこでどのように対応しているのですか」

さらに、３６５日24時間稼動している点検先であれば、時間帯ごとの責任者が明確になっているかどうかを点検します。

工程ごと、時間ごとに責任者を配置しているか

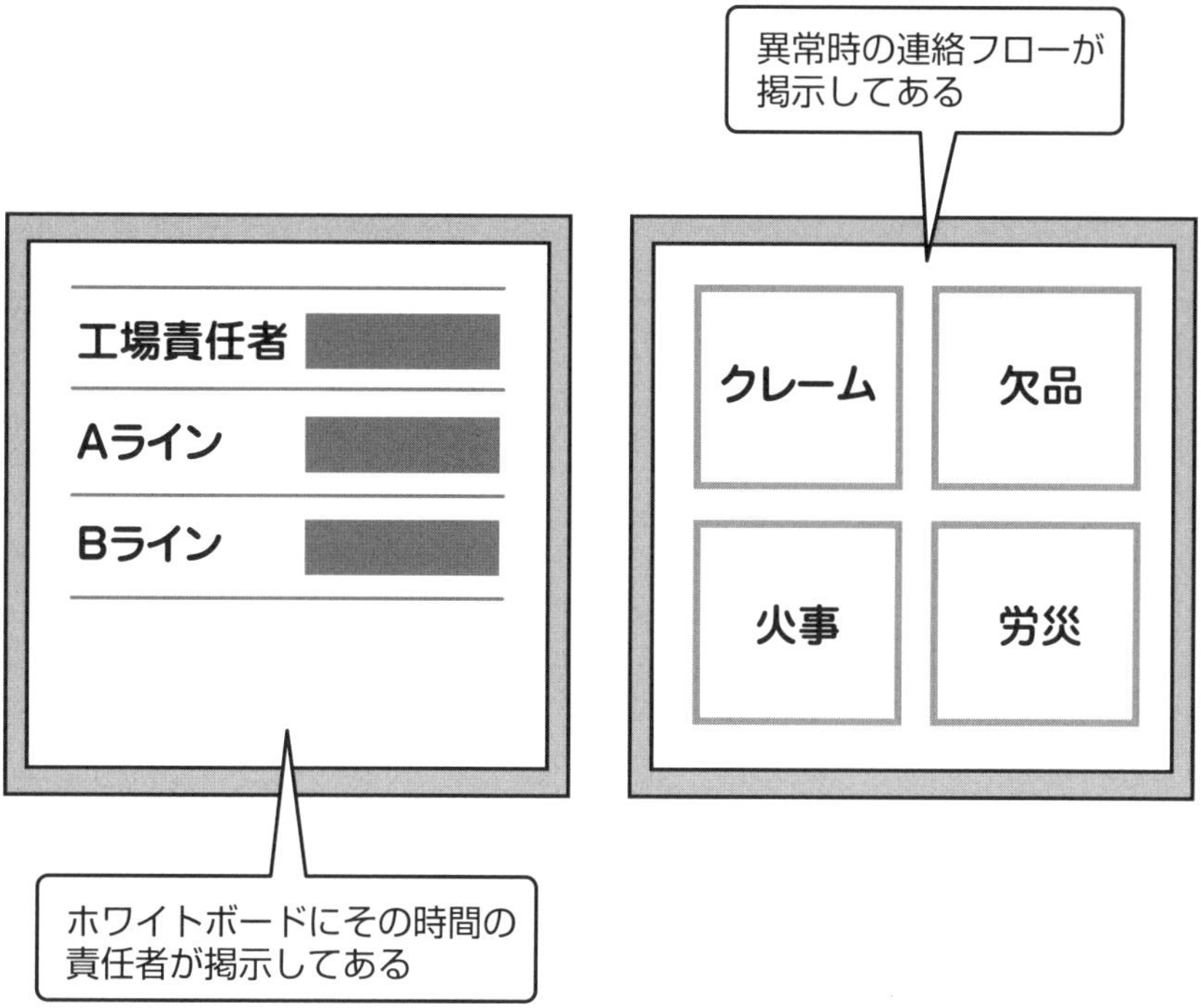

点検のポイント

❶ 時間ごと、工程ごとの責任者が明確になっているか
❷ 異常時の連絡先が明確になっているか
❸ 異常事態への対応が明確になっているか

評価の内容	評価	点検のポイント		
		❶	❷	❸
まったく問題がない	5			
ほとんど問題がない	4			
まあまあできている	3			
ほとんどできていない	2			
まったくできていない	1			

合計　　　　点

85 注文から発送までの一連の帳票はあるか

◉ＨＡＣＣＰ表に基づいて帳票を確認する

原材料の契約時に打ち合わせたＨＡＣＣＰ表のＣＣＰ（重要管理点）に基づいて、帳票があるか確認します。帳票の点検は、点検日の当日の帳票がすべて現場に準備されており、点検時間までの内容が記入されているかどうかを、まず点検します。

帳票には、現場の作業担当者だけでなく、作業場の責任者の確認も必要です。そして、異常値があった場合はコメントされているかどうかを点検します。さらに、約束された帳票がすべてファイリングされているかも点検します。

帳票とは、現場の人が記入するものであって、現場の人が書いたメモを書き直すものではありません。

アメリカのレストランには、温度計の自動記録装置を利用したシステムがあります。これは、スープなどを製造する場合、スープの中心温度を測定して、設定以上の温度が測定されなければ次の冷却工程にスープをまわすことができなくなっています。

アメリカには文字の読み書きができない人がいるため、温度が自動的に測定され、記録される装置が必要なのです。

◉帳票全体の管理状況を点検する

次に、帳票全体がファイリングされているかどうかを点検します。

たとえば、1カ月前のある日の帳票を点検してみましょう。受注数量から製造数量、出荷数量の整合性があるかどうか、加熱されてから冷却されるまでの時間が基準どおりに運用されているかを確認します。

また、素性の明確な原材料を使用していることを伝票で点検をします。

たとえば、黒豚ロースとんかつを仕入れている場合は、黒豚のロースの仕入れ量を月ベースで確認します。

1カ月単位の肉の仕入れ量を確認して矛盾がなければ、次に毎日の仕入れ量と生産量を確認します。仕入れ伝票と実際の仕入れ先の出荷明細とを照合するのですが、これは税務署の反面調査と同じ考え方です。

注文から発送までの一連の帳票はあるか

黒豚

↓

1カ月単位で調べる

↓

毎日の仕入れ量と出荷量を調べる

↓

仕入伝票と生産量を確認する

CCP（重要管理点）に基づく素性の明確な原材料の調査方法

点検のポイント

❶ 帳票がすべてファイリングされているか
❷ 現場で帳票に数字が書き込まれているか
❸ 素性の明確な原料の仕入れが行われているか

評価の内容	評価	点検のポイント		
		❶	❷	❸
まったく問題がない	5			
ほとんど問題がない	4			
まあまあできている	3			
ほとんどできていない	2			
まったくできていない	1			

合計　　　点

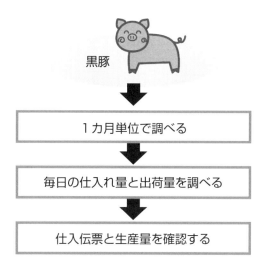

86

計測器は定期的に校正されているか

◉温度計は毎月校正されていることが重要

ゆで卵をゆでるときにはボイル釜の中心温度を測定します。中心温度が1℃異なると、ゆで卵の黄身の色が変わってしまうからです。

きれいなオレンジ色に仕上がるとおいしそうに見えるのですが、温度が余計にかかってしまうと、黄身の色が真っ白になってしまいます。

もし黄身のまわりが黒くなってしまえば、食べる気にならなくなってしまいます。

このように、卵をおいしそうにゆでるためには、温度の管理は非常に大切になります。したがって、ボイル釜を制御している温度計は、毎日でも校正をする必要があるのです。

温度計の校正方法は、標準温度計を利用して、測定する温度に近い温度の水を用意します。

冷却温度を測定する場合は10℃の水、加熱温度を測定する場合はお湯を準備して、標準温度計と校正する温度計を同じ水に入れます。

2台の温度の差を見て、差がある場合は校正される温度計に「表示より－（マイナス）1℃」とか「表示±0℃」と校正日とともに表示します。冷蔵庫などの温度計も同じように校正が必要です。

点検先の温度計がすべて校正されて、誤差が表示されているか点検を実施します。

なお、温度計は、最低でも1カ月に1回は校正が必要になります。

◉pH計、秤も校正が必要

点検先で使用している測定器は、pH計、ブリックス計、秤、金属探知機、色差計など、すべて使用前に校正が必要です。

点検する内容は、毎日使用前に校正をしているか、校正方法、校正する標準器の保管は適切か、標準器の精度は保証されているかどうか、などです。

また、標準分銅などの標準器は、年に1回以上の校正がメーカーによってなされているかどうかを、メーカーの校正記録から確認します。

計測器は定期的に校正されているか

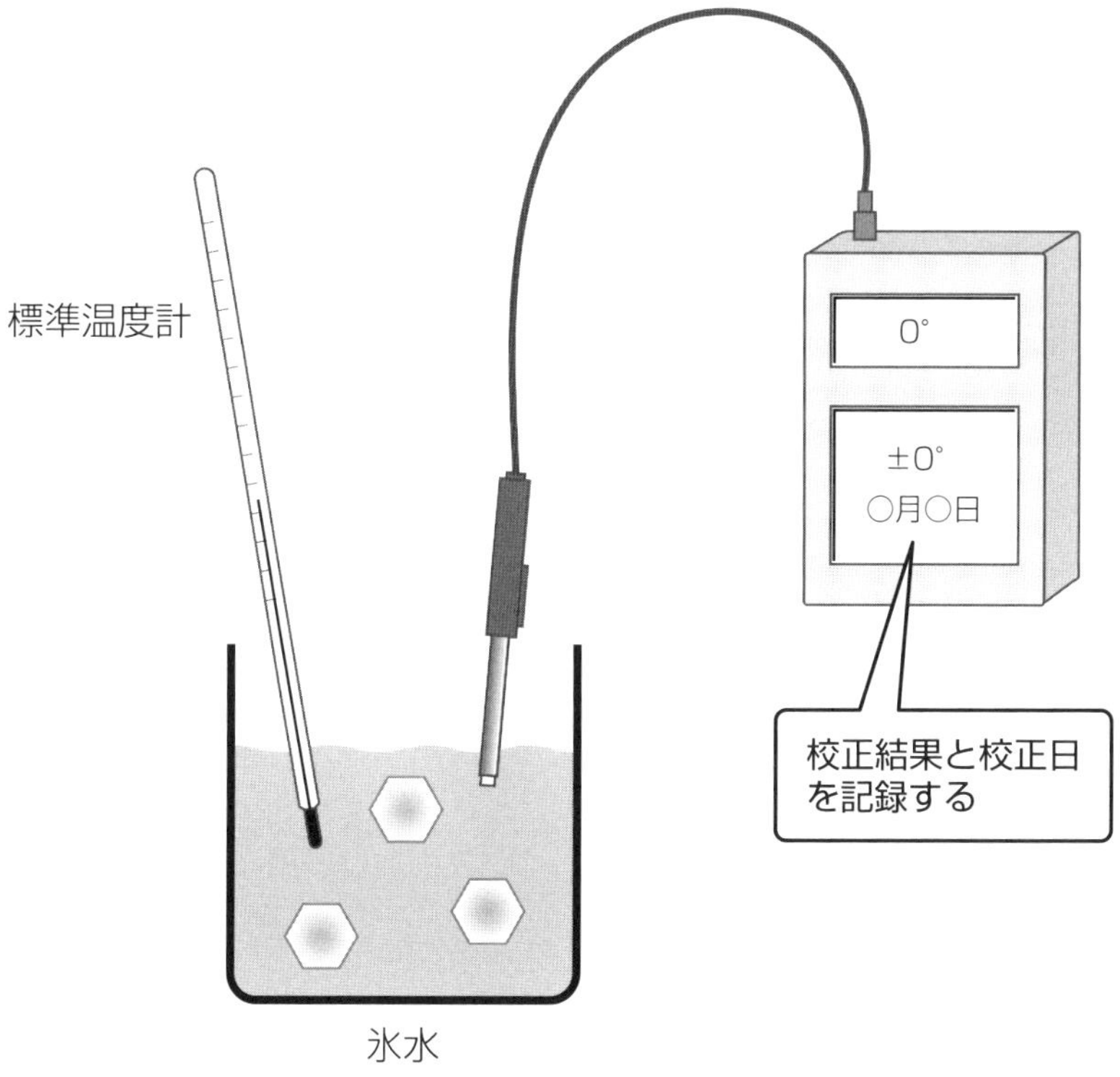

点検のポイント

❶ すべての測定器が校正されているか
❷ 校正記録があるか
❸ 標準器はメーカーで校正されているか

評価の内容	評価	点検のポイント		
		❶	❷	❸
まったく問題がない	5			
ほとんど問題がない	4			
まあまあできている	3			
ほとんどできていない	2			
まったくできていない	1			

合計　　　　点

87

製造日付などは明確に表示されているか

◉半製品も含めて、すべてのものに表示が必要

食品の原材料に関して、賞味期限、消費期限などの期限切れの原料を使用しているとの内部告発が、いまだに続いています。

私のホームページにも、期限切れ原料の使用に関する内部告発がよく届きます。

保健所などに相談しても、現在の日本の法律では最終商品に異常がなければ問題にはならないため、保健所でも相談に乗ってもらうことができず、内部告発者はマスコミに告発することになってしまいます。

点検先の日常管理がずさんで期限表示を過ぎて使用している場合は、日常管理の強化で防ぐことができます。ところが、スーパーなどからの返品で期限切れのものを再度使用するなど、悪意を持って期限の過ぎたものを使用している場合があります。

こうしたケースは、抜き打ち点検であれば、点検時に期限切れの原料を使用していることを発見できますが、定期点検時などでは非常に発見が難しくなります。

◉悪意を持った工場の点検方法

期限切れの凍結鶏肉を、悪意を持って使用しているとします。従業員にも見つからないようにするためには、口の堅い社員の何人かが、従業員が出勤する前に鶏肉をすべてダンボール箱や内袋から出して、シンクなどに入れておけば発覚することはなくなります。

悪意を持った工場を点検する場合は、税務署の反面調査と同じような方法で行います。点検先に着いたら、すぐ現場に入ることです。着替え、お茶、世間話などをしていると、点検への対応を取られてしまうことになるため、すぐ現場に入ることが重要です。

現場では、まずゴミ箱の中をすべて点検します。そして、ダンボール、鶏肉の袋を確認します。日付が確認できない場合は、納入伝票を確かめます。さらに、鶏肉の納入先に直接連絡して、日付がいつのものを出荷しているか確認を取ります。

次に、凍結庫の中をすべて点検します。1ケース1ケース日付を確認します。不正は必ず見つけ出せます。

製造日付は明確に表示されているか

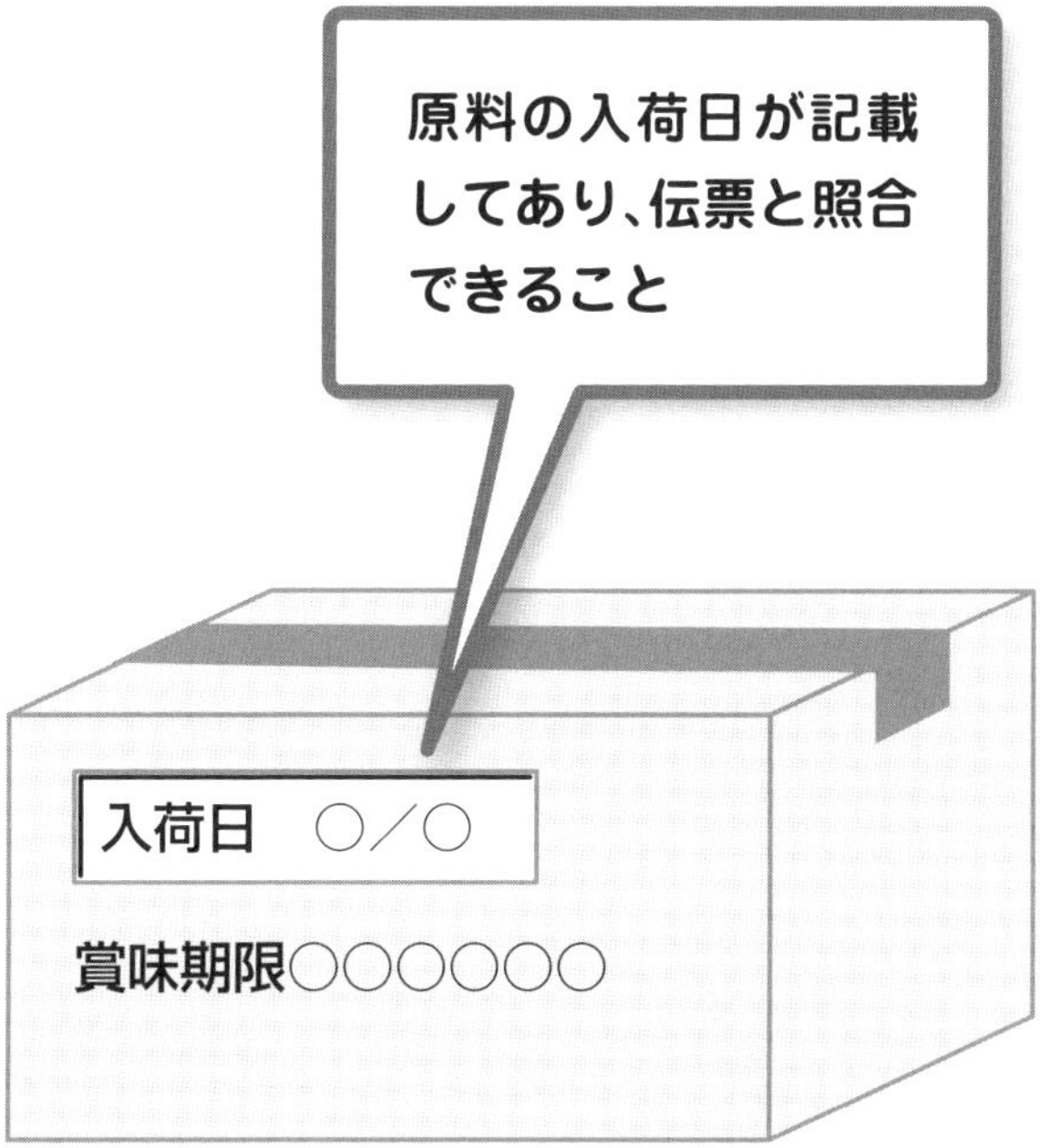
原料の入荷日が記載してあり、伝票と照合できること
入荷日 ○／○
賞味期限○○○○○○

点検のポイント

❶ 点検先の原料には、すべて日付が記載されているか
❷ 期限の過ぎた原料は保管されていないか
❸ 日付の記載されていない原料は、その場で廃棄しているか

評価の内容	評価	点検のポイント		
		❶	❷	❸
まったく問題がない	5			
ほとんど問題がない	4			
まあまあできている	3			
ほとんどできていない	2			
まったくできていない	1			

合計 　　　　点

88 金属探知機を導入しているか

●最新設備が導入されていることが必要

金属異物は、もし混入した食品をお客様が食べた場合、被害が大きくなってしまいます。

金属異物は、混入する要因を取り除くことがもっとも重要ですが、最終ハードルとして金属探知機が導入されていることが大切です。

金属探知機の精度は、毎年向上しています。今までは発見できなかったような金属でも発見できるようになってきています。そこで、最新の設備が、最新の精度で導入できているか、を点検します。

しかし、アルミ製の鍋に入ったうどん、アルミ蒸着フィルムに入ったしょうゆなどは、通常の金属探知機がでは金属異物を発見できません。こうした場合は、X線検査機の導入が必要になります。

異物混入を防ぐためには、点検時点での最新の設備が導入されていることが必要なのです。

●除去されたものの取り扱いを確認する

金属探知機には、反応すると金属探知機のベルトが止まるタイプ、横にはねるタイプ、コンベアが傾いて落ちるタイプなどいろいろありますが、反応した製品を確実に除去できているかどうかを確認します。

せっかく金属探知機を設置しても、反応したときに後ろから流れてきた製品に押されて、はねられずに通過してしまう場合があります。

あるいは、製品の大きさと金属探知機が合っていないために製品が詰まってしまい、そのまま通過してしまうこともあります。

そこで、金属探知機ではねたものの取り扱い方法を、聞き取りで確認します。従業員に、「あなたは金属探知機でははねたものをどのように取り扱いますか」と質問してみましょう。

「この金属探知機はよくはねるので、はねてもそのまま使用します」と答えた例もありました。

また、金属探知機は流す製品が変わるたびにテストピースで校正をしているかどうかの点検が、必ず必要です。

金属探知機を導入しているか

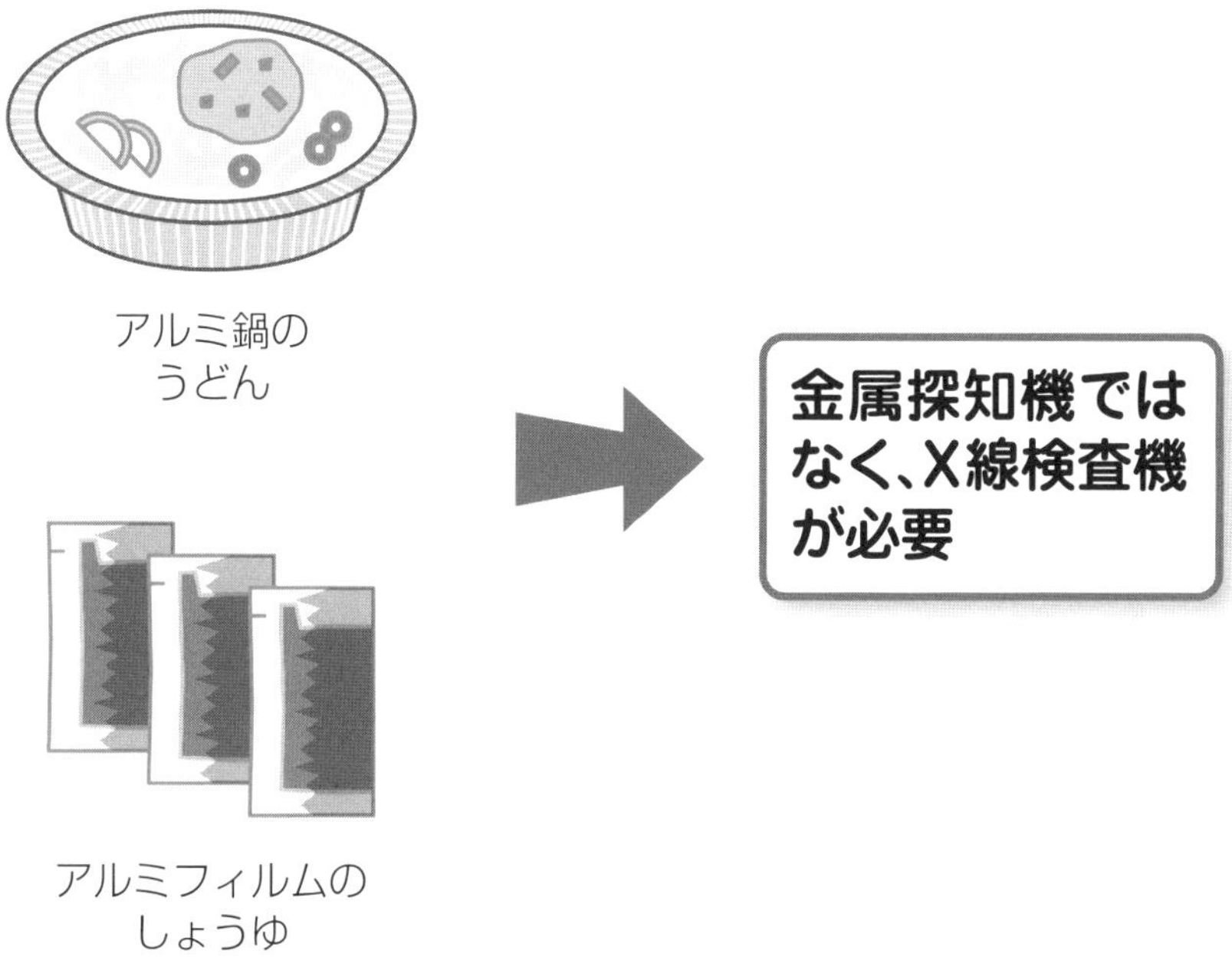
アルミ鍋の
うどん
アルミフィルムの
しょうゆ
金属探知機ではなく、X線検査機が必要

点検のポイント

❶ 最新の金属探知機が設置されているか
❷ 反応した物は確実に除去されているか
❸ テストピースで校正されているか

評価の内容	評価	点検のポイント		
		❶	❷	❸
まったく問題がない	5			
ほとんど問題がない	4			
まあまあできている	3			
ほとんどできていない	2			
まったくできていない	1			

合計 ＿＿ 点

89 二次汚染、交差汚染の可能性はないか

◉製品の流れが逆になっていないかを確認

点検をするときは、すべての保管スペース、作業場を確認します。そして、ものの流れに逆らって原材料が保管されていないかどうかを確認します。

揚げた後の鶏のから揚げが、鶏の生肉と同じ冷蔵庫に保管されている。生野菜サラダの原料の野菜を洗浄している作業台で鶏肉を切っている。加熱後の原料を入れる冷蔵庫に加熱前の原料が入っているなど、さまざまな交差汚染の可能性がある保管方法を見かけることがあります。

鶏肉、豚肉、牛肉など、畜種によって本来持っている細菌の種類が異なるのに、畜種が変わってもまな板や包丁を交換していない場合なども点検対象となります。

また、ウロコのついている魚と、三枚におろした魚が同じ冷蔵庫に入っている場合も不可とします。

◉交差汚染は洗剤なども点検する

冷蔵庫の中に、食品に入った場合に危害の可能性がある洗剤などがある場合も不可とします。ジャガイモの箱の上に、次亜塩素酸ソーダが乗っていた点検先もあります。

洗剤は、専用洗剤置場に保管されていることが必要となります。

シンクの上に洗剤が置かれていると、シンクの中に洗剤が入る可能性があるため、地震などで洗剤が倒れた場合でも、製品やシンクの中に洗剤がかからないようにしておくことが必要です。

そして、洗剤を棚などに保管する場合は棚の一番下に保管して、倒れた場合でも他の食材や備品などにかからないように保管することが大切です。また、製品が通過する通路には、洗剤を保管する棚を置かないように注意します。

シンナーなどの揮発性の化学物質が保管されている場合は、専用の鍵がかかるロッカーが必要になります。酸性洗剤、強アルカリ洗剤なども、鍵がかかる保管庫に保管することが必要です。

また、殺虫剤や毒餌は、作業場内では保管禁止です。

化学物質の保管方法

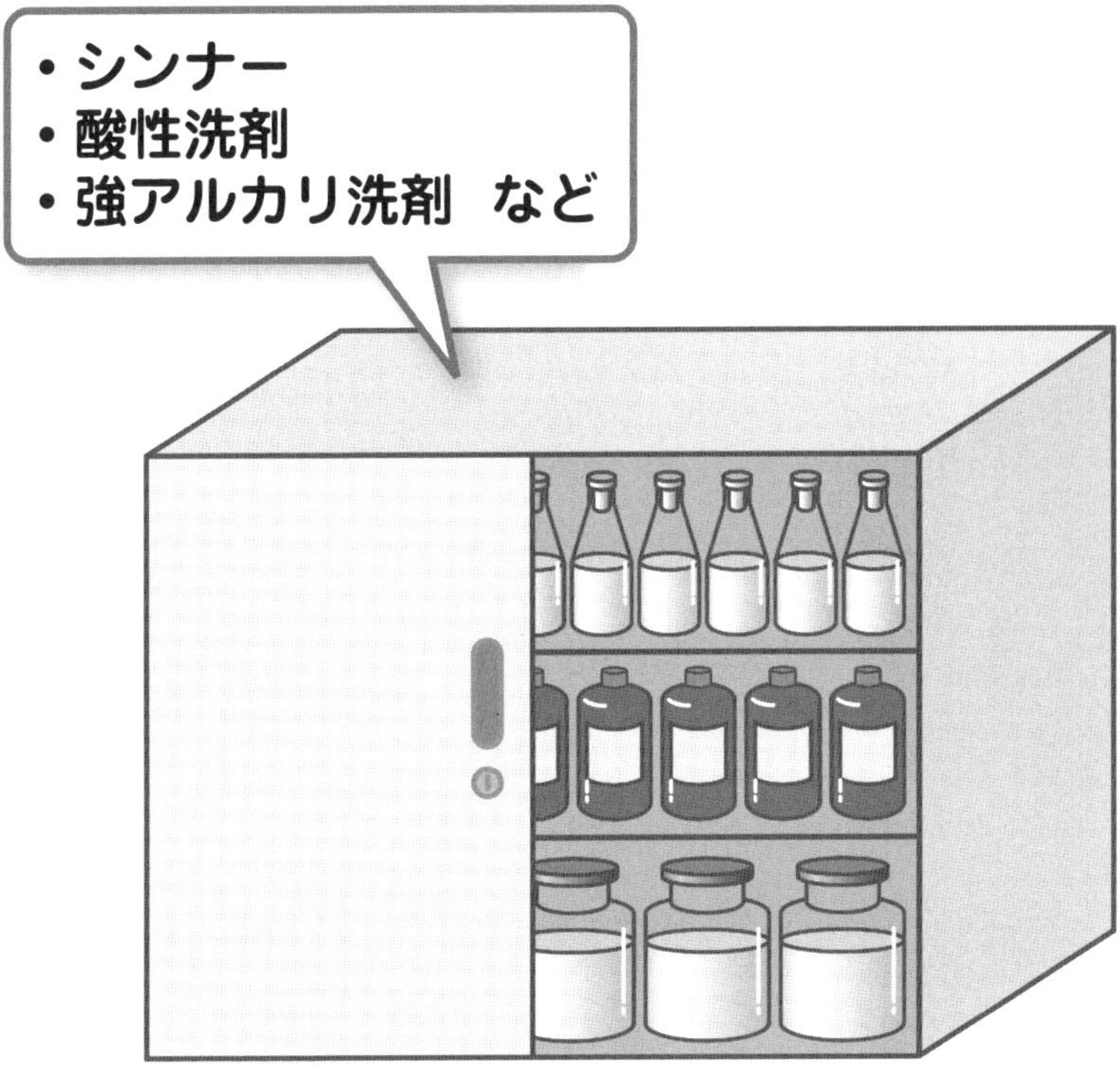

化学物質は鍵のかかる棚に入れる

点検のポイント

❶ 二次汚染の可能性を、すべての保管庫で確認しているか
❷ ものの流れに逆流がないか
❸ 揮発性のある化学物質は、鍵がかかる保管庫に保管されているか

評価の内容	評価	点検のポイント		
		❶	❷	❸
まったく問題がない	5			
ほとんど問題がない	4			
まあまあできている	3			
ほとんどできていない	2			
まったくできていない	1			

合計 ＿＿＿ 点

COLUMN 8

家庭での感染症対策

●感染源を持ち込まない

2020年の初めから始まったCOVID-19感染症は、世界中に広まりました。

このCOVID-19が収まっても、常に新しい感染症が出てくる可能性があります。

次の考え方を実践すれば、花粉症の人は、花粉を家庭に持ち込まなくてすみます。ウイルス等も同様です。

玄関を開けたらすぐに、コート、上着、ズボンなど外出時に着ていた衣類をクロークにしまいます。

翌日などに着ないで洗濯するものは、洗濯かごに入れます。

衣類を脱いだ後は、洗面台で手、顔を洗い、うがいを行います。

大切な点は、指輪、時計等手につけているもの、めがねなどもすべて外して洗うことです。

スマホなど、洗えないものは、アルコールで拭き上げます。手をきれいに洗った状態で、居間のドアを開けることです。

外出時に持って歩いていたカバン、リックなどをそのまま寝室に持ち込んでいませんか。カバンなどには塗りたての赤ペンキがたっぷりついてしまっているのです。「塗りたての赤ペンキ」が、感染源、花粉と考えてください。

電車のつり革、電車の座席、エスカレーターの手すりにも赤ペンキがついています。その赤ペンキが、ズボン、コートについているのです。もちろん、手を触れた手すりから、手にもべったりついています。

野球のバットなどにホワイトボードのマーカーを塗り、手で握ってみてください。手の平のどこに多く、マーカーがつくかよくわかります。特に親指の下の膨らんだ部分を丁寧に洗ってください。

居間や、特に無防備に息をする寝室には、感染源、花粉などを持ち込まないことが大切です。

●換気を充分に行う

換気は窓を開けることではありません。

強制的に機械で空気を吸い込み、強制的に空気を排出することです。

冷暖房をしているときに、外気の取り込みをしない人がいますが、部屋の空気の入れ換えは必要です。今は、冷暖房を使用しているときでも、冷気、暖気を外に出すことなく、換気できる装置があります。

一番無防備に息をする、寝室の換気を充分に行っていますか？

9章 トイレ・原料の管理状況

90

トイレの場所は適切か

●トイレがいくつあるか確認する

点検先では、トイレがいくつあるかを、まず確認します。

私は工場点検に行くと、最初にトイレを使用するようにしています。一番ひどかった点検先では、工事現場用の仮設トイレが外に1カ所だけ設置してありました。もちろん、男女共用のトイレです。次から点検に行ったときは使用しませんでした。

外部の人間であるあなたが、点検に行ってトイレを使用したいと言ったとき、どの場所のトイレを使用するように言われるか、を確認します。

トイレは、点検先の衛生度にもよりますが、配送車の運転手などが使用できるトイレ、事務員や外部の人が使用できるトイレ、作業者専用のトイレと、最低3カ所設置されていることが必要です。

●トイレの使用状態は適切か

点検では、点検先のトイレの中をすべて確認します。

作業者専用のトイレを配送車の運転手が使用していないか、配送車の運転手専用のトイレを作業者が使用していないか、を点検します。

配送車の運転手が使用するトイレは検便検査を受けていない人が使用してもよいトイレで、通常は靴を履き替えなくても使用できます。女性の運転手も増えてきたため、男女別になっているのが理想です。

事務員や外部の人が使用するトイレは、作業場に入る前、作業着に着替える前に使用するトイレとします。

そして、作業者が使用するトイレは、作業室の外に設置してあることが必要です。

30年くらい前に建てられた工場で、トイレが作業室内に設置してあるところがありましたが、臭い、虫の発生、衛生状態を考えても、作業室の外に移設する必要があります。

工場内に給食設備の厨房があるところでは、厨房で作業する人専用のトイレの設置が必要です。

また厨房に入場する前に手洗いのできる、手洗い設備の設置が必要になります。

トイレの場所は適切か

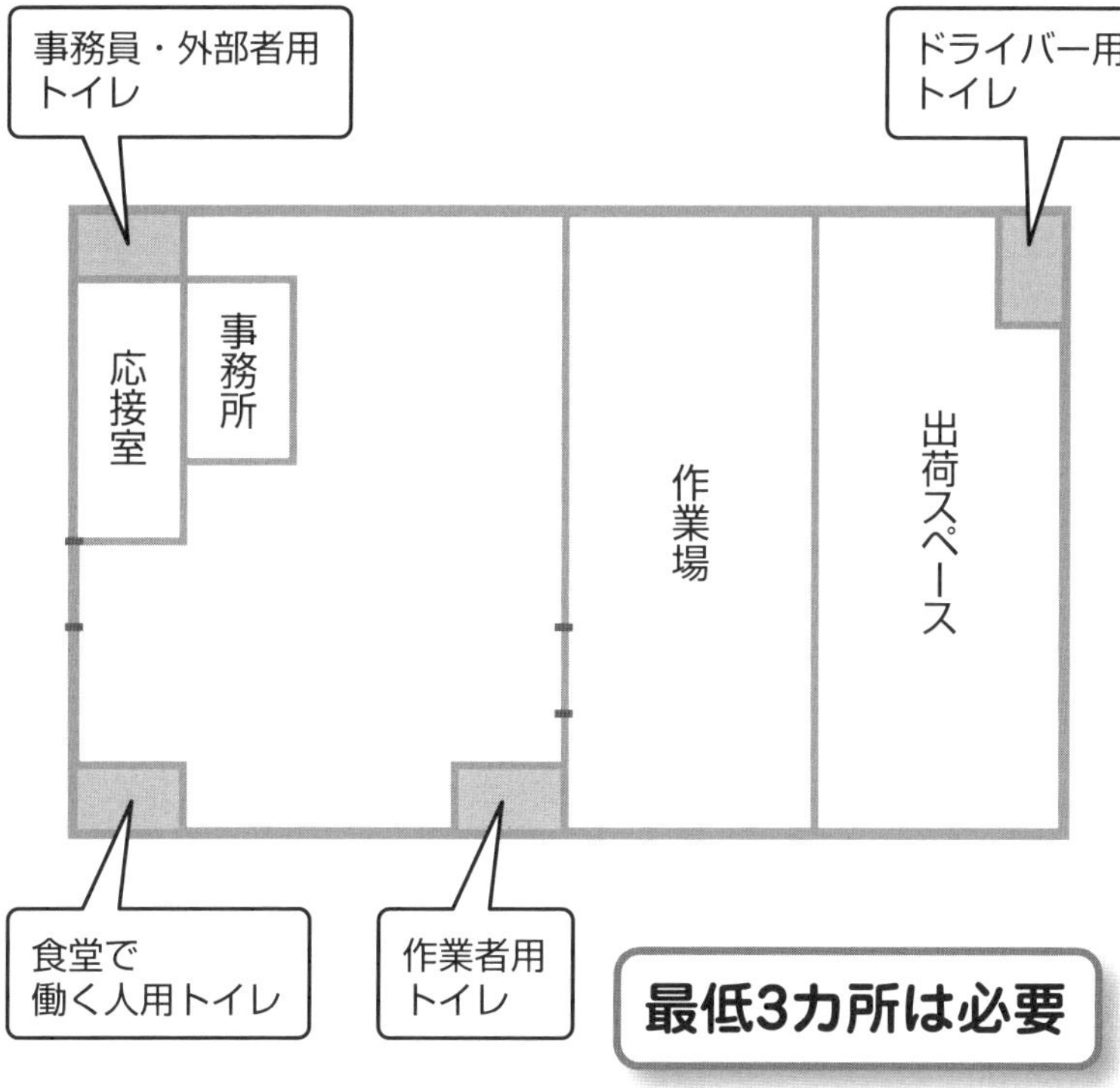

点検のポイント

❶ トイレの使用区分がされているか
❷ 作業者用のトイレは、作業室から隔離されているか
❸ トイレの使用区分が表示されているか

評価の内容	評価	点検のポイント		
		❶	❷	❸
まったく問題がない	5			
ほとんど問題がない	4			
まあまあできている	3			
ほとんどできていない	2			
まったくできていない	1			

合計 ＿＿＿ 点

91 トイレの構造は適切か

◉水洗トイレであることが最低条件

トイレについては、ドアがあって、作業場から独立していることが必要です。

トイレの場所が作業場の建物の外にある場合もありますが、雨が降っているときでも濡れることなくトイレに行けることが必要です。

そして、トイレは水洗トイレであることが条件です。下水道が完備されていない地域もありますが、最低限、簡易水洗の設備があり、ハエなどの虫がトイレ内で発生しないようになっていることが必要です。

そして、トイレには外部から飛翔昆虫が入らないように網戸が設置してあること、臭いを外に出せるように換気扇が設置してあることが必要となります。

さらに、もっとも大切なことは、充分な広さ、便器の数があるかどうかです。昼食時になるとトイレの前に行列ができている作業場を数多く見ます。

◉破損している設備はないか点検する

形だけ管理されているトイレもよく見かけます。トイレを1日に一度も使用しない点検先の管理者はいないはずです。

だから、トイレを一番先に点検すると、点検先の品質管理に対する考え方がよくわかります。

トイレのドアが壊れている、落書きがされている、便器が割れている、トイレの鏡が割れている、トイレの壁に蹴られた穴が開いている、便座が割れている、便座にたばこを吸った跡がある、照明が切れているなど、いろいろな破損が見られます。

工場の中に、男女共用のトイレが1カ所のみという点検先がありました。

何度話をしても改善されることがありませんでしたが、その点検先は電気保安協会から漏電を指摘されても、改善していませんでした。

実は、私が経験したこの点検先は火災で燃えてしまいました。

外部の人から指摘されたことは素直に聞いたほうがいいという事例です。

トイレの構造は適切か

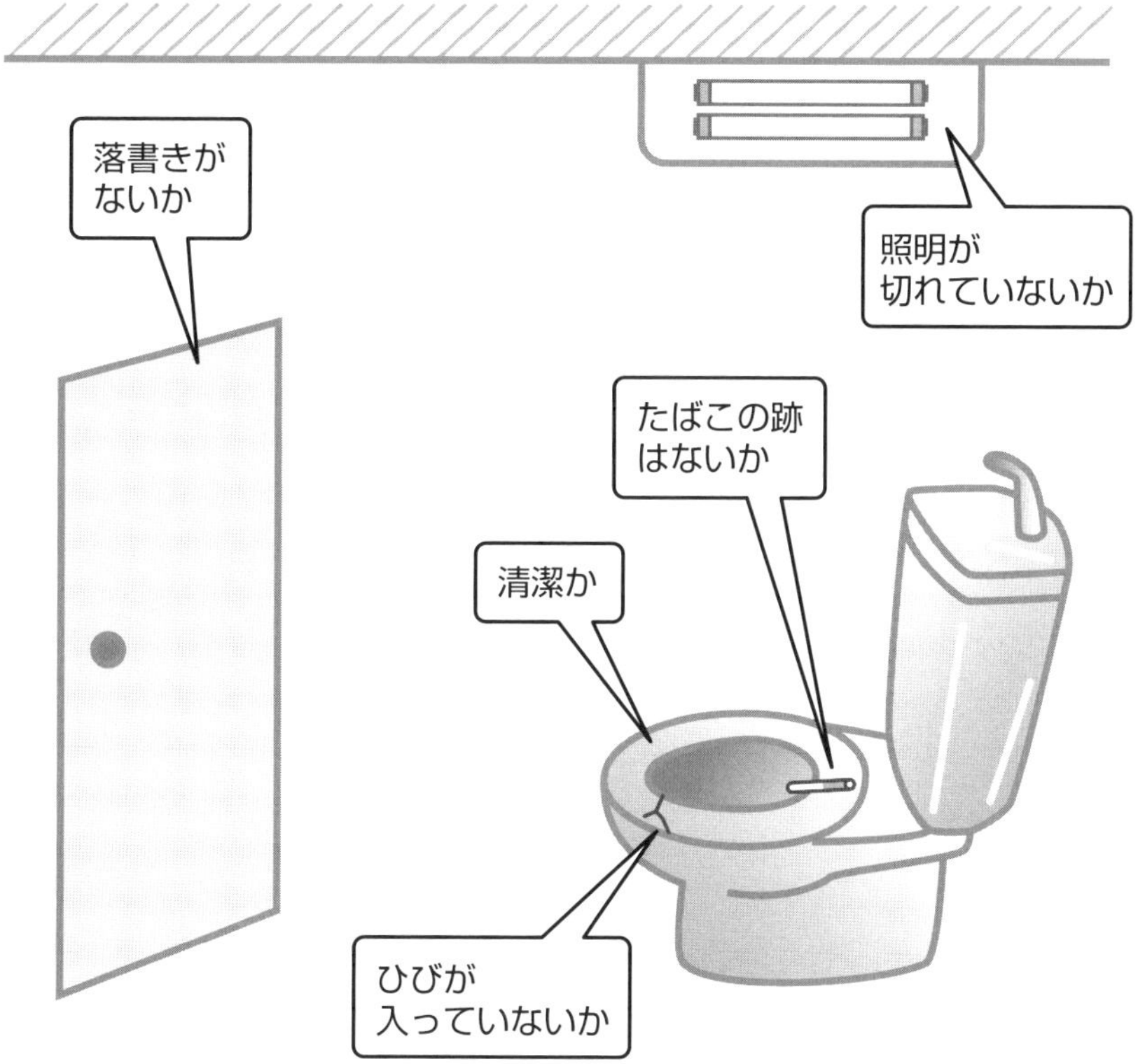
落書きがないか
照明が切れていないか
たばこの跡はないか
清潔か
ひびが入っていないか

点検のポイント

❶ 水洗トイレが設置されているか
❷ トイレの数は充分にあるか
❸ 落書き、便器の破損などはないか

評価の内容	評価	点検のポイント		
		❶	❷	❸
まったく問題がない	5			
ほとんど問題がない	4			
まあまあできている	3			
ほとんどできていない	2			
まったくできていない	1			

合計　　　点

92 返品、事故品の保管は適切か

◉商品と返品の区分が明確か

点検を行うときは、在庫表の確認をまず第一に行います。原料在庫表が毎日適切にとられているかどうか、保管庫のどこに商品があるかが、在庫表でわかるかどうかを点検します。

また、製造事故があり、異物が混入した商品の処置が決まるまで保管庫に保管する場合もありますが、商品自体に不良品とはっきり表示をするとともに、事故品や返品などを保管する場所を明確にしておくことも必要です。

ロットでの異物混入が発生し、市場から回収した商品が誤って良品として出荷され、二重トラブルになった事例があります。

実際に、私が点検した事例では、ロットで異物が入った可能性のある商品が、出荷口の真ん中においてありました。パレットに積まれたダンボールには、確かに「出荷禁止」の表示がありましたが、空調の風で簡単に飛んでしまうような表示方法になっていました。

たとえ、貼り紙が飛んでしまっても出荷されないように、場所を決めて不良品を管理する必要があります。

◉一度商品になったものが再加工されていないか

保管庫を点検していると、賞味期限などが切れている商品が保管されている場合があります。

また、一度製品化された商品を再度包装し直して、日付をつけ替える事例が報道されたこともあります。

食品衛生法上は、賞味期限などの期間の設定は製造工場の責任で行えるため、法律上は問題がありませんが、こうした行為は一般消費者の理解を得ることはできません。

賞味期限の書き換えと同じように、一度完成品になった商品や返品などを原材料として再加工することも、消費者の理解を得ることは難しいでしょう。

そこで、賞味期限切れ、返品商品などの処理がどのようにされているかの確認を、必ず書類上で行います。

そして、「廃棄しました」という説明があった場合は、必ずマニフェストの確認を行いましょう。

返品、事故品の保管は適切か

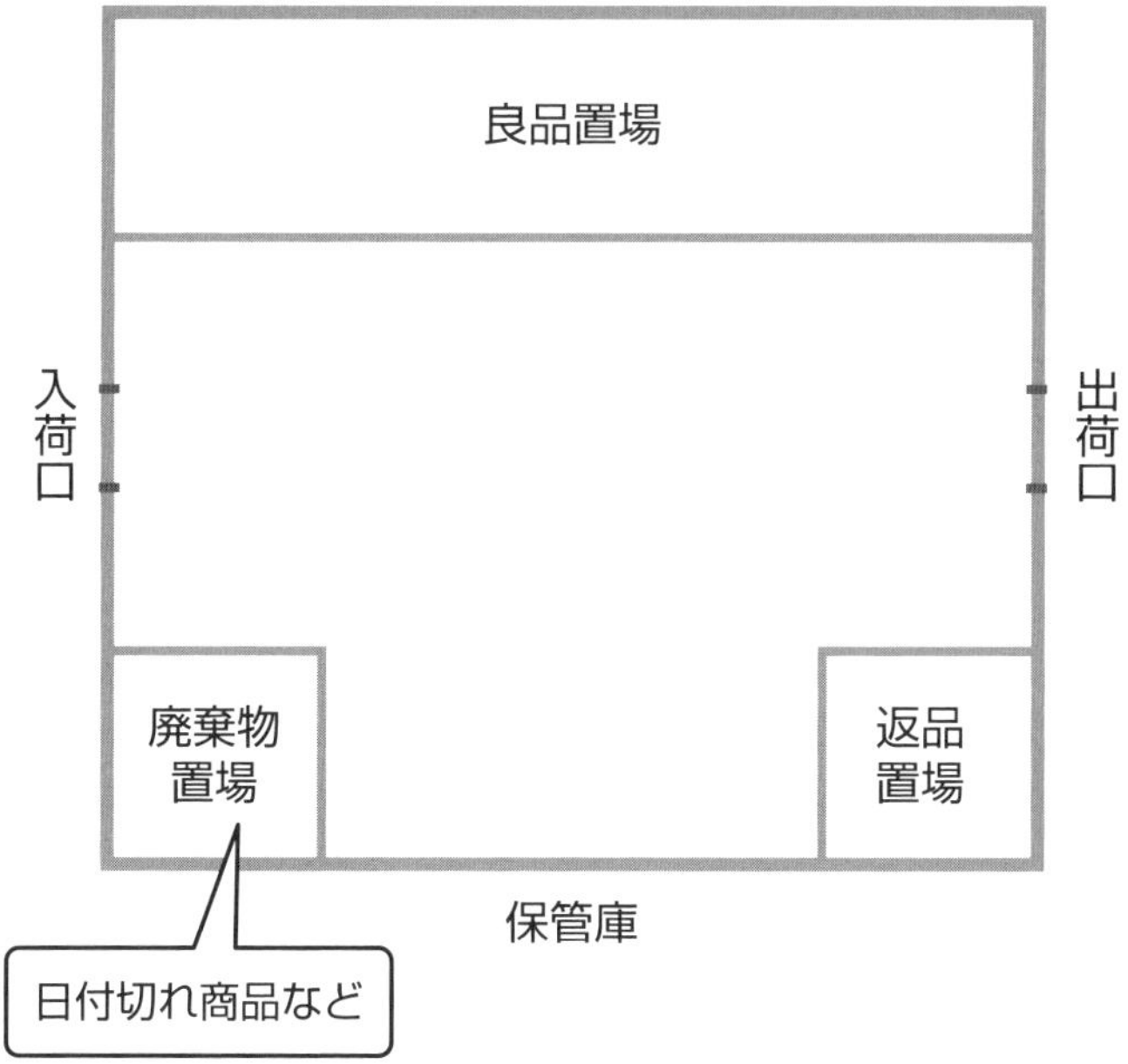

すべての在庫表があるかを確認する

点検のポイント

❶ 事故品の置場所が明確に区分されて、表示されているか
❷ 商品保管場所の定位管理がされているか
❸ 保管庫内に、賞味期限切れ商品が保管されていないか

評価の内容	評価	点検のポイント		
		❶	❷	❸
まったく問題がない	5			
ほとんど問題がない	4			
まあまあできている	3			
ほとんどできていない	2			
まったくできていない	1			

合計　　　点

93

先入れ先出しが実行されているか

◉冷蔵庫、保管庫を確認する

先入れ先出し（ＦＩＦＯ：First In, First Out）とは、原材料が入荷された順番ではなく、賞味期限などの日付が早く切れる順番に使用されているかどうかを確認することです。

冷蔵庫など保管庫の中が左図のように、作業者が上から原料を取ったときに先入れ先出しになっていることが重要です。保管庫の中は一番上に積んであるものを一番先に使用するようにします。

そこで、保管庫の中を見渡したとき、すべての原料に賞味期限、入荷日表示が書かれており、見やすくなっているかどうかを点検します。

たとえサンプルであっても、日付が切れた商品が保管されていたり、期限日付が確認できない商品が保管されていたら指導を行います。

◉入荷時点の点検を確認する

次に、点検先の原材料の入荷方法を点検します。入荷時点で日付を確認し、点検先に以前入荷しているものより後の製造日のものが入荷しているかどうかの確認方法を点検します。

一般的には、入荷予定リストを作成して、リストの中に前回入荷した日付を記入して確認します。入荷伝票に入荷日、数量と併記して賞味期限などが記載されていると、後で確認が可能です。

また、入荷時に入荷日の記入がされているかを確認します。入荷時点で入荷日を記入すれば、保管庫で原料を整理するときに入荷時点で先入れ先出しになっていたかどうかを確認することができるからです。

製造日日付の記入のない生鮮品については、入荷時点で記入した入荷日によって先入れ先出しを行うため、必ず記入する必要があります。

入荷日の記入は、通常マジックで行いますが、冷凍品などに書くことができません。そこで、あらかじめ日付の書いてあるシールなどを貼って、管理する必要があります。なお、点検時には冷蔵庫、冷凍庫を含めてすべての保管庫を確認する必要があります。

先入れ先出しが実行されているか

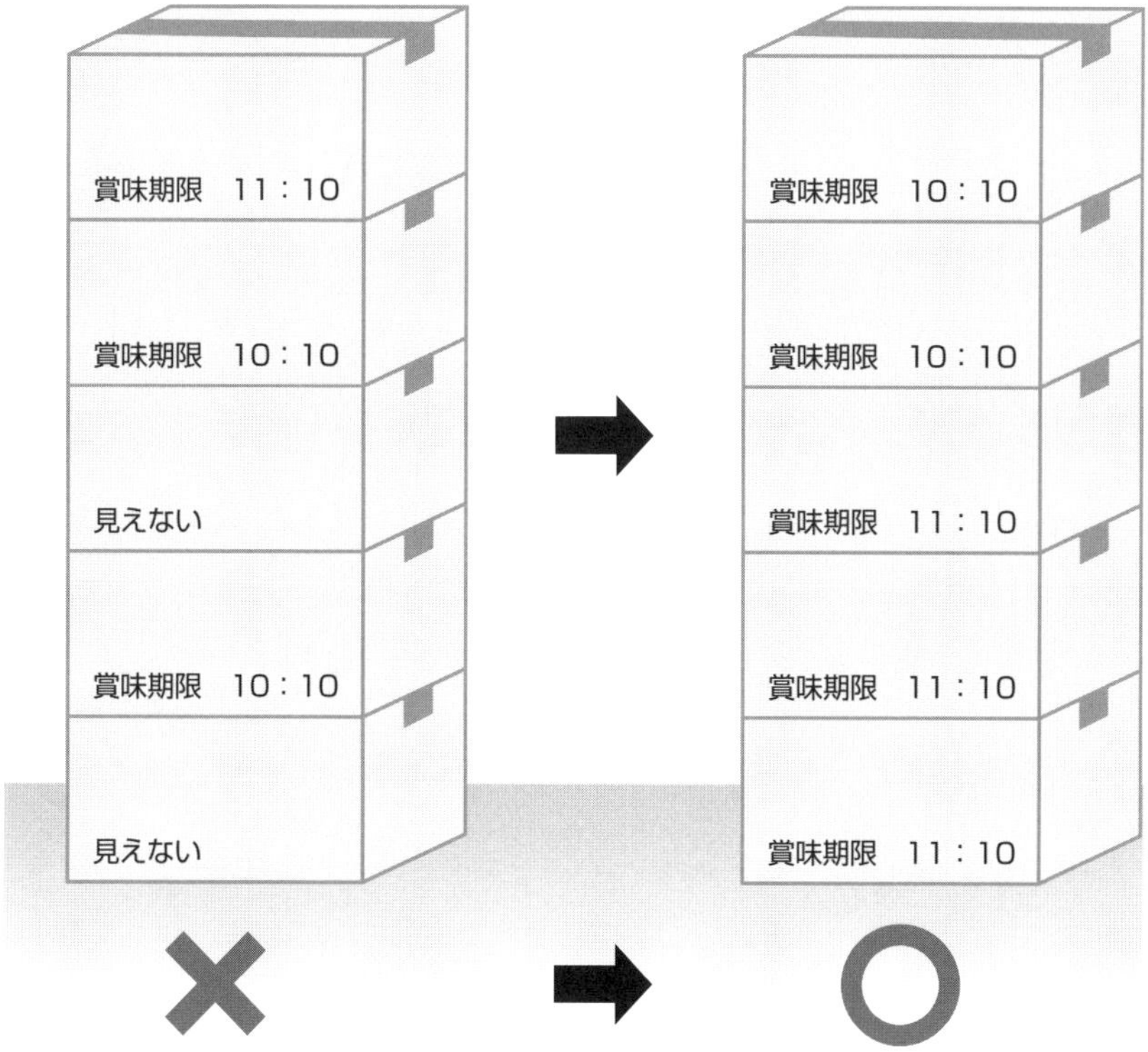

点検のポイント

❶ すべての原料保管庫の確認を行う
❷ 保管庫の中で日付が、すべて見やすくなっているか
❸ 日付のない原料、期限切れの原料がないか

評価の内容	評価	点検のポイント		
		❶	❷	❸
まったく問題がない	5			
ほとんど問題がない	4			
まあまあできている	3			
ほとんどできていない	2			
まったくできていない	1			

合計 ＿＿＿ 点

94 日付管理、使用限度管理がされているか

◉社内基準を確認する

点検先が原材料を使用するとき、原材料に表記されている期限表示を超えて使用していいとしているかどうかの基準を確認します。

ただし、確認する場合には2つ注意が必要です。

1つは、原材料の賞味期限などの日付が、使用する日が超えていても使用していいかどうかです。使用する日が6日とした場合、使用する原材料が5日までの賞味期限でも使用していいのか、ということです。

これは、この本を書いている時点では法律違反にはなりませんが、点検先の社内基準では賞味期限の切れている原材料を使用していいかどうかということを確認するのです。

もう1つ確認が必要なのは、ケーキを製造しているとして、本日が6日の場合、6日が賞味期限のホイップクリームを使用していいかどうか、ということです。

ケーキの賞味期限は8日とします。すると、ホイップクリームの形が変わるため使用してもいいという考え方と、使用してはならないという考え方があります。

◉原材料の使用記録が整備されているか

点検先の使用基準を確認した後、記録を点検します。

帳票に、毎日の製造に使用した原材料の日付の記録があるかの点検が必要です。

点検日当日は、実際に使用している原材料と帳票に記入している日付が正しいかを合わせて点検を行います。

その際、使用している原材料すべての記録が必要になります。

たとえば、マヨネーズを製造している場合、マヨネーズを充填するとき配管を使用していると、配管の中には常にマヨネーズが残ってしまいます。

その残ったマヨネーズを翌日の製造に添加している場合は、翌日の製造日報に「昨日のマヨネーズ使用」と記入することになります。また、包装不良品や包装時点の軽量品を翌日に包装し直した場合、業界用語ではリワーク品、再生品と呼びますが、こうした再生品の使用についての確認も行います。

日付管理、使用限度管理がされているか

賞味期限

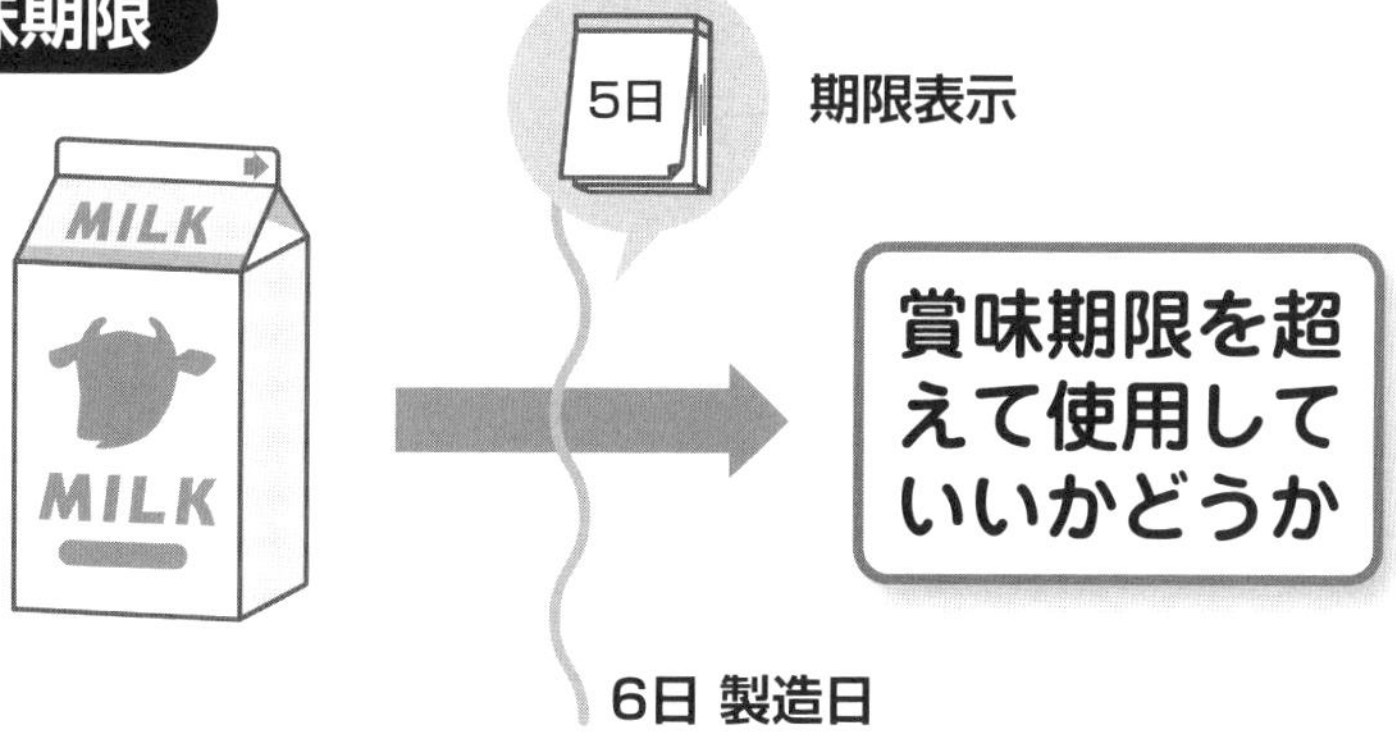

賞味期限

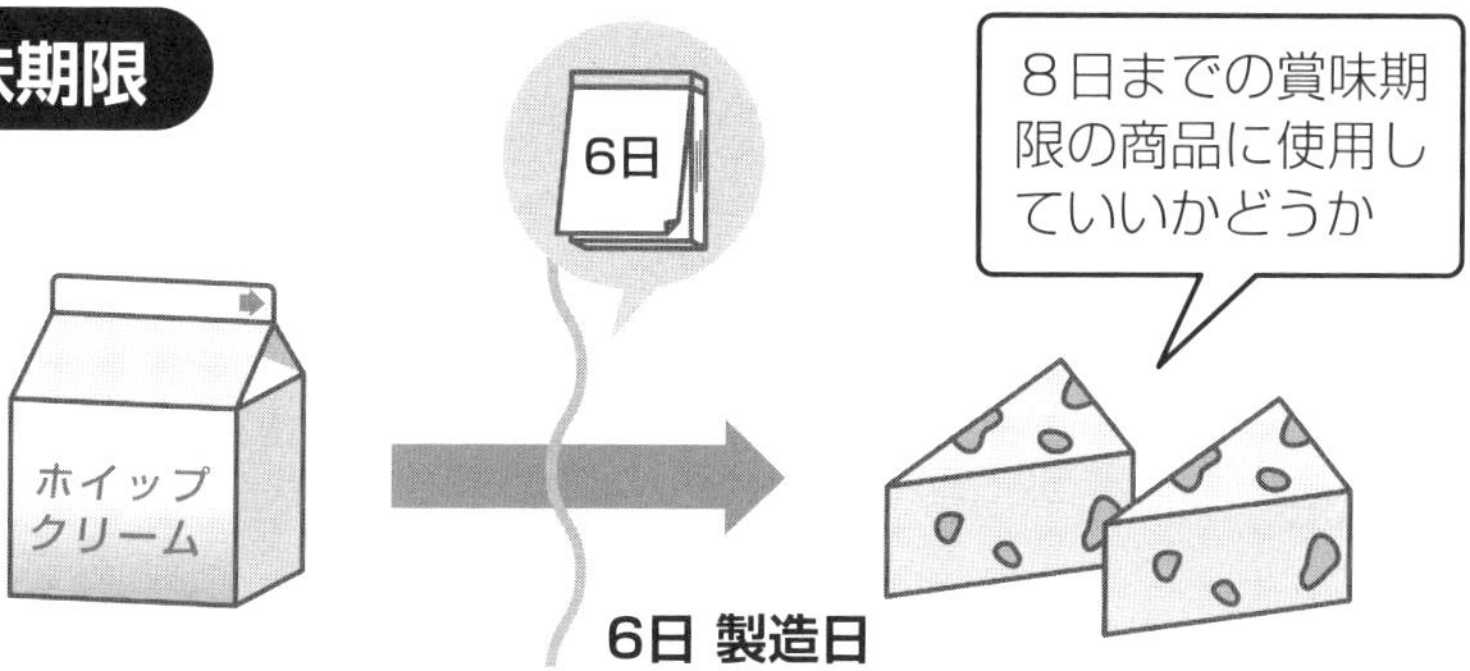

点検のポイント

❶ 原材料の使用基準を確認する
❷ 原材料の使用記録があるかどうか
❸ 再生品を使用しているかどうか

評価の内容	評価	点検のポイント		
		❶	❷	❸
まったく問題がない	5			
ほとんど問題がない	4			
まあまあできている	3			
ほとんどできていない	2			
まったくできていない	1			

合計 ＿＿＿ 点

95 配送車の管理状況

◉毎日洗浄が必要

工場に監査などに行くときに、最寄りの駅まで迎えにきてもらうことがあります。

看板車で迎えにくる会社、責任者の社用車で迎えにくる会社、個人の車で迎えにくる会社等、様々な場合があります。

どの場合も、お客様が初めて接する「工場が管理しているもの」になります。

車の外観、車の内部がきれいに管理されていることが大切なのです。

大きな鞄を持って工場に行ったときに、トランクに荷物を入れようとしても、ゴルフバッグなどがトランクの中にあり、入らない場合もありました。

タクシーなども同じですが、トランクの中までお客様のことを考えて管理することが大切なのです。

工場の敷地内だけで使用する車、トラックを車検を取らないで使用している場合があります。車検は必要ありませんが、万が一事故を起こしたことを考えると保険に加入しておく必要があります。

◉納品車両の管理について

納品車両、配送車両など、看板を大きくつけた配送車の管理には特に注意が必要です。

車線変更時に割り込みなどを行うと、会社にクレームの電話がかかってきます。食品を積んで走り、得意先に納品に行く場合は、運転手の服装にも注意が必要です。

基本的には、工場内の従業員と同じくらい厳しく個人衛生、服装に注意が必要なのです。体調管理も必要で、熱がある場合、下痢をしている場合は、納品先に行くことはできなくなります。

商品を載せる配送車の床面は容易に洗浄できる材質でできていることが重要で、商品を積み込む前に毎回洗浄してから積み込むことが必要です。

温度管理が必要な商品の場合は、積み込む前に指定温度まで冷却してから商品を積み込むことです。温度管理は、デジタルタコグラフで自動記録し、定期的に異常温度がないかの確認が必要です。

いつ写真を撮られてもきれいであることが必要

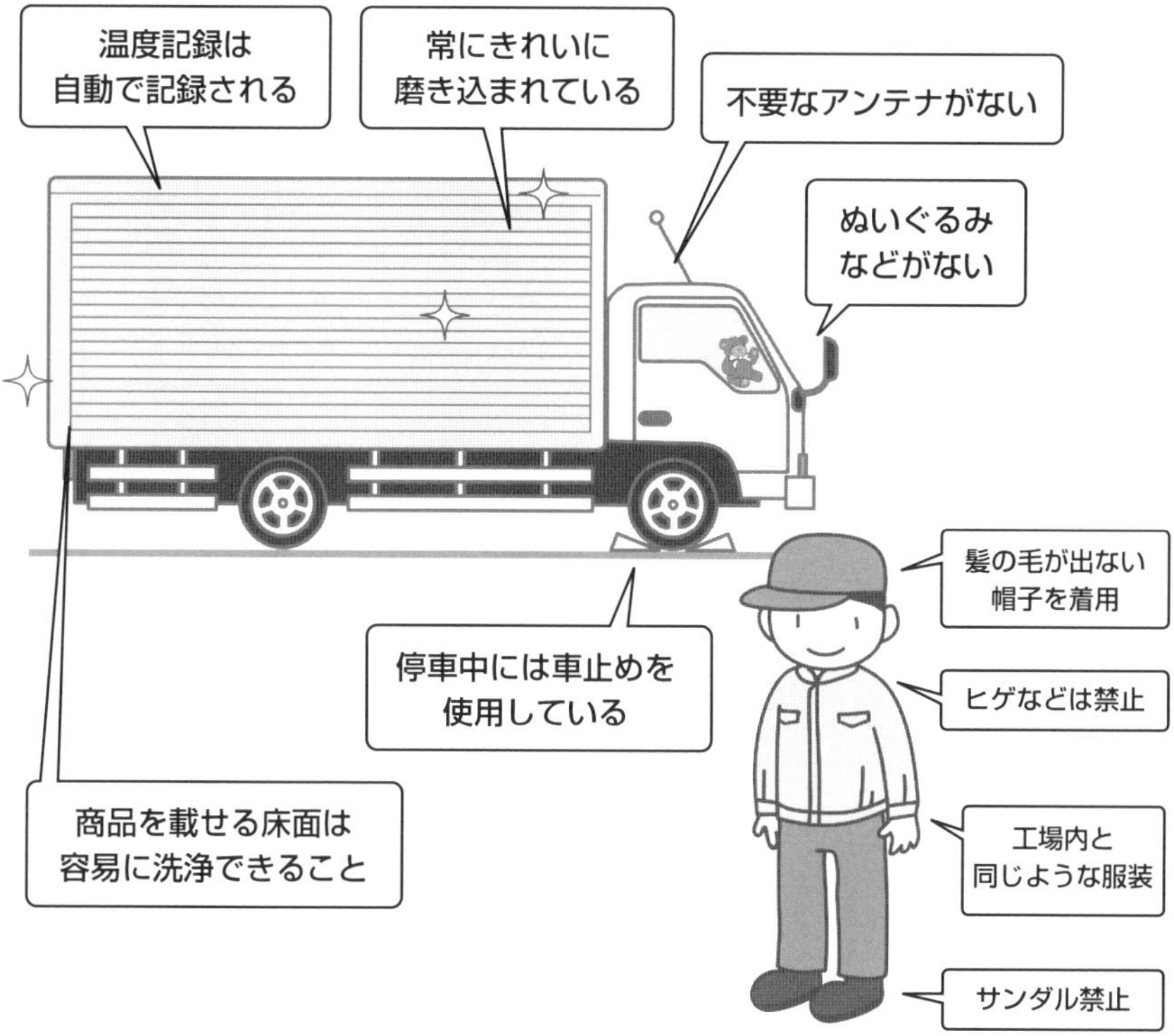
温度記録は
自動で記録される
常にきれいに
磨き込まれている
不要なアンテナがない
ぬいぐるみ
などがない
髪の毛が出ない
帽子を着用
停車中には車止めを
使用している
ヒゲなどは禁止
商品を載せる床面は
容易に洗浄できること
工場内と
同じような服装
サンダル禁止

点検のポイント

❶ 配送車の管理は、点検表が備えられ記録されているか
❷ 納品車両は毎日洗浄され、記録されているか
❸ 温度管理が必要な車両は、デジタルタコグラフが装備され、記録が確認されているか

評価の内容	評価	点検のポイント		
		❶	❷	❸
まったく問題がない	5			
ほとんど問題がない	4			
まあまあできている	3			
ほとんどできていない	2			
まったくできていない	1			

合計　　　点

96 原料、資材の受入れ状況

◉いつ入荷したか、記録があるか

工場には凍結原料、冷蔵原料、温度管理されていない原料など様々な温度帯のものが運ばれてきます。

納品業者は配送効率を上げるために、凍結原料と冷蔵原料を同じ配送車で納品している場合があります。

配送車内を温度帯ごとに区切って運ばれていればいいのですが、ある温度帯の荷物が多いと凍結原料を冷蔵で運んでいる場合もあります。配送時間が短いから問題ないと言う人もいますが、私は配送する温度は製品に表示されたとおりの温度帯で配送すべきだと思っています。

原料の入荷時には、温度確認、記録が必要です。

包装資材、パスタなど室温管理が必要な原料が、冷蔵車で運ばれてくる場合があります。室温管理品を冷蔵車で運ぶのは湿気を呼ぶため禁止すべきです。

入荷時に入荷日を記載します。入荷日の記載がないと、いつ入荷したかわからなくなり、入荷伝票と紐付けができなくなります。

包装資材に入荷日表示を行っていない工場が多いですが、包装資材に異常があったときにロット管理ができなくなってしまうので、必ず入荷日の記載を確認します。

◉配合時の記録が必要

原料、包装資材を使用するときには、使用したロットがわかるように帳票に記載します。原料ロットが複数にまたがる場合は、配合時に複数ロットにまたがった旨がわかるような記録が必要になります。

特に包装資材に問題があったときに、最終商品から使用した包装資材ロットがわかるように記録が必要です。

包装フィルムなどは、配送されてくるダンボールだけに製造ロットが記載されている場合や、フィルムを包んでいるビニールにロットが記載されている場合があります。たとえビニールを剥いでも、製造ロットが確認できる位置に記載されていることが重要です。

一括表示、バーコードなどが印刷されているフィルムは、製造ロットごとに当初のフィルムと比較し印刷ミス、色調などが異ならないかの確認を行っているか、点検が必要です。

原理原則どおりの受入れ点検が必要

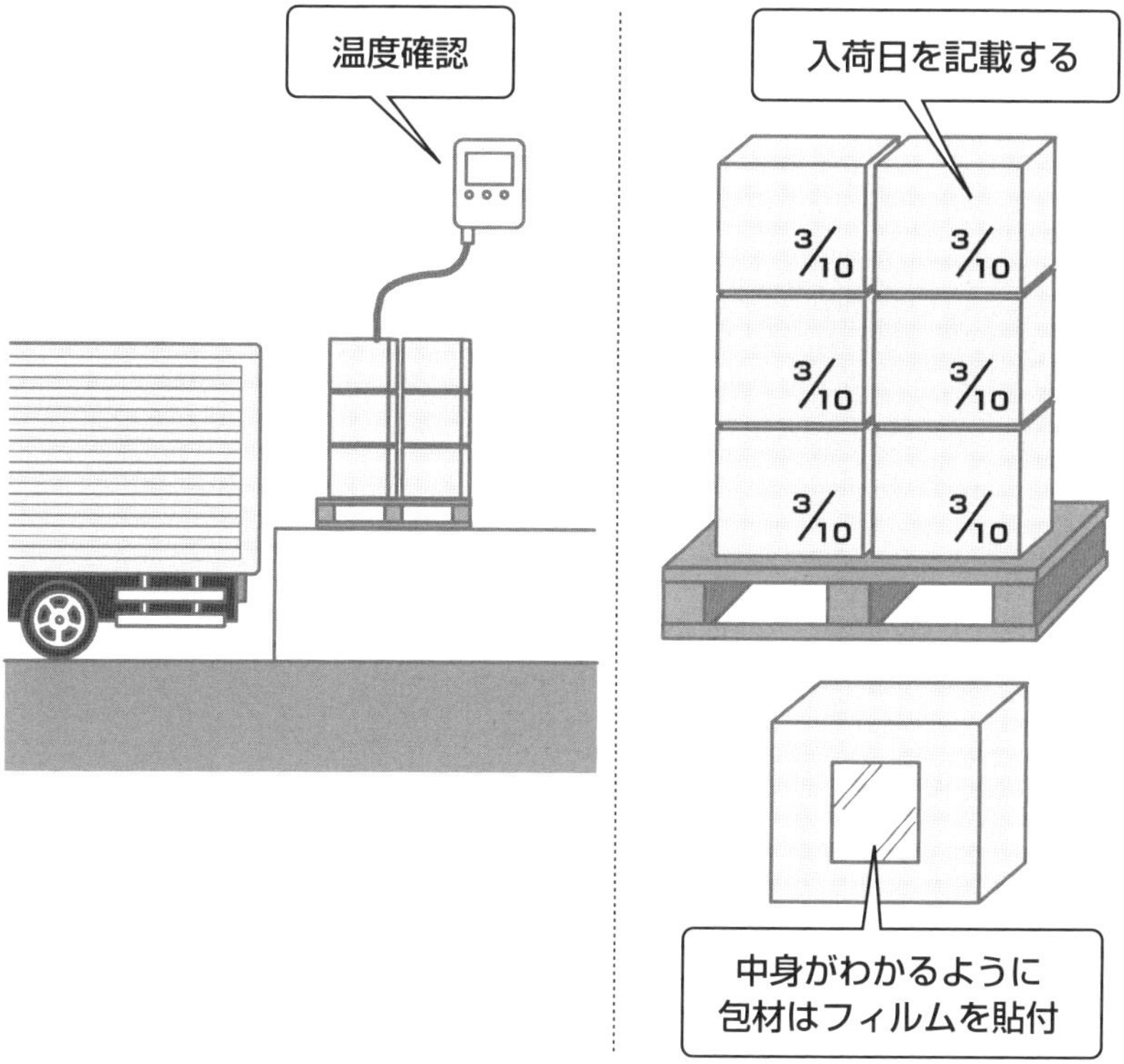

点検のポイント

❶ 原料入荷時に温度測定が行われ、記録があるか
❷ 原料に入荷日の記載がされているか
❸ 帳票に使用した原料のロットが記載されているか

評価の内容	評価	点検のポイント		
		❶	❷	❸
まったく問題がない	5			
ほとんど問題がない	4			
まあまあできている	3			
ほとんどできていない	2			
まったくできていない	1			

合計　　　点

97 異常時のWEB監査

◉いつでもWEBで打ち合わせられるか

２０２０年のCOVID-19感染が広まってから、工場に監査に行くことは難しくなってきました。

しかし、異物混入、規格違いなどの仕入れ基準と異なる商品が入荷してきた場合は、監査、指導が必要になります。また、新規食材の仕入れ時や新工場の確認など、やはり工場の現場を確認する必要がある場合があります。

打ち合わせ時も電話などの音声だけよりも、ＷＥＢ（ＷＥＢ会議システム）で打ち合わせたほうが、相手の表情がつかめ、理解度を確認できます。

そこでＷＥＢに必要な回線、機材があるか確認します。回線は光回線で、通信速度が満足できるものが必要です。またルーターなどが古ければ速度が落ちてしまうので、実際に問題なく映像が映るかの確認が必要です。

機材も相手が何人まで会話できるか、打ち合わせた事項を、ホワイトボードなどに箇条書きにした場合、ホワイトボードの内容が明確に見えるかの確認が必要です。

◉帳票、現場の確認がいつでもできるか

異常時の製造記録が、ＷＥＢ上で共有することができるか確認します。いつ異常時が起こるかわかりません。日常的に帳票等の記録をすぐに確認できる方法を訓練しておくことが大切です。

紙の記録をスキャンして、ＷＥＢでお互い同じ画面を見て確認できることが必要です。理想的には、画面上でマウスなどのポインターで異常値を示しながら会話ができることです。

充填機のパッキンが混入したとします。当日の混入したパッキンの状況、打ち合わせ時の充填機の状況、パッキンの状況などが、ライブで映せるか、確認します。

大切なのは、ライブで見ることができることです。録画した映像をＷＥＢで確認するのではなく、「もう少しアップにしてください」「資材庫のパッキンの在庫状況も映してください」というように、実際に監査に行ったときと同じように見ることができる設備があるか、操作ができるかの確認をします。

WEB監査を受け入れる体制ができているか

点検のポイント

❶ WEB会議がいつでもできる体制がある
❷ 必要な帳票類をWEB上で共有できる体制がある
❸ 必要な現場の確認が、WEB上でできる体制がある

評価の内容	評価	点検のポイント		
		❶	❷	❸
まったく問題がない	5			
ほとんど問題がない	4			
まあまあできている	3			
ほとんどできていない	2			
まったくできていない	1			

合計　　　点

98 ブロックチェーンの帳票管理

◉工場内の帳票のリストがあるか

生産量の指示から始まり、原材料の入荷、製造、検品、出荷、配送までの一連の記録、個人衛生管理の記録など、食品工場には数多くの記録が存在しています。

帳票管理の目的は、異常時に問題を追及し、改善し、再発を防止することです。もちろん、歩留まりや生産性、安全を管理するためにつけている帳票もあります。

そこで工場内で使用している、すべての記録の一覧表と現物の記録を確認します。

他の納品先に使用している記録は確認できないかもしれませんが、食材の納品量と出荷量が確認できなければ、本当に正しい原材料を使用しているかどうかを確認できません。

「監査時のことは他言しません」といった誓約書を結んででも、すべての記録の確認が必要です。

記録がきちんと残されていて、異常値がないか、異常値があった場合は是正処置が取られているか、誰が確認しているかを監査します。

◉必要な帳票がすぐに確認できるか

記録類が、どのようにファイリングされているか監査します。ある特定の日を指定して、そろえてもらうことで明確に状況を把握できます。

理想的なのは、必要な記録類をその都度送付してもらう従来型の管理から、監査先のパソコンの中に随時記録を保存してもらい、必要なときに監査先のネットワークの中に入り込め、必要な情報を確認できる体制をつくることです。

物流の温度、倉庫の温度などは、物流会社のパソコンの中、倉庫会社のパソコンの中に保存してもらい、必要に応じてパソコン端末で監査できるようなブロックチェーン的なシステムを実現することです。

ブロックチェーン的なシステムで管理することで、記録の透明性が生まれ、お互いの信頼関係が深まると私は信じています。

原材料規格書のアップデート等も、ブロックチェーンで管理が容易になります。

現場の工場に行かなくても帳票・記録が確認できる

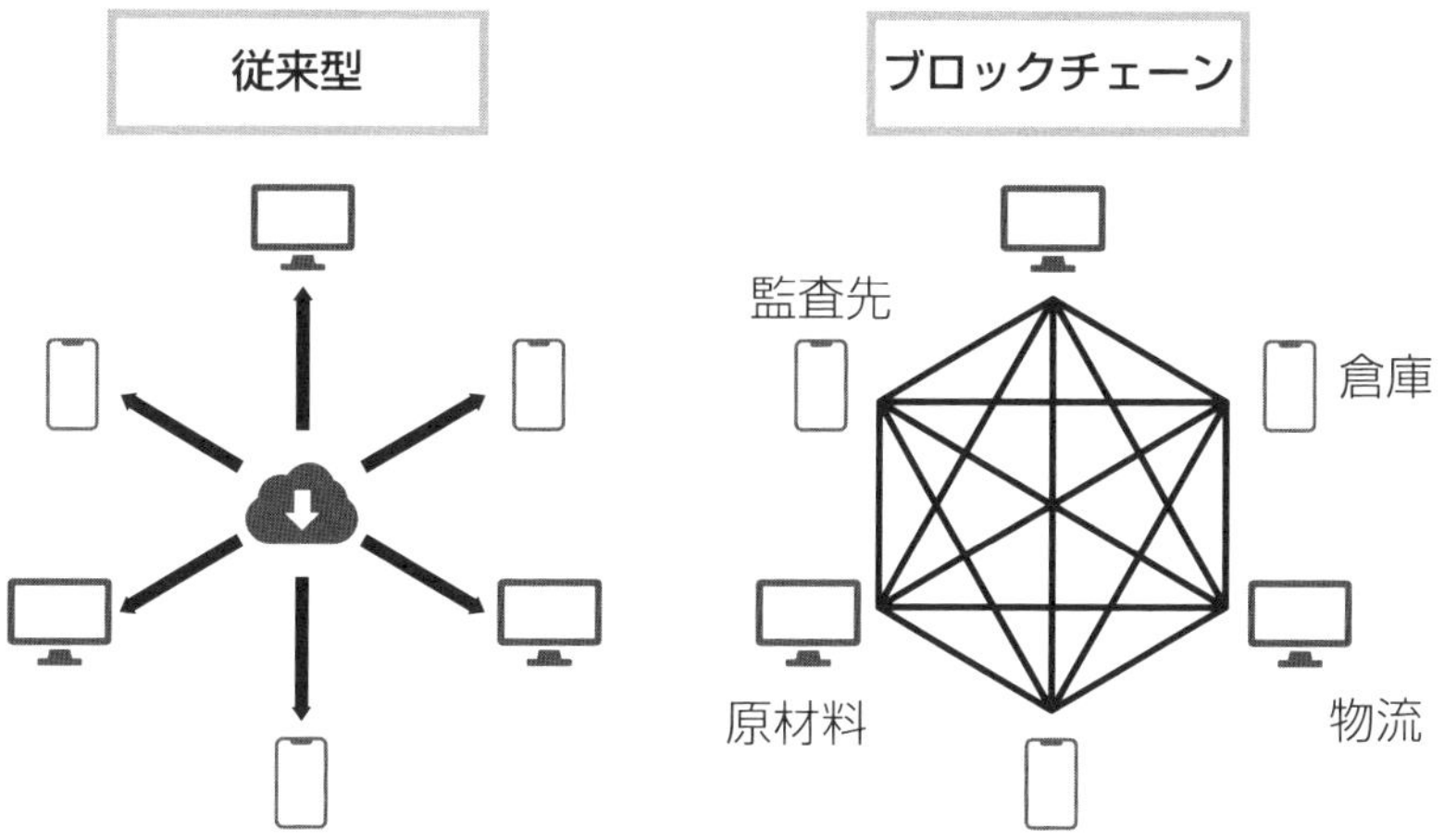

点検のポイント

❶ 帳票のリストが作成されているか
❷ 帳票は確認の上、ファイリングされているか
❸ 帳票がいつでも確認できるようになっているか

評価の内容	評価	点検のポイント		
		❶	❷	❸
まったく問題がない	5			
ほとんど問題がない	4			
まあまあできている	3			
ほとんどできていない	2			
まったくできていない	1			

合計 　　　　点

99 管理カメラの導入

◉管理カメラでいつでも確認できる

最近の日本では、突然の大雨で川が氾濫することも多くなってきました。近くに川がある人は、川の増水状況をライブカメラで確認すれば、身の安全を確保することができます。

上野動物園のパンダ舎にもライブカメラが設置されていますし、北海道の峠には、積雪の状況が確認できるライブカメラが設置されています。

ＰＢ製品を製造委託している会社では、委託先の工場内に監視カメラ（ＣＣＤカメラ）を設置しているところが増えてきました。

ＰＢ委託先に、フィルムと印字の検査装置を設置し、その検査データをライブで確認できるようにすることで、フィルムのミス、日付ミスの確認を行うことができます。委託先に依頼しなくても、ライブカメラで必要な確認ができるようになるのです。

検査装置と連動させることで、生産量や生産性の確認、フィルムのロス率等の確認も同時にできるのです。

◉出荷判定の確認ができる

監視カメラのように、製造現場の状況をただ映すのではなく、配合システムをライブで見られるようにすることで、配合時に原材料のロットに何を使用したか、レシピどおりの量を配合したか、原材料を正しく使用したかといった確認ができます。

包装前の製品の不良選別のためのＣＣＤカメラと連動し、ライブ化することで、選別作業が正しく行われたかどうか、不良率がどのくらい発生しているかを知ることができます。

最終包装後のＸ線検査機による検査状況をライブ化し、最終商品のＸ線検査機の検査データを賞味期限まで保管し、最終商品のロットナンバーと連動することで、工場出荷時には異物が混入していなかったことを明らかにすることができます。

ＰＢ委託先、原料仕入れ先の最終商品の選別記録、異物検出記録をライブ化し、データを保存することで、異物混入発生時の対応が容易になるのです。

必要な現場確認がライブで行えるか

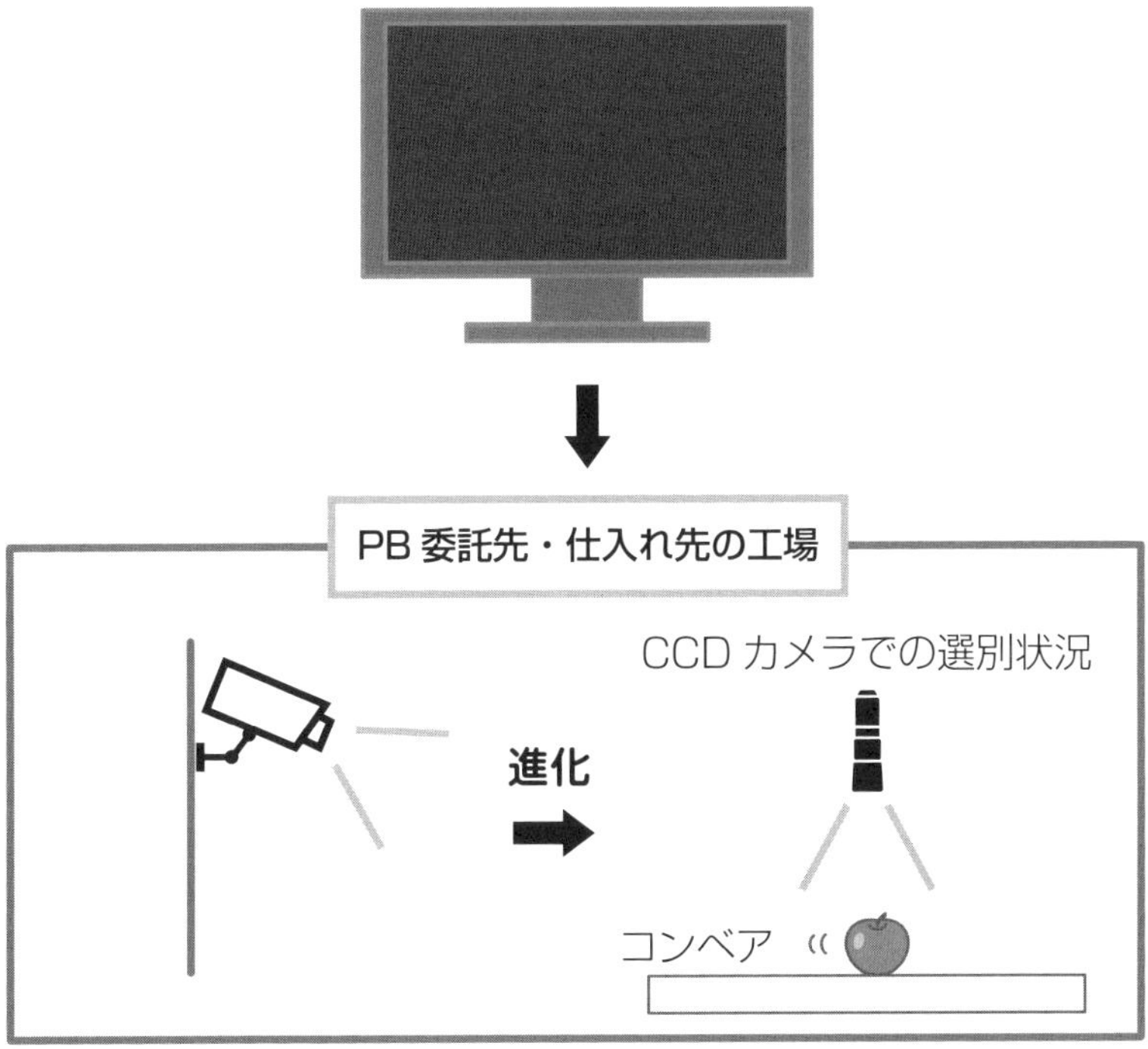

点検のポイント

❶ 日付印字など、必要なデータの確認がライブでできるか
❷ 生産状況がライブで確認できるか
❸ X線検査機などの稼働状況が、ライブで確認できるか

評価の内容	評価	点検のポイント ❶	❷	❸
まったく問題がない	5			
ほとんど問題がない	4			
まあまあできている	3			
ほとんどできていない	2			
まったくできていない	1			

合計　　　　点

100 ＡＩ判定の導入

◉選別工程にＡＩの検討をしているか

焼いたクッキー等の色、破損などの包装前の選別工程には、作業者を数名当てている工場が多いものです。

ＣＣＤカメラを利用した選別装置を導入している工場もありますが、作業者とＣＣＤとどちらも不良品を選んで選別しています。

一方、ＡＩ（人工知能：Artificial Intelligence）は、ＡＩが学習した良品を選び出すものです。すべての商品を確認し、良品とは何かを学んで通過させるのです。

今まで、「これは不良品」と選別してはじかれていたものでも、良品としていいものであれば、さらにＡＩに学ばせて「これは良品です」と学習させることで、常に選別工程が進化していきます。

購買先の選別工程に最新設備の導入をすることで、仕入れ価格を下げ、さらに商品の品質が上がることになります。

◉選別結果を活かしているか

ＡＩ等で選別された結果を見て、前工程で不良品が発生しないように改善をしているか、確認することが大切です。特に、選別された商品が不良品として廃棄されているのであれば、フードロスの問題となるので、廃棄される量を常に減少させることが必要です。

ＡＩで選別された不良品を、焦げすぎ、色が薄い、割れているなど、層別にデータを分析し、重量が出るようにプログラムができているか確認します。

焼き色であれば、生地の配合、焼成温度、焼成時間、釜の温度のばらつき等を監査先とともに改善し、不良率を下げる取り組みが必要です。

印字のＡＩも、印字不良を層別分析することで、改善活動が容易になります。

こうしたことで廃棄量が減れば、仕入れ金額が改善されることになります。

「ロスはアウトレットで販売するから」と言って、改善活動をまったく行わない工場もありますが、良品として販売したほうがいいに決まっているので、必ず、不良品を少なくする活動を行っているか確認が必要です。

AI（Artificial Intelligence）の考え方

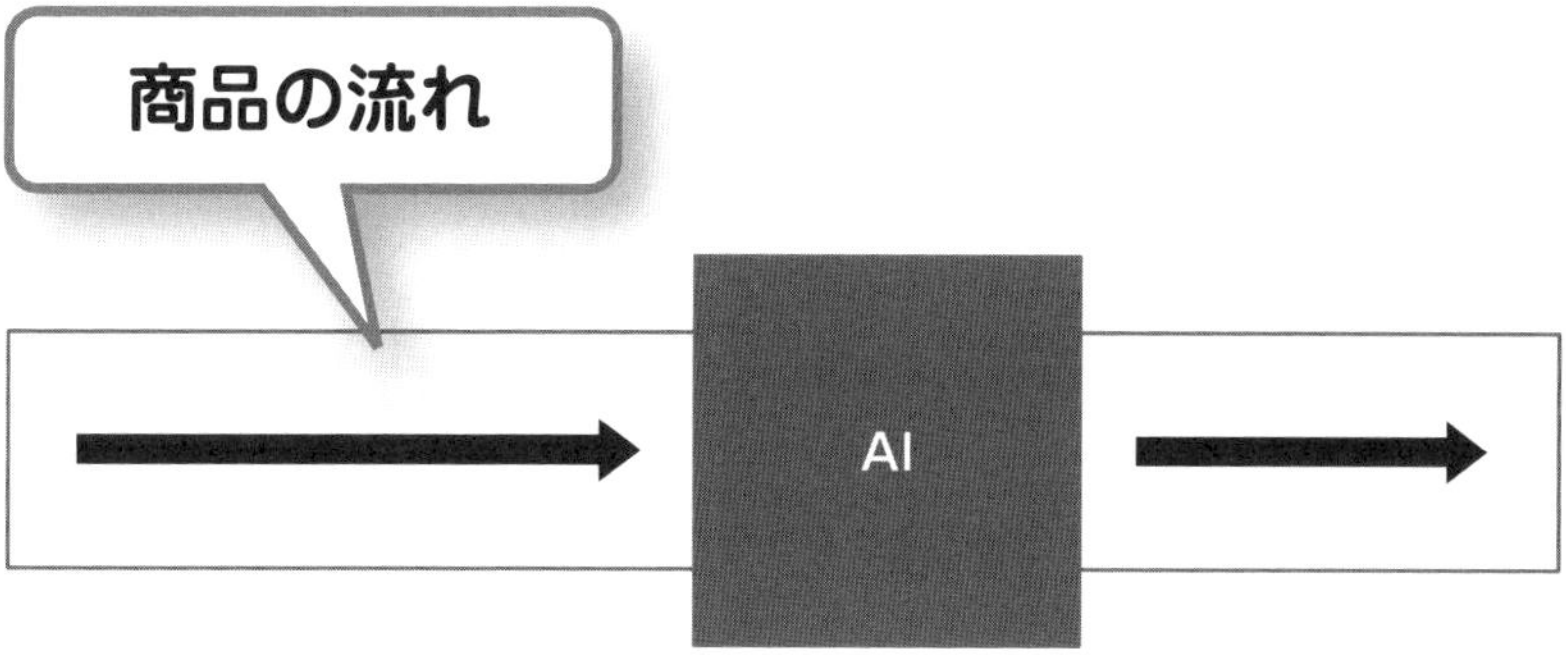

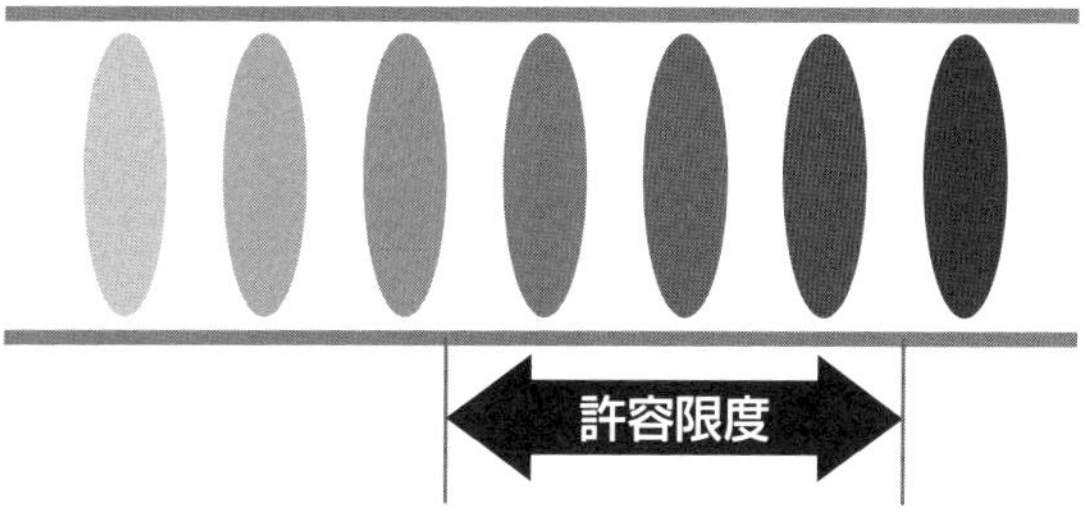

点検のポイント

❶ 選別工程に AI の導入を検討しているか
❷ AI の学習を常に深めているか
❸ 選別された製品の改善を進めているか

評価の内容	評価	点検のポイント		
		❶	❷	❸
まったく問題がない	5			
ほとんど問題がない	4			
まあまあできている	3			
ほとんどできていない	2			
まったくできていない	1			

合計　　　点

101

自動補給システムの導入

◉農地での作付け面積は

監査先が、北海道の特殊な大豆を使用した豆腐を製造しているとします。その豆腐はスーパーのＰＢでそのスーパーでしか販売していません。監査先は、大豆を保管し、農家に大豆の生産を依頼しています。

一般的には、大豆の仕入れ先に、「今年は、何トン仕入れるからよろしく」と契約し、その契約以上に収穫できるように農家に作付けを依頼するものです。１００納品するためには、１２０以上の作付けを依頼します。

特殊な大豆が、特殊な値段で豆腐工場以外にも売れればいいのですが、一般的な大豆と同じ値段で売れればいいほうです。

ですから農家は、特殊な大豆をつくるのにはリスクがあります。農家が作付けを行うときに、できた大豆はすべて豆腐工場で引き取り、できた豆腐はすべてスーパーで売り切ると約束すれば、各工程での無駄、フードロスがなくなります。このときに、天候不良等で大豆が取れなかったときは、取れなかった量で豆腐の販売を考え、豆腐の値段も上げて、農家の手取り金額は変わらないようにすることが大切です。

◉販売量の変化に対応しているか

年間の販売量だけでなく、曜日によっても豆腐の販売量は変化します。土曜日、日曜日、連休のときなどは、販売量が多くなります。

大豆屋さんが豆腐工場に大豆を納品する量は、一般的に豆腐工場が仕入れ量を計算し、発注するのですが、スーパーからの豆腐の発注量を自動で大豆屋さんに送ることで、豆腐工場の発注作業がなくなります。

この考え方で、原料の仕入れ先に製品の受注量を自動で送信すれば、原料発注の作業はなくなります。

農家には多めにつくらせ、納品量は発注を待って行う時代から、「工場に必要な原料を、発注がなくても自動で補給する」発想に変化させていく必要があります。

監査先は、発注せずとも原料の補給される体制を取っていますか。

農地から消費者までの無駄を排除することを考えているか

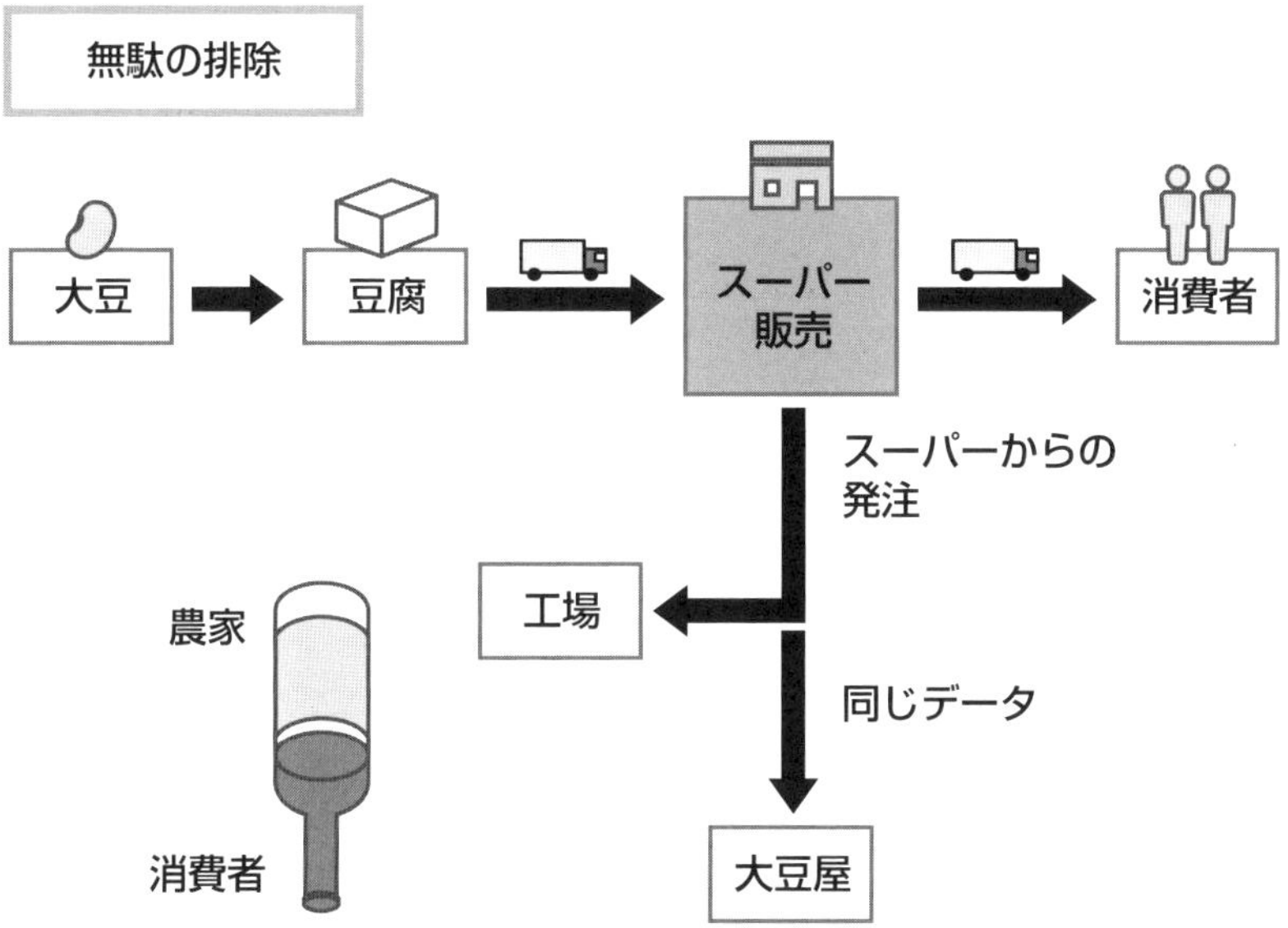

点検のポイント

❶ 農産物などの仕入れ商品は、農地から管理しているか
❷ 原材料の各工程での不良率を把握しているか
❸ 最終商品の販売量を確認しているか

評価の内容	評価	点検のポイント		
		❶	❷	❸
まったく問題がない	5			
ほとんど問題がない	4			
まあまあできている	3			
ほとんどできていない	2			
まったくできていない	1			

合計 ＿＿ 点

COLUMN 9

雑誌、新聞の電子化

●世の中の流れは止まらない

航空会社のラウンジに行くと、多くの雑誌、新聞が置いてあり、飲み放題のコーヒー、ジュースなどとともに楽しみにしていました。

しかし、COVID-19 以降のラウンジは、雑誌、新聞がなくなってしまったのです。代わりに QR コードの表示があり、スマホなどで QR コードを読み込むと、多くの雑誌が読めるようになっていたのです。

工場で取っている新聞、雑誌も多くの人の手に触れます。休憩室に置いてある場合は、食事をとりながら、お茶を飲みながら読む場合が多いので、新聞などを休憩室に置くことを止めている工場が増えました。

しかし、COVID-19 のせいだけでなく、新聞を購読している人は減ってきているようです。私が 30 人程度のセミナーを行っているときに、「家で新聞を取っている人、手を上げてください」と質問すると、ほとんどの場合、誰も手を上げなくなってきています。

配達される新聞を毎朝読んでいるのは、リタイヤしている人が、ほとんどのような気がします。

実は私は、WEB 新聞を読んでいます。紙の新聞よりも画面上で速く読めるので助かっています。さらに、毎日溜まっていく紙の処分もいりません。

雑誌は、定期購読しているものが数冊あり、配送してもらっています。すべて電子化されれば、電子雑誌に移行したいのですが、なかなか進まないジャンルがあります。

●給与明細、源泉徴収票の電子化

新人教育のマニュアル、就業規則、製品のマニュアルなど、従業員の人が読む必要のあるものの電子化はできていますか。

「電子化すると外に持ち出される」と言う人がいますが、新人用のマニュアルを従業員に渡した時点で、外に持ち出されているのです。

WEB 上にマニュアルのある場所、給与明細のある場所、源泉徴収票のある場所、各種届け出の場所をリンク化することで、事務の生産性が上がると思いませんか。

世の中の流れは、電子化、WEB 化です。

あとがき

工場全体の監査が必要

工場監査は、工場の状況を監査に行ったときだけ見ているものです。帳票もつけられたものを見るだけです。監査で確実に確認することは、「この工場にお客様の健康を任せていいか」ということです。

２０２０年からCOVID-19の感染が広まり、県をまたいで工場監査に行くことが難しくなりました。工場で直接監査するのではなく、ＷＥＢ会議で工場の責任者の顔をモニターで見て、「この人なら任せられるか」と判断するのでは、監査の方法も変化してしまうかもしれません。

職人のいる小さな工場で、職人の「人の目」が光っていれば、マニュアル、製造記録がなくても安心して製造を依頼することができます。組織の責任者が、ミスター品質の人であれば、こちらも安心して任せることができます。

しかし、分厚いマニュアルが整備され、製造記録が整っていても、現場を確認しているときに従業員の人に挨拶をしても返事がなく、作業を見ていても活力がなく、活き活き仕事をしている姿が確認できなければ、製造を依頼することに不安を覚えてしまいます。

期限切れの肉を混ぜていた、ハンバーガーチェーンの中国産チキンナゲットの製造工程が、動画でネット上にアップされてしまいました。ネットだけでなく、テレビ報道も大きくされました。いつ同じようなことが起きるかもしれません。

お客様目線で、工場の外周、敷地、工場内の作業場、生産設備を見たときに、安心して購入することができるかどうかを常に考え、確認することが大切です。工場監査では、一般的には購入する製品の製造工程だけの確認を行いますが、必ず、工場全体の確認を行うことが大切です。

北海道の偽装挽肉工場でも、工場内をくまなく確認していれば、通常使用しない豚の心臓、パンなどの増量材を発見できたかもしれません。

特に、産地、特殊な原料を謳っている製品を仕入れる場合は、特殊な原料全体の動きを確認する必要があります。必ず原料全体の仕入れ量と、製品の出来高を比較することが必要です。

大吟醸酒が、仕込んだ量よりも販売量が多いという事例、国産米のおにぎりに中国産の米が混入していたという例も、原料の仕入れと製造量、販売量を比較するだけで、容易に確認することができます。

信頼するからこそ監査が必要

食品工場はＩＳＯ、ＨＡＣＣＰなどの監査があります。ＩＳＯなどの監査を受けている工場でも、クレームの発生率が非常に高い工場があります。

白衣の作業着のまま作業場の外を歩いていても、注意されない工場もあります。

食品工場を運営するにあたり、「ごく当たり前のこと」は、ＩＳＯ、ＨＡＣＣＰ等の要求事項に載ってこない場合があります。もちろん、日本の法律などにも記載されていないことのほうが多いものです。

北陸の焼き肉チェーンが生食用ではない牛肉を使用して、生肉のまま食べるユッケを提供し、死亡事件を起こしてしまいました。牛生肉の潜在的危害を理解して、原料の監査を行っていれば防げた事件だと思います。

私が工場で生データを求めると、「なぜ、そこまで見せなきゃいけないのですか」「私を信じてくれないのですか」と言われます。私は、工場を信頼しているからこそ、生データを確認したいのです。

理解していただけない場合には、「私があなたに１００万円貸したとします。1万円札１００枚をあなたに渡したときに、あなたは数え直しますか」「もし、２枚不足のまま私があなたに１００万円だよと言って渡したら、そのまま受け取りますか」とお話しすると、監査の重要性を理解してもらえます。信頼しているからこそ、相手との信頼関係をなくしたくないからこそ、受け取った1万円札を数えて、確認するはずなのです。

工場の存続のために監査が必要

大きな食品偽装、食品事故を起こした工場は、工場の存続が困難な状況になってしまいます。

工場監査は原料を仕入れるため、製品を仕入れるためだけに必要なのではなく、組織の存続のために必要なのです。

スーパーに自動釣り銭機がついたレジが多くなってきました。私が子供だった昭和の時代には、レジが導入されていなくて、八百屋さんなどでは天井から吊されたざるにお金を入れて管理していました。

なぜレジが導入され、いま自動釣り銭機までついたものになってきたのか、考えたことがありますか。

金銭授受のスピードアップとともに、レジの担当者が釣り銭などをごまかせないように導入しているのです。もし、安易にお金をポケットに入れることができて、誰からも注意を受けなかったら、初めはたまたま５００円玉１枚をポケットに入れていたのが、だんだん金額が大きくなり、犯罪者を育ててしまうことになってしまいます。

鶏挽肉の受け入れ検査を毎日行って、挽肉の離水が多いとクレームをつけ、工場監査を行っていれば、北海道の偽装挽肉工場は現在も存続していたはずです。内部監査を行い、オーナー社長に意見を言える体制を取っていれば、偽装自体ができない工場になっていたはずです。

私が多くの著書を手がけるきっかけをつくってくれた、同文舘出版の古市達彦編集長と再び仕事ができたことを非常に嬉しく思い、感謝しています。古市さんとの仕事がこれで最後にならないことを祈っています。

本書が、皆さんが属した組織の名前を、自信を持って人前で話せる組織であり続けるために、監査を行い、改善提案を行う参考になることを祈っています。

食品安全教育研究所　代表　河岸宏和

著者略歴

河岸　宏和（かわぎし　ひろかず）

食品安全教育研究所 代表。1958年北海道生まれ。帯広畜産大学を卒業後、農場から食卓までの品質管理を実践中。これまでに経験した品質管理業務は、養鶏場、食肉処理場、ハム・ソーセージ工場、餃子・シューマイ工場、コンビニエンスストア向け総菜工場、配送流通センターなど多数。現在も年間100カ所を超える食品工場の点検・教育を行っている。著書は、『ビジュアル図解　食品工場のしくみ』『ビジュアル図解　食品工場の品質管理』（ともに同文舘出版）など多数。

工場点検の指導・セミナー等の依頼は、HPからお願いします。　http://ja8mrx.o.oo7.jp/koujyou1.htm

Twitter　https://twitter.com/ja8mrx

facebook　http://www.facebook.com/ja8mrx

最新版 ビジュアル図解

食品工場の点検と監査

令和5年　9月15日　初版発行

著　者 —— 河岸宏和

発行者 —— 中島豊彦

発行所 —— 同文舘出版株式会社

東京都千代田区神田神保町1-41　〒101-0051
電話　営業03（3294）1801　編集03（3294）1802
振替00100-8-42935　http://wwww.dobunkan.co.jp

ISBN978-4-495-57993-7

印刷／製本：三美印刷　Printed in Japan 2023